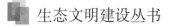

生态文明建设丛书

林家彬 顾 问

李家彪 主 编 卫宇飞 副主编

绿色"一带一路"

孟凡鑫 孙华平 孟小燕 陈云香 编著

上海科学技术文献出版社
Shanghai Scientific and Technological Literature Press

图书在版编目（CIP）数据

绿色"一带一路" / 孟凡鑫等编著 . —上海：上海科学技术文献出版社 ,2021

（生态文明建设丛书）

ISBN 978-7-5439-8327-4

Ⅰ.①绿… Ⅱ.①孟… Ⅲ.①"一带一路"—生态环境建设—研究—中国 Ⅳ.① X321.2

中国版本图书馆 CIP 数据核字 (2021) 第 075488 号

选题策划：张 树
责任编辑：苏密娅 姚紫薇
封面设计：留白文化

绿色"一带一路"
LUSE YIDAIYILU
孟凡鑫 孙华平 孟小燕 陈云香 编著
出版发行：上海科学技术文献出版社
地 址：上海市长乐路 746 号
邮政编码：200040
经 销：全国新华书店
印 刷：常熟市人民印刷有限公司
开 本：720mm×1000mm 1/16
印 张：17
字 数：286 000
版 次：2021 年 10 月第 1 版 2021 年 10 月第 1 次印刷
书 号：ISBN 978-7-5439-8327-4
定 价：98.00 元
http://www.sstlp.com

丛书导读

生态文明这一概念在我国的提出，反映了我国各界对人与自然和谐关系的深刻反思，是发展理念的重要进步。生态文明建设是建设中国特色社会主义"五位一体"总布局的重要组成部分。其根本目的在于从源头上扭转生态环境恶化趋势，为人民创造良好的生活环境；使得全体公民自觉地珍爱自然，更加积极地保护生态。可以说，生态文明建设是不断满足人民群众对优美生态环境的需要、实现美丽中国的关键举措，也是现阶段重构人与自然关系、实现人与自然和谐相处的主要方式。在新冠肺炎疫情引发人们重新审视人与自然关系的背景下，上海科学技术文献出版社推出的这套"生态文明建设丛书"可谓正当其时。

本套丛书有9册，系统且全面地介绍了当前我国生态文明建设中的一些重要主题，如自然资源管理、生物多样性、低碳发展等。在此对这9册书的主要内容分别作一简短概括，作为丛书的导读。

《自然资源融合管理》（马永欢等著）构建了自然资源融合管理的理论体系。在理论研究过程中，作者们在继承并吸收地球系统科学等理论的基础上，构建了自然资源融合管理的"5R+"理论模型，提出了自然资源融合管理的三种基本属性（目标共同性、行为一致性、效应耦合性），概括了自然资源融合管理的基本特征，设计了自然资源融合管理的五条路径，提出了自然资源融合管理支撑"五位一体"总体布局的战略格局，从自然资源融合管理的角度解释了生态文明建设。

水资源是自然资源管理的难点。《生态文明与水资源管理实践》（高娟、王化儒等著）一册对生态文明建设背景下水资源管理的实践工作进行了系统而翔实的介绍，提出了适应于生态文明建设需求的水资源管理的理论和实践方向。包括生态文明与水资源管理、水资源调查、水资源配置、水资源确权、水资源管理的具体实践等五部分内容，分别介绍了水资源管理的总体概念与核心内涵，水资源调查、配置和确权的关键环节与具体方法，以及宁夏生态流量管理的案例。

《陆海统筹海洋生态环境治理实践与对策》（李家彪、杨志峰等著）一册，主要对建设海洋强国背景下的海洋生态环境治理进行了研究。其中，陆海统筹是国家在制定和实施海洋发展战略时的一个焦点。本册包括我国海洋生态环境现状与问题、典型入海流域的现状与问题、国际海洋生态环境保护实践与策略、陆海统筹海洋生态环境保护的基本内容以及陆海统筹重点流域污染控制策略等。可以说，陆海统筹，其实质是在陆地和海洋两大自然系统中建立资源利用、经济发展、环境保护、生态安全的综合协调关系和发展模式。有助于读者理解我国"从山顶到海洋"的"陆海一盘棋"生态环境保护策略以及陆海一体化的海洋生态环境保护治理体系。

《环境共治：理论与实践》（郭施宏、陆健、张勇杰著）一册重点探讨了环境治理中的府际共治和政社共治问题。就府际共治问题，介绍了环境治理中的纵向府际互动关系，以及其中出现的地方执行偏差和中央纠偏实践；从"反公地悲剧"的视角分析了跨域污染治理中的横向府际博弈，以及府际协同治理模式。就政社共治问题，着重关注了多元主体合作中的社会治理与政社关系，以及当前环境治理中的社会参与情况。基于对国内外社会参与环境治理的长期田野调查，发现社会参与对于化解环境危机具有不可忽视的作用，社会参与在新媒体时代愈加活跃和丰富。这对于构建现代环境治理体系既是机遇也是挑战。

《生态文明与绿色发展实践》（王宇飞、刘昌新著）一册主要从政策试点入手，以小见大，解释了我国生态文明建设推进的一个重要特点，即先通过试点创新，取得成效后再向全国推广。本书主要分析了低碳城市试点、国家公园体制试点以及其他地区一些有典型意义的案例。低碳城市试点是我国为应对气候变化所采取的一项重要措施，试点城市在能源结构调整、节能减排以及碳排放达峰等方面都有探索和创新。这是我国实施"碳达峰、碳中和"战略的重要基础。国家公园是我国自然保护地体制改革的代表，也反映了我国近几年来生态文明体制改革的进程。这部分以三江源、钱江源等试点为案例，揭示了自然保护地的核心问题，即如何妥善处理保护和发展之间的矛盾。最后一部分介绍了阿拉善 SEE 基金会的蚂蚁森林公益项目、大自然保护协会在杭州青山村开展的水信托生态补偿等案例经验。这些案例很好地揭示了生态环境保护需要依赖绿色发展，要使各方均能受益从而促进共同保护。

《生态责任体系构建：基于城镇化视角》（刘成军著）册重点关注了城镇化进程中生态问题的特殊性。作者从政府的生态责任是什么、政府为什么要履行生态责任以及政府如何履行生态责任三个方面展开研究。城镇化是一个动态的过程，在此过程中产生的生态环境问题有其独特的复杂性。本书审视了中国城镇化的历史和现状，探讨了中国城镇化进程中的生态环境问题，并将马克思主义关于生态环保的一系列重要思想观点融合到对相关具体问题和对策的分析与论证之中，指出了马克思主义生态观对中国城镇化生态环境问题解决的具体指导作用；对我国城镇化进程中存在的生态问题、政府应承担的生态责任、国内外政府履行生态责任的实践及我国政府履行生态责任的途径等问题进行了论述。

《生态文明与环境保护》（罗敏编著）收录了"大气、水、土壤、核安全、国家公园"五方面内容，针对当下公众关注的污染防治三大攻坚战役、核安全健康与发展、自然保护地体系下的国家公园建设进行了介绍。三大攻坚战部分，分析了大气、水、土壤污染防治的政策、现状，从制度体系构建、技术应用、风险评估等方面，结合具体实践和地方经验，对如何打好污染防治攻坚战进行探讨。核安全部分围绕核安全科技创新、核能发展、放射性药品生产活动监管、放射源责任保险、公众心理学、法规标准等内容对我国核安全领域的重点内容和发展规划进行分析。国家公园体制建设部分，从法律实现、国土空间用途管制、治理模式、适应性管理、特许经营管理等方面探索自然保护地体系下国家公园建立的路径。

《企业参与生物多样性案例研究和行业分析》（赵阳著）主要以"自然资本核算"在不同行业的应用为切入点，系统地介绍了《生物多样性公约》促进私营部门参与的要求、机制和资源，分享了识别、计量与估算企业对生态系统服务影响和依赖的成本效益的最新方法学，并辅之以国内外公司的实际案例，研判了不同行业的供应链所面临的生物多样性挑战、动向及趋势，为我国企业参与生态文明建设提供了多元化的视角和参考资料。

《绿色"一带一路"》（孟凡鑫等编著）围绕气候减排、节约能源、水资源节约等生态环境问题，针对"一带一路"沿线典型国家、典型节点城市，从碳排放核算、能效评估、贸易隐含碳排放及虚拟水转移等方面进行了可持续评估研究。从经济学视角，延伸了"一带一路"倡议下的对外产业转移绿色化及全球价值链绿色化的理论；从实证研究视角，识别了我国企业对外直接投资的影响因素及区位分异特征，并且剖析了"一带一路"倡议对我国钢铁行业出口贸易的影响，解析了"一带一路"沿线国家环境基础设施及跨国产业集群之间的相关性；梳理了全球各国践行绿色发展的典型做法以及中国推动绿色"一带一路"建设的主要政策措施和行动，提出了我国继续深入推动绿色"一带一路"建设的方向和建议。

"生态文明建设丛书"结合了当下国内外最新的相关理论进展和政策导向，对我国生态文明建设的理念和实践进行了较为全面的解读和分析。丛书既反映了我国过去生态文明建设的突出成就，也分析了未来生态文明建设的改革趋势和发展方向，有比较强的现实指导意义，可供相关领域的学术研究者和政策研究者参考借鉴。

林家彬

2021 年 8 月

前　言

　　"一带一路"倡议是构建人类命运共同体的重要实践，目前已成为世界上规模最大的国际合作平台。在新冠肺炎疫情席卷全球之际，"一带一路"倡议具有全新的、更加深远的意义，新冠疫情的应对更加凸显出国际社会是一个不可分割的整体，需要通过共享有韧性的、包容的、可持续的发展机制和绿色增长途径进一步深化全球协同发展。

　　自党的十八大明确提出大力推进生态文明建设以来，我国生态文明建设进入快车道。党的十九大报告指出，加快生态文明体制改革，建设美丽中国。"生态优先、绿色发展"理念在全社会形成了广泛共识，经济发展正在从"先污染后治理"的传统模式向绿色高质量发展转型。生态文明建设是关系中华民族永续发展的根本大计，保护生态环境、应对气候变化是全人类面临的共同挑战，中国是全球生态文明建设的重要参与者、贡献者、引领者。2020年9月22日，第七十五届联合国大会一般性辩论上，中国提出将提高国家自主贡献力度，采取更加有力的政策和措施，二氧化碳排放力争于2030年前达到峰值，努力争取2060年前实现碳中和的目标愿景，这是统筹国内国际两个大局做出的重大战略决策，展现了我国积极应对全球气候变化的责任担当。实现碳达峰、碳中和，是一场广泛而深刻的经济社会系统性变革，要把碳达峰、碳中和纳入生态文明建设整体布局，建立绿色低碳循环发展经济体系，把实现"减污降碳协同增效"作为促进经济社会发展全面绿色转型的总抓手，以此促进高质量发展和可持续发展。

　　绿色"一带一路"正是分享生态文明理念、实现可持续发展的内在要求，是顺应和引领绿色、低碳、循环发展国际潮流的必然选择。将"一带一路"打造成绿色发展之路，一直是中国政府的初心和愿望，也是所有共建国家的共同需求和目标。绿色作为"一带一路"的底色，就是要在"一带一路"倡议落实过程中，践行生态文明理念，推动绿色发展，保护好沿线国家赖以生存的共同家园。绿色"一带一路"深得人心，是因为它促进了经济发展与环境保护的双赢，为沿线国家人民带来长远的好处与实惠。共建绿色"一带一路"，为中国和沿线国家交流互鉴促进绿色转型、实现可持续发展经验搭建了平台。在全球环境面临严峻挑战的背景下，建设绿色"一带一路"是中国为全球可持续发展贡献的中国方案。

在此背景之下，本书分为四个篇章，主要围绕"什么是绿色'一带一路'？""如何开展绿色'一带一路'可持续发展建设？""绿色'一带一路'对全球价值链有何经济影响？""如何来保障绿色'一带一路'的建设？"四个主题，试图从理论内涵、实证分析及政策行动视角全方位解读绿色"一带一路"。

第一篇（绿色"一带一路"的提出及发展）："一带一路"源远流长，由古代的丝绸之路演变而来，古丝绸之路跨越埃及文明、巴比伦文明、印度文明、中华文明的发祥地，跨越不同国度、不同肤色人民的聚集地，是人类历史上文明交流、互鉴、共存的典范，在历史上具有重要价值。第一章系统梳理了"一带一路"的历史演变及发展历程，讲述了"一带一路"如何从两千多年前的张骞出使西域，到六百多年前郑和下西洋，发展到当今共建"丝绸之路经济带"和"21世纪海上丝绸之路"（即"一带一路"）的重大倡议，介绍了古代丝绸之路诞生的国内外复杂背景以及发展路线，梳理了当代"一带一路"倡议的提出背景和意义、相关的顶层框架、基本理念及发展进程。第二章阐释了绿色"一带一路"的内涵及发展进程，针对绿色"一带一路"进行了相关政策梳理，并且从多维度剖析了绿色"一带一路"发展的必要性，全面解析了绿色、低碳、循环三者的起源与内涵、共同点及差异性，厘清了绿色"一带一路"与联合国可持续发展目标的关系。

第二篇（绿色"一带一路"可持续发展评估）：针对绿色"一带一路"建设过程中典型国家、地区或节点城市面临的复杂生态环境管理问题，如节能减排、能效提升、水资源管理等，本篇以典型案例实证分析为主，采用产业生态学及计量经济学等模型工具，有针对性地开展可持续性评估研究，研究结果可为绿色"一带一路"建设的可持续发展决策提供有力的科学依据及数据支撑。具体来说，第三章介绍了城市碳排放清单编制方法，并对中国"一带一路"节点城市进行了碳排放核算及低碳评估，研究结果识别了不同节点城市的碳排放特征，以充分发挥主要节点城市在绿色"一带一路"建设中的引领和支撑作用。第四章以"一带一路"关键节点城市为案例，构建多级尺度嵌套的投入产出模型，分别精准追踪了城市作为生产者和消费者引起的碳排放，在"一带一路"沿线国内区域及全球区域尺度上的流动格局，研究结果启发了城市碳减排政策的制定亟须突破传统生产视角的思路，进行城市消费结构及消费方式调整，同时调控城市与周边区域的贸易合作模式，以更好地协同合作促进全球减排。第五章和第六章，分别探索了中国及国内分区与"一带一路"沿线国家在贸易过程中隐含的碳排放及虚拟水的转移模式，研究结果识别了隐含碳及虚拟水转移的关键产业及关键地区，总结了相应的转移模式，研究结果可为"一带一路"沿线国家和国内地区的低碳建设、碳减排策略以及构建绿色全球供应链提供科学依据及理论支撑。第七章基于计量经济方法，论证了贸易开放对碳排放的经济影响，研究结果讨论了贸易开放与碳排放之间关系的复杂性，有利于从贸易视角为"一带一路"碳减排政策制定提供新思路。第八章测度了"一带一路"国家的能源效率水平及其驱动因素，研究结果表明能源效率低下是由结构性的因素导致，研究指出"一带一路"倡议应注重改善长期结构问题，研究结果为促进"一带一路"区域合作提供政策参考。

第三篇（绿色"一带一路"与全球价值链）：呼应我国经济社会转型与全球价值攀升的关键诉求，集中探讨了绿色"一带一路"与全球价值链的互动关系。国际与区际集群式产业转移的展开标志着我国制造业结构调整和增长转型的全面加速。"一带一路"倡议为平衡国内外区域发展提出了新的思路。第九章从全球价值链视角，探索了"一带一路"倡议下的对外产业转移绿色化的理论模式，梳理了国际产业转移的环境效应，以及产业转移的异质性贸易理论；阐释了全球价值链的定义，从全球价值链结构性演化、绿色重构以及中国企业融入全球价值链的策略三个维度，阐释了全球价值链绿色化的理论模式。第十章从实证研究视角，基于面板数据，探索了"一带一路"倡议下我国企业对外直接投资区位选择的影响因素及区位分异特征，研究结果可为我国企业对外投资行为起到科学指导作用，同时也为政府部门出台有关政策提供决策支持。第十一章分别从理论和实证两方面探讨"一带一路"倡议对我国钢铁行业出口贸易的影响机制，研究结果可为缓解我国钢铁行业面临的产能过剩问题提供政策参考依据。第十二章从国际经济学视角，探讨了"一带一路"国家环境基础设施及跨国产业集群之间的相关性，研究有助于"一带一路"沿线国家提升环境基础设施，同时有助于扩大绿色投资，研究结果可为制定科学的贸易转型升级政策及绿色发展战略提供理论及数据支撑。

第四篇（推进绿色"一带一路"建设的政策、行动及建议）：从宏观政策及具体实践的视角，从国际、国内两个维度，分别梳理总结了全球各国践行绿色发展理念的主要政策和典型经验，以及我国推动绿色"一带一路"建设的主要政策措施和行动；分析了我国现阶段绿色"一带一路"建设取得的进展，提出了未来我国继续深入推进绿色"一带一路"建设的战略方向和建议，以期为我国探索绿色"一带一路"的发展路径、模式，制定相关政策规划，开展相关行动等提供借鉴支撑。第十三章从全球尺度，梳理了美国、欧盟、日本、韩国等发达国家推进绿色发展的政策实践，其相对完善、成熟的政策体系可为我国和其他"一带一路"沿线国家绿色发展提供经验借鉴；与此同时，总结了新加坡、柬埔寨、圭亚那、印度等"一带一路"沿线国家已开展的绿色发展实践探索及取得的阶段成效；从战略引领、综合协调机制构建、推进公众参与、制度体系完善、绿色技术创新等方面，探讨了国际先进经验对我国的启示。第十四章分别从宏观层面和具体领域层面，对中国推动绿色"一带一路"建设的主要政策措施和行动进行了梳理，对现阶段取得的进展进行了总结和分析；在此基础上，结合未来绿色"一带一路"建设将面临的新形势和挑战，从加强顶层设计、深化交流合作共享平台建设、健全风险评估预警机制、推进绿色基础设施建设与绿色产能合作、创新绿色金融机制等方面，提出了我国继续深入推动绿色"一带一路"建设的战略方向和建议。

最后，值此书稿付梓之际，谨向所有关心支持本书编写的领导、同仁及朋友们致以衷心的谢忱！

感谢"生态文明建设丛书"的副主编王宇飞博士的邀请，让我有机会能够与合作者一起将近些年在绿色"一带一路"领域的思想、观点及相关研究成果进行梳理、凝练及总结，才会有《绿色"一带一路"》一书的撰写及出版。

本书开始构思于2019年末，正值我在美国耶鲁大学环境学院从事博士后研究期间，非常感谢我的博士后合作导师Karen C. Seto院士对我的鼓励以及大力支持。感谢中国科学院城市环境研究所崔胜辉研究员，在来耶鲁大学访问之际，帮我从国内带来非常宝贵的中文参考书目，对第一次写书的我有很大的启发与帮助。感谢我的博士导师杨志峰院士一直以来对我的指导、鼓励与支持，感谢东莞理工学院苏美蓉教授在我博士后期间给予的指导、关心与帮助，让我有机会参与中国工程院咨询研究项目"'一带一路'中我国城市

4

生态系统健康诊断与提升战略研究（2017-XY-23）"，正是该课题启发了我对绿色"一带一路"主题的思考及研究兴趣。同时，本书的部分章节研究内容，得到了北京师范大学环境学院张妍教授、徐琳瑜教授、张力小教授、刘耕源教授、郝岩副教授以及广东工业大学蔡宴朋教授、梁赛教授的指导、建议及帮助，在此一并表示由衷的感谢！

特别感谢本书的合作者江苏大学孙华平教授、中国科学院科技战略咨询研究院孟小燕博士、江苏大学陈云香副教授的大力支持，在历经多次激烈的讨论及思想碰撞之后，才形成了书稿的框架及提纲，历经两年的时间，在大家的共同努力之下，经过多次撰写、修改、校对等过程，才形成本书的最终稿。感谢吉林建筑大学张祎同学对书稿的校对以及第一篇内容材料的搜集及整理。最后感谢上海科学技术文献出版社张树总编辑、苏密娅编辑的信任与大力支持，才让本书得以顺利出版。

本书中部分章节的研究内容得到以下项目支持：国家自然科学基金"基于跨区域视角的城市食物—能源—水关联系统的核算及评估工具包开发"（No. 71804023）、"基于全球价值链知识溢出的中国区域高碳产业低碳化转型路径研究"（No. 71774071）；国家社科基金重点项目"绿色转型视角下中国深度融入全球低碳经济治理机制研究"（No. 21AZD067），中国工程院咨询研究项目"'一带一路'中我国城市生态系统健康诊断与提升战略研究"（No. 2017-XY-23），中国博士后基金项目"'一带一路'进程中我国对外产业转移绿色化模式研究"（No. 2016M601568）。

由于工作时间紧迫，作者的经验和水平有限，某些研究思路难以全面完成，或有待将来继续完善，书中错误和疏漏之处也在所难免，希望读者朋友不吝赐教，多提宝贵意见。

孟凡鑫

2021年3月于铁狮子坟

目　录

第三篇 绿色"一带一路"与全球价值链

第一篇

绿色"一带一路"的提出及发展

第一章

"一带一路"的历史由来

第一节　引言

　　"一带一路"源远流长，它来源于古代的丝绸之路。早在两千多年前，张骞出使西域，各国人民就通过丝绸之路开展贸易，中国把丝绸、茶叶、瓷器等输送到沿途各国，促进了沿途地区的经济与文明发展，赢得了各国人民的赞誉和喜爱。丝绸之路在当今社会有了新的发展，2013年9月和10月，中国国家主席习近平在出访中亚和东南亚国家期间，先后提出共建"丝绸之路经济带"和"21世纪海上丝绸之路"（即"一带一路"）的重大倡议。"一带一路"倡议借用古代丝绸之路的历史符号，是继承和发扬丝路精神的宝贵遗产。

　　随着中国经济的崛起和腾飞，中国作为制造业大国，不仅可以输出丰富多彩、物美价廉的日常用品，而且能够向全世界提供更多的技术和设备。"一带一路"倡议提出到现在已经六年了，从点到线再到面，从基础设施建设到民生改善，从经济贸易往来到文化交流，"一带一路"都取得了令人瞩目的成绩。千百年来，丝绸之路像一座桥梁，沟通了不同国家、不同民族之间的交往，不同文明得以互联互通，相互激荡，形成了世人共知和推崇的和平合作、开放包容、互学互鉴、互利共赢的丝绸之路精神，并不断被注入新的时代内涵。

第二节　丝绸之路的历史演变及发展历程

　　"一带一路"由丝绸之路演变而来。丝绸之路简称丝路，一般分为陆上丝绸之路和海上丝绸之路，其中，陆上丝绸之路又分为西北丝绸之路、草原丝绸之路、西南丝绸之路。丝绸之路起始于中国古代，两千多年以前，连接亚洲、非洲和欧洲的陆上商业贸易网络就已经存在。19世纪末期，这个蔓延四处的网络由德国地理学家、地质学家费迪南·冯·李希霍芬(Ferdinand von Richthofen)正式命名,他在《中国》一书中,把"从公元前114年至公元127年间,中国与中亚、中国与印度间以丝绸贸易为媒介的这条西域交通道路"命名为"丝绸之路"(Silk Road,德语也叫Seidenstraβen)。其后,德国历史学家赫尔曼在20世纪初出版的《中国与叙利亚之间的古代丝绸之路》一书中,根据新发现的文物考古资料,进一步把丝绸之路延伸到地中海西岸和小亚细亚,更新了丝绸之路的基本内容,丝绸之路被认为是中国古代经过中亚通往南亚、西亚以及欧洲、北非的陆上贸易交往通道。

(一)丝绸之路诞生的国际背景

古代世界远比我们想象的复杂,中国与世界其他各国存在千丝万缕的联系。丝绸之路的诞生不仅是中国一方努力的结果,其他国家对中国的文化渗透也是建立丝绸之路的重要因素。

自古以来,亚洲的中心就是帝国的摇篮,公元前6世纪,波斯帝国就崛起于此。波斯国当时位于今天伊朗的南部,它迅速扩张,统治了邻国,直到爱琴海岸,并征服埃及后一路向东,将势力延伸到喜马拉雅山脚。波斯人建立了纵横交错的交通网,使小亚细亚沿海地区与巴比伦、苏萨和波斯波利斯的交流更加便利,古波斯帝国的远征为国家带来了更多的资源,反过来国内的贸易繁荣昌盛又为统治者的远征军队提供了财力支持。波斯人勇于并主动接受新的思想,进行新的实践,建立了一个多民族合作、运转平稳的帝国管理体系。在经历一系列的战争与挫败之后,波斯帝国的扩张步伐迈向了遥远的东方。

公元前331年,马其顿的亚历山大(Alexander)对东方也有浓烈的兴趣,他在高加米拉(Gaugamela,今伊拉克库尔德斯坦地区的埃尔比勒省)平原对波斯发起攻击,波斯战败,亚历山大继续东进,占领了巴比伦,没过多久,连接波斯、小亚细亚海岸和中亚的整个交通网络全部为亚历山大所有。亚历山大建立了新城市,修建独立的要塞和堡垒以防御草原游牧部落入侵,与此同时,中国也在为抵抗草原游牧部落进攻做准备。公元前323年,亚历山大去世。亚历山大的远征开放了所及地域人们的思想,对他们以后的政治军事决策产生了一定的影响,也为边远地区的人们接触远处的世界提供了机遇。马其顿国王亚历山大东征,从地中海横扫西亚、中亚和南亚,把希腊文明带到了巴克特里亚（兴都库什山）。

坐落在意大利西海岸线正中央的罗马，在夺取沿岸的一座座城市之后，统治了整个地中海西岸地区，这时的罗马已经发展成一个非常具有竞争力的大国，征服埃及使罗马获得了至高的荣耀，此后，它将矛头对准了更远的东方——亚洲。

由此可说，波斯帝国、马其顿国和罗马帝国等国家建立了中亚道路网，其中的主要干线成为丝绸之路的西段。西欧亚大陆及北非地区，由于种族、宗教、文化、战争和经济的联系，交流密切。只有更加遥远的极东地区——中国，因为高山（喜马拉雅山山脉）和大漠的阻隔，处在一个相对独立的地理区域，发展出独特的华夏文明。所以，对于西部世界而言，真正具有"他者"异质的东方，不在尼罗河，不在高加索，而是在天山以东地区。世界各地的扩张思想也影响着中国，此时的中国，扩张的浪潮也在疯狂增长。最终，把中国文明与西欧亚及地中海世界链接起来的通道，就是陆上和海上的丝绸之路。

（二）丝绸之路诞生的国内背景及路线

西汉（前202—8）时期，汉朝向外扩张最大的阻碍是匈奴。匈奴是游牧民族，他们的领地是中原通往西域的必经之地，他们不仅占据独特的地理位置，还拥有品种优良的马匹，对汉朝构成了绝对的威胁，汉武帝为解决这一问题，发动数次战争，最终夺取了河西走廊（今甘肃），控制了农业富庶的西域地区。河西走廊通向西部的帕米尔高原，高原以西就是一个崭新的世界。最早的"丝绸之路"在此基础上诞生了，亚洲、非洲、欧洲通过几百年的努力终于连接了起来。

疆土的扩张激起了中国对外部世界的兴趣，从此以后，中国和外界的贸易交流也在缓慢开展。我们可以想象，在两千多年前，中国手工制造的丝绸可供迦太基和地中海周围其他城市的权贵富豪们穿戴，法兰西南部生产的陶器能够出现在英格兰和波斯湾，产自印度的调味品可以用在新疆和罗马的厨房，阿富汗北部的建筑雕刻着希腊文字，中亚畜养的马匹驰骋在千里之外的东方。

传统的丝绸之路，起自中国古代都城长安，经中亚国家、阿富汗、伊朗、伊拉克、叙利亚等而达地中海，以罗马为终点，全长6 440公里。这条路被认为是连接亚欧大陆的古代东西方文明的交汇之路，而丝绸则是最具代表性的货物。数千年来，游牧民族或部落、商人、教徒、外交家、士兵和学术考察者沿着丝绸之路四处活动。

随着时代发展，丝绸之路成为古代中国与西方所有政治、经济、文化往来通道的统称。具体来讲，有西汉张骞开通西域的官方通道"西北丝绸之路"；有北向蒙古高原，再西行天山北麓进入中亚的"草原丝绸之路"；有长安到成都再到印度的山道崎岖的"西南丝绸之路"；还有从广州、泉州、杭州、扬州等沿海城市出发，从南洋到阿拉伯海，甚至远达非洲东海岸进行海上贸易的"海上丝绸之路"等。

1. 西北丝绸之路

西北丝绸之路是影响最广泛的路线，起源于西汉，广义来讲，人们普遍说的丝绸之路指的就是西北丝绸之路，以下简写为丝绸之路。在先秦时期，丝绸正式西传，大量史书记载了当时丝绸的传播源、传播的目的地、传播的路线，而丝绸之路真正形成于张骞出使西域。

人们通常将玉门关、阳关以西到帕米尔高原以东，即今甘肃、新疆地区，称作西域。西汉初期，匈奴阻断了东西方往来，到汉武帝时期，汉武帝有意联合大月氏东西夹攻匈奴，派张骞出使西域。建元二年（前139），张骞率领100余人出使西域，不幸中途被匈奴俘获，十年后才得以逃脱，逃脱后继续西行到达大宛（今乌兹别克斯坦）。此时的大月氏早已不想攻打匈奴中原而选择了西迁，张骞在一年以后东返，直到元朔三年（前126）才回到大汉，此次西行前后共10余年，虽未达到目的，但获得了大量西域的资料。之后中原与匈奴交战取得胜利，中原领土扩张至河西走廊地区，这才与西域相同。元狩四年（前119），张骞再次出使西域，目的是招引乌孙回河西故地，以断匈奴右臂，并与西域各国联系。元鼎二年（前115），张骞及乌孙使者返抵长安，被张骞派往西域其他国家的使者也陆续回国。乌孙使者见大汉人众富厚，回国归报后，乌孙渐渐与大汉交往密切，从此，西汉与西北诸国开始频繁联系起来，"丝绸之路"正式开通。

此时的东西方通道并不顺畅，经常有楼兰、车师等国劫掠西汉派往西域的使臣和商队，元封三年（前108），楼兰、车师纷纷被击破。元封六年（前105），西汉与乌孙王和亲，联合挟制匈奴。同时汉武帝派李广利领兵多次进攻大宛，攻破大宛都城，打破匈奴对大宛的控制，使西汉在西域的声威大振，确保了西域通道的安全。"丝绸之路"至此畅通。太初四年（前101），汉武帝在轮台（今轮台县东南）和渠犁（今库尔勒市西南）设立了使者校尉，管理西域事务。这是西汉政府第一次在西域设置官吏。汉宣帝神爵二年（前60），匈奴投降，西汉又在西域设置了都护府，新疆地区开始隶属中央的管辖，成为中国不可分割的一部分。此后，西汉在西域设置常驻官员，派士卒屯田，设校尉统领保护，使汉族同新疆少数民族交往更加密切。"丝绸之路"开始进入繁荣时代。天凤三年（16），西域诸国断绝了与新莽政权的联系，"丝绸之路"中断。

东汉永平十六年（73），班超奉命出使西域，他们首先到了鄯善，劝服鄯善，之后又说服于阗，重新打开了中原通往西域的丝绸之路，班超在西域30多年，西域与内地的联系得以加强。永元九年（97），班超派副使甘英出使大秦国（即罗马帝国），一直到达条支海（今波斯湾），但是由于安息海商的婉言阻拦，副使未能渡过条支海。这次出使首次将丝绸之路从亚洲延伸到了欧洲，再次延长了"丝绸之路"。之后，大秦属下的蒙奇兜讷（即马其顿）曾派人到东汉首都洛阳向汉和帝进献礼物。延熹九年（166），古罗马大秦王安敦派使者至东汉洛阳，朝见汉桓帝。"丝绸之路"由此承载了亚洲与欧洲的友好交流。

魏晋南北朝时期，丝绸之路继续扩大，新发展出西南路线和海上路线。随着两汉到隋唐的朝代更替，南北两政权与西域的交流越发频繁。北魏王朝一统中国北方，在北魏文成帝太安元年（455），波斯与北魏开始有了直接联系。直到正光三年（522），《魏书》本纪记载了十个波斯使团，前五次到了北魏都城平城（今山西大同），为中国带来了玻璃制品工艺，后五次到达洛阳。神龟元年（518），宋云与比丘惠生，由都城洛阳出发，沿"丝绸之路"西行，出使西域，拜取佛经。四年之后，宋云、比丘惠生等人由天竺回到洛阳，取得大乘佛法170部，促进了中国佛教的兴盛和礼乐文化的发展，丰富了中国的佛教文化。波斯的使者也顺着丝绸之路深入到南朝，中大通二年（530），波斯国使者进献佛牙。五年（533）八月，遣使献方物。大同元年（535）四月又献方物。波斯之通使南朝，走的是西域经吐谷浑境而南下益州（四川）再顺长江而下到建康（今南京）的道路。这种交流，不仅加强了东西方之间的联系，而且促进了双方之间经济贸易、生产技术的交流。

隋代开皇九年（589），隋王朝结束南北分裂，新兴突厥族占领了西域至里海间广大地区，河西走廊也遭受侵扰，中国与西域，以及欧洲的官方、民间交往受到阻碍。但隋王朝与丝绸之路沿线各国之间关系愈来愈密切，西域商人多至张掖互市，炀帝曾派裴矩专管这方面工作。裴矩用厚礼吸引他们到内地，使其往来相继。《隋书·西域传》序记载："侍御史韦节，司隶从事杜行满使于西番诸国，至罽宾（今塔什干附近），得玛瑙杯，印度王舍城得佛经，史国得歌舞教练，狮子皮、火鼠毛。"丝绸之路上的往来车队又活跃起来。

唐朝是外国来朝的鼎盛时期，也是丝绸之路交往的繁荣时期。唐太宗李世民击败了东突厥吐谷浑，臣服了漠南北。唐高宗李治又灭西突厥，设安西、北庭两都护府。大唐帝国疆域极其辽阔，东起朝鲜海滨，西至达昌水（阿姆河，或底格里斯河），达到了空前盛世。在丝绸之路东段，大漠南北与西域各国，修了很多支线通丝绸之路，亦称"参天可汗道（天可汗指唐太宗）"。大食、东罗马帝国也不断派使节到长安与中国相通。敦煌、阳关、玉门这些地方，成了当时"陆地上的海市"。在唐代，东西方相互传入和移植的东西很多，医术、舞蹈、武学和一些著名动植物，都使双方拓宽了视野。据《唐会典》载，唐王朝曾与三百多个国家和地区交往，每年取道丝绸之路前来长安这个世界最大都市的各国客人，数目皆以万计，定居中国的，单广州便以千计。唐朝当时的经济文化发展水平居世界前列，唐代的丝绸之路畅通繁荣，东西方通过丝绸之路，官方、民间都进行着全面友好的交流往来，进一步促进了东西方思想文化交流，对以后的社会和民族意识形态发展，产生了很多积极、深远的影响，这种思想文化的交流与宗教密切相关。

佛教自西汉哀帝时期传入中国后，南北朝开始大行于中国，至隋唐时达到鼎盛。唐太宗时，高僧玄奘由丝绸之路经中亚往印度取经、讲学，历时16年，所著《大唐西域记》一书，记载了当时印度各国的政治、社会、风土人情，至今仍为研究印度中世纪历史的头等重要资料。玄奘取回佛教经典657部，唐高宗特地在长安建大雁塔供其藏经、译经。稍后，高僧义净又由海道去印度，又历时16年，取回佛经400部，所著《南海寄归内法传》《大唐西域求法高僧传》，向中国介绍了当时南亚各国的文化、生活情况。

经过安史之乱后，唐朝开始衰落，西藏吐蕃越过昆仑山北进，侵占了西域的大部；中国北方地区战火连年，丝绸、瓷器的产量不断下降，商人唯求自保而不愿远行，丝绸之路逐步走向低谷。

北宋实际版图大幅缩减，政府未能控制河西走廊，到了南宋时期，更无法涉足西北地区，丝绸之路衰落日益明显，而海上丝路崛起，逐渐有取代陆上丝绸之路的迹象。蒙元时期，蒙古发动了三次西征及南征，版图大大扩展，加之驿路的设立、欧亚交通网络的恢复，欧亚广大地域范围内的国际商队长途贩运活动再度兴盛起来。据史料记载，当时在漫长的东西方陆路商道上从事商队贩运贸易的，有欧洲商人、有西亚、中亚地区的商人以及中国色目①商人等。欧州和中、西亚商人一般都携带大量金银、珠宝、药物、奇禽异兽、香料、竹布等商品来中国或在沿途出售，他们所购买的主要是中国的缎匹、绣彩、金锦、丝绸、茶叶、瓷器、药材等商品。元代来中国的外国商人、商队为数之众，在外国史料中多有印证。《马可·波罗游记》中几处写道，元大都外城常有"无数商人""大量商人"来往止息，"建有许多旅馆和招待骆驼商队的大客栈，……旅客按不同的人种，分别下榻在指定的彼此隔离的旅馆"。《通商指南》也指出，"……汗八里都城商务最盛。各国商贾辐辏于此，百货云集"。在蒙元时期，丝路畅通、欧亚大陆各种层次的经济交流兴旺之际，作为东西方国际贸易枢纽或与国际贸易有密切关系的地区性、民族性商品市场和物资集散地的一批贸易中心相应形成并发展。元代中外史籍几乎都记述了元大都作为东方国际贸易中心的无可争议的地位。《马可·波罗游记》曾以一章的篇幅介绍元大都国际贸易的盛况："凡世界上最为珍奇宝贵的东西，都能在这座城市找到，……这里出售的商品数量，比其他任何地方都多。"元朝中国境内丝路重要商镇还有可失哈耳（喀什噶尔），这里的纺织品由国内的商人运销世界各地。河西走廊的肃州，这里附近"山上出产的一种质量非常好的大黄。别处的商人都来这里采购，然后行销世界各地"。另外还有别失八里、哈喇火州等。

元代丝绸之路呈现了新的局面，为了保证交通畅通和信息快速传递，元朝建立了快捷的驿站传讯系统。驿道路网打通了元朝首都与亚欧各地的联系，使长期陷于停滞状态的丝绸之路再次活跃起来。意大利旅行家马可·波罗东来，也曾途经丝绸之路要道撒马尔罕。13世纪上半叶，成吉思汗之孙孛儿只斤·拔都建立钦察汗国。钦察汗国地处欧亚草原地带，连通

---

① 色目大多指色目人。色目人是元朝时中国西部民族的统称，也是元朝人民的四种位阶之一，一切非蒙古、汉人、南人的都算是色目人。

了中国与西方的交通往来。由于钦察汗国的中介作用，欧洲与中国之间通过草原丝绸之路，往来空前兴盛。钦察汗国都城萨莱城是中西间交通的重要中转之地。元代后期，丝绸之路的交往目的发生了明显变化，大多是以宗教、文化交流为使命，而不再是以商人为主导，丝绸之路由此走向衰落。

明代时期的西域多是沙漠等荒凉之地，对于农耕文明社会没有多少吸引力。而且因为明朝是建立在消灭元朝的基础之上，不能忽略蒙古部族的威胁，面对北方的紧张局势，明朝对于西域的统治显然有些心有余而力不足。此外，此时的造船技术和航海技术不断发展，海上交通代之而起，陆上丝绸之路贸易全面走向衰落。清代以后，陆上丝绸之路已经完全断绝。

2. 海上丝绸之路

海上丝绸之路形成于汉武帝以后，西汉的商人常出海贸易，开辟了海上交通要道，这就是历史上著名的海上丝绸之路。

海上丝绸之路，是中国与世界其他地区之间海上交通的路线。中国的丝绸除通过横贯大陆的陆上交通线大量输往中亚、西亚和非洲、欧洲国家外，也通过海上交通线源源不断地销往世界各国。因此，在德国地理学家李希霍芬将横贯东西的陆上交通路线命名为丝绸之路后，有的学者加以延伸，称东西方的海上交通路线为海上丝绸之路。后来，中国著名的陶瓷，经由这条海上交通路线销往各国，西方的香药也通过这条路线输入中国，一些学者因此也称这条海上交通路线为陶瓷之路或香瓷之路。

从中国出发，向西航行的南海航线，是海上丝绸之路的主线。与此同时，还有一条由中国向东到达朝鲜半岛和日本列岛的东海航线，它在海上丝绸之路中占次要的地位。关于汉代丝绸之路的南海航线，《汉书·地理志》记载汉武帝派遣的使者和应募的商人出海贸易的航程，自日南（今越南中部）或徐闻（今属广东）、合浦（今属广西）乘船出海，顺中南半岛东岸南行，经五个月抵达湄公河三角洲的都元（今越南南部的迪石）。复沿中南半岛的西岸北行，经四个月航抵湄南河口的邑卢（今泰国之佛统）。自此南下沿马来半岛东岸，经二十余日驶抵湛离（今泰国之巴蜀），在此弃船登岸，横越地峡，步行十余日，抵达夫首都卢（今缅甸之丹那沙林）。再登船向西航行于印度洋，经两个多月到达黄支国（今印度东南海岸之康契普腊姆）。回国时，由黄支南下至已不程国（今斯里兰卡），然后向东直航，经八个月驶抵马六甲海峡，泊于皮宗（今新加坡西面之皮散岛），最后再航行两个多月，由皮宗驶达日南郡的象林县境（治所在今越南维川县南的茶荞）。

宋代以后，随着中国南方的进一步开发和经济重心的南移，从广州、泉州、杭州等地出发的海上航路日益发达，越走越远，从南洋到阿拉伯海，甚至远达非洲东海岸，人们把这些海上贸易往来的各条航线，通称之为"海上丝绸之路"。

西汉时期，南方南粤国与印度半岛之间的海路已经开通。汉武帝灭南越国后，凭借海路拓宽了海贸规模，这时"海上丝绸之路"兴起。

汉末三国处于丝绸之路从陆地转向海洋的承前启后与海上丝绸之路最终形成的关键时期。由于同曹魏、刘蜀在长江上作战与海上交通的需要，孙吴积极发展水军，船舰的设计与制造有了很大进步，技术先进，规模也很大。在三国后面的其他南方政权（东晋、宋、齐、梁、陈）一直与北方对峙，也推动了造船、航海技术的发展，航海经验的积累为海上丝绸之路发展提供了良好条件。

魏晋以后，海上丝绸之路形成：以广州为起点，经海南岛东面海域，直穿西沙群岛海面抵达南海诸国，再穿过马六甲海峡，直驶印度洋、红海、波斯湾，对外贸易涉及15个国家和地区，丝绸是主要的输出品。

在隋唐以前，即公元6世纪至7世纪，海上丝绸之路只是陆上丝绸之路的一种补充形式。但到隋唐时期，由于西域战火不断，陆上丝绸之路被战争阻断，代之而兴的便是海上丝绸之路。

到唐代，伴随着我国造船、航海技术的发展，我国通往东南亚、马六甲海峡、印度洋、红海，以及非洲大陆的航路纷纷开通并延伸，海上丝绸之路最终替代陆上丝绸之路，成为我国对外交往的主要通道。

宋代造船技术和航海技术明显提高，指南针广泛应用于航海，中国商船的远航能力大为加强。宋朝与东南沿海国家绝大多数时间保持着友好关系，广州成为海外贸易第一大港。

元朝在经济上采用重商主义政策，鼓励海外贸易，同中国贸易的国家和地区已扩大到亚、非、欧、美各大洲，并制定了堪称中国历史上第一部系统性较强的外贸管理法则。海上丝绸之路发展进入鼎盛时期。

明代海上丝绸之路航线已扩展至全球，进入极盛时期。向西航行的郑和七下西洋，是明朝政府组织的大规模航海活动，曾到达亚洲、非洲39个国家和地区，这对后来达·伽马开辟欧洲到印度的地方航线，以及哥伦布的环球航行都具有先导作用。向东航行的"广州—拉丁美洲航线"（1575），由广州起航，经澳门出海，至菲律宾马尼拉港，穿过海峡进入太平洋，东行至墨西哥西海岸。

明清两代，由于政府实行海禁政策，广州成为中国唯一对外开放的贸易大港。广州的海上丝绸之路贸易比唐、宋两代获得更大的发展，形成了空前的全球性大循环贸易，并一直延续至鸦片战争前夕而不衰。鸦片战争后，中国海权丧失，沿海口岸被迫开放，成为西方倾销商品的市场。从此，海上丝路一蹶不振，进入了衰落期。这种状况贯穿整个民国时期，直至新中国成立前夕。

3. 西南丝绸之路

西南丝绸之路即"蜀（今川西平原）—身毒（今印度）道"，主线是陕康藏茶马古道——蹚古道，通向南亚、东南亚、中亚、欧洲国家。因穿行于横断山区，西南丝绸之路又称高山峡谷丝路。形成于汉代，比西北丝绸之路的形成还要早两百多年，中原群雄割据，蜀地与身毒间开辟了一条丝路，延续两个多世纪尚未被中原人所知，所以有人称它为秘密丝路。直至张骞出使西域，在大夏发现蜀布、邛竹杖系由身毒转贩而来，他向汉武帝报告后，元狩元年（前122），汉武帝派张骞打通"蜀—身毒道"，决心不惜一切代价打通从西南到印度的官道，由官方参与商业贸易，扩大疆土。汉武帝命张骞先后从犍为（今宜宾）派人分5路寻迹，一路出駹（今茂汶），二路出徙（今天全），三路出莋（今汉源），四路出邛（今西昌），五路出僰（今宜宾西南），分头探索通往印度的道路，但都遭到当地部落的阻拦，未获成功。武帝又从内地广征士卒，举兵攻打西南夷、夜郎、滇等国及许多部落，斩首数十万。但由于当地夷人的头人酋长为了垄断丰厚的过境贸易而拼死抵抗，历经十余年，仅打通了从成都到洱海地区的道路。东汉明帝永平十二年（69），汉朝与缅甸的掸族有了经济文化来往，又通过缅甸经印度入大夏。直到此时，汉武帝孜孜以求的"通身毒国道"才算全线畅通。

西南丝绸之路由3条道组成，即灵关道、五尺道和永昌道。丝路从成都出发分东、西两支，东支沿岷江至僰道（今宜宾），过石门关，经朱提（今昭通）、汉阳（今赫章）、味（今曲靖）、滇（今昆明）至叶榆（今大理），是谓五尺道。西支由成都经临邛（今邛崃）、严关（今雅安）、莋（今汉源）、邛都（今西昌）、盐源、青岭（今大姚）、大勃弄（今祥云）至叶榆，称之灵关道。两线在叶榆会合，西南行过博南（今永平）、嶲唐（今保山）、滇越（今腾冲），经掸国（今缅甸）至身毒。在掸国境内，又分陆、海两路至身毒。

西南丝绸之路延续2000多年，特别是抗日战争期间，大后方出海通道被切断，沿丝路西南道开辟的滇缅公路、中印公路运输空前繁忙，成为支援后方的生命线。

4. 草原丝绸之路

草原丝绸之路的形成可追溯到青铜时代。根据考古材料，草原丝绸之路初步形成于公元前5世纪前后。草原丝绸之路是指蒙古草原地带沟通欧亚大陆的商贸大通道，是丝绸之路的重要组成部分。作为当时游牧文化交流的动脉，其由中原地区向北越过古阴山（今大青山）、燕山一带的长城沿线，西北穿越蒙古高原、南俄草原、中西亚北部，直达地中海北陆的欧洲地区。草原丝绸之路主要包括三个部分：由关内京畿北上塞上大同云中或中受降域的阴山道；由塞上至回鹘、突厥牙帐哈尔和林的参天可汗道；西段是由哈拉和林往西经阿尔泰山、南俄草原等地，横跨欧亚大陆。其中，广义的参天可汗道包括阴山道，其前段称阴山道，后段称参天可汗道。

草原丝绸之路的形成，与自然生态环境有着密切的关系。在整个欧亚大陆的地理环境中，沟通东西方交往极其困难。环境考古学资料表明，欧亚大陆只有在北纬40度至50度之间的中纬度地区，才有利于人类的东西向交通，而这个地区就是草原丝绸之路的所在地。这里是游牧文化与农耕文化交汇的核心地区，是草原丝绸之路的重要连接点。

对于草原丝绸之路来说，大宗商品交换的需求起源于原始社会农业与畜牧业的分工，中原旱作农业地区以农业为主，盛产粮食、麻、丝及手工制品，而农业的发展则需要大量的畜力（牛、马等）；北方草原地区以畜牧业为主，盛产牛、马、羊及皮、毛、肉、乳等畜产品，而缺少粮食、纺织品、手工制品等。这种中原地区与草原地区在经济上互有需求、相依相生的关系，是形成草原丝绸之路的基础条件。因而，草原丝绸之路还有"皮毛路""茶马路"的称谓。

(三)古代丝绸之路的历史价值及启示

古丝绸之路跨越埃及文明、巴比伦文明、印度文明、中华文明的发祥地,跨越不同国度、不同肤色人民的聚集地,是人类历史上文明交流、互鉴、共存的典范,在历史上具有重要价值。古丝绸之路纵横交错、四通八达,大大小小的中外交通线路构筑了世界相互连接的交通网络,开创性地打通东西方大通道,是世界道路交通史上的奇迹。

首先,古丝绸之路对于国内外经济流通具有重要历史价值。古丝绸之路极大地促进了商品大流通,率先实现了东西方商贸互通和经济往来,是古代东西方商贸往来的生命线。通过丝绸之路,我国的丝绸、茶叶、瓷器、漆器等商品源源不断输出到沿线国家;来自中亚、西亚以及欧洲的珠宝、药材、香料以及葡萄、胡麻、胡桃、胡萝卜、胡瓜等各类农作物络绎不绝进入我国。

第二,古丝绸之路对于各国的文化交流具有重要历史价值。古代丝绸之路助推了多样性文化交流,是东西方不同国家、不同种族、不同文明相互浸染、相互包容的重要纽带。古代丝绸之路和海上丝绸之路是不同民族和不同文化相互交流、彼此融合的文明之路,丝绸之路横跨亚欧非数十国,把中华、印度、埃及、波斯、阿拉伯及希腊、罗马等各古老文明联结与交融了起来。东西方文化交流遍及音乐歌舞、天文历算、文学语言、服装服饰、生活习俗等社会生活的方方面面,比如古代丝绸之路沿线各国的民乐相互传播、相互影响、相互借鉴,通过与当地音乐形式、演奏技巧的有机融合,不仅成为沿线国家民族化、地域化的代表和标志,而且深深地镌刻在了沿线各国各民族文学、戏曲、歌舞伴奏、民间生活等各个方面。

最后,古丝绸之路对现今的"一带一路"具有极其重要的历史价值。虽然古代丝绸之路在不同历史时期有起有伏,但通过贯穿东西方的陆海通道,最终实现了人类文明史上商品物产大流通、科学技术大传播、多元文化大交融。古代丝绸之路的兴衰史,对于推进"一带一路"建设具有启示作用。经济社会的繁荣是基本动因。经济繁荣是国运昌盛的缩影,是古代丝绸之路形成发展的先决条件。从历史上看,丝绸之路兴盛之时大都是古代中国最强盛之时。经济的高度繁荣,使我国成为丝绸之路发展史上当之无愧的引领者。

而古代丝绸之路聚合了沿线国家和地区的商贸、产业、资源配置，成为各方利益交汇的经济走廊。历史表明，经济的进步和繁荣既是丝绸之路形成的基础，也是丝绸之路持久兴旺的动力源泉。经过改革开放，我国经济社会发展取得令世人瞩目的成就，成为世界第二大经济体。一个国家强盛才能充满信心开放，而开放促进一个国家进一步强盛。历史新起点带来发展新机遇，"一带一路"倡议乘国家改革开放之势而上，顺中华民族伟大复兴之势而为，为我国更好、更持续地走向世界，融入世界，开辟了崭新路径。

第三节 "一带一路"的提出及发展进程

（一）"一带一路"倡议的提出背景及意义

"一带一路"（The Belt and Road，B&R）倡议是"丝绸之路经济带"和"21世纪海上丝绸之路"（The Silk Road Economic Belt and the 21st-Century Maritime Silk Road）的简称。2013年9月，中国国家主席习近平在哈萨克斯坦纳扎尔巴耶夫大学发表演讲时表示，为了使各国经济联系更加紧密、相互合作更加深入、发展空间更加广阔，我们可以用创新的合作模式，共同建设"丝绸之路经济带"，以点带面，从线到片，逐步形成区域大合作。"东南亚地区自古以来就是'海上丝绸之路'的重要枢纽，中国愿与东盟国家加强海上合作，使用好中国政府设立的中国—东盟海上合作基金，发展好海洋合作伙伴关系，共同建设21世纪'海上丝绸之路'。""一带一路（丝绸之路经济带和21世纪海上丝绸之路）"战略构想的提出，在国内外引起了强烈反响。

当今世界正发生复杂深刻的变化，国际金融危机深层次影响继续显现，世界经济缓慢复苏、发展分化，国际投资贸易格局和多边投资贸易规则酝酿深刻调整，各国面临的发展问题依然严峻。"一带一路"从新时期党中央和国务院统筹国内外形势变化出发，具有深远意义。

首先，共建"一带一路"顺应世界多极化、经济全球化、文化多样化、社会信息化的潮流，秉持开放的区域合作精神，致力于维护全球自由贸易体系和开放型世界经济。其次，共建"一带一路"旨在促进经济要素有序自由流动、资源高效配置和市场深度融合，推动沿线各国实现经济政策协调，开展更大范围、更高水平、更深层次的区域合作，共同打造开放、包容、均衡、普惠的区域经济合作架构。再次，共建"一带一路"符合国际社会的根本利益，彰显人类社会共同理想和美好追求，是国际合作以及全球治理新模式的积极探索，将为世界和平发展增添新的正能量。最后，共建"一带一路"致力于亚欧非大陆及附近海洋的互联互通，建立和加强沿线各国互联互通伙伴关系，构建全方位、多层次、复合型的互联互通网络，实现沿线各国多元、自主、平衡、可持续的发展。

"一带一路"是为推动经济全球化深入发展而倡导的包容性全球化倡议，是国际区域经济合作的新模式，也是我国实施全方位对外开放、实现"中国梦"的重大举措。加快"一带一路"建设，有利于促进沿线各国经济繁荣与区域经济合作，加强不同文明交流互鉴，促进世界和平发展，是一项造福世界各国人民的伟大事业。当前，中国经济和世界经济高度关联，中国将一以贯之地坚持对外开放的基本国策，构建全方位开放新格局，深度融入世界经济体系。推进"一带一路"建设既是中国扩大和深化对外开放的需要，也是加强和亚欧非及世界各国互利合作的需要，中国愿意在力所能及的范围内承担更多责任义务，为人类和平发展做出更大的贡献。

（二）"一带一路"的顶层框架及路线

2015年3月，国家发展改革委、外交部、商务部联合发布《推动共建丝绸之路经济带和21世纪海上丝绸之路的愿景与行动》（以下简称《愿景与行动》），明确提出了"一带一路"六大经济走廊（中蒙俄、新亚欧大陆桥、中国—中亚—西亚、中国—中南半岛、中巴、孟中印缅）及21世纪海上丝绸之路，均具有明确的空间，其影响在国内也存在有显著的区域性，不同经济走廊影响的重点区域不同。

2017年5月10日推进"一带一路"建设工作领导小组办公室发布《共建"一带一路"：理念、实践与中国的贡献》，进一步明确了共建"一带一路"的五大方向：丝绸之路经济带有三大走向，一是从中国西北、东北经中亚、俄罗斯至欧洲、波罗的海；二是从中国西北经中亚、西亚至波斯湾、地中海；三是从中国西南经中南半岛至印度洋。21世纪海上丝绸之路有两大走向,一是从中国沿海港口过南海,经马六甲海峡到印度洋,延伸至欧洲;二是从中国沿海港口过南海,向南太平洋延伸。根据上述五大方向,按照共建"一带一路"的合作重点和空间布局,并且首次提出了"六廊六路多国多港"的合作框架。"六廊"是指六大经济走廊。"六路"指铁路、公路、航运、航空、管道和空间综合信息网络,是基础设施互联互通的主要内容。"多国"是指一批先期合作国家。"多港"是指若干保障海上运输大通道安全畅通的合作港口,通过与"一带一路"沿线国家共建一批重要港口和节点城市,进一步繁荣海上合作。"六廊六路多国多港"是共建"一带一路"的主体框架,为各国参与"一带一路"合作提供了清晰的导向。

"一带一路"建设通过促进内陆和向西开放,有助于我国实现比较均衡的区域发展格局。新亚欧大陆桥、中国—中亚—西亚及中巴经济走廊的建设,将改变我国西北地区长期以来在对外开放中的区位劣势,加快西北尤其是新疆的发展。中国—中南半岛和孟中印缅经济走廊的建设有利于加快西南地区的对外开放,将促进云南和广西加快发展。中蒙俄经济走廊建设通过提升东北地区的对外开放程度,将为东北再振兴注入新动力。中蒙俄经济走廊建设将京津冀地区与内蒙古和东北地区的对外开放分别紧密联系起来,促进东北板块与沿海板块的协作。新亚欧大陆桥连接我国东中西部,促进沿海和内陆地区的互动和协调发展。"一带一路"建设也将为沿海地区提供更广阔的市场腹地,有助于推动其产业转型升级和提升在全球劳动分工中的地位,进一步提升沿海地区的国际竞争力。与沿线国家发展更加紧密的经贸联系和人文交流,将推动北京、上海、广州、深圳等城市成为更具国际影响力的大都市经济区,让重庆、西安、郑州、成都、乌鲁木齐、武汉等成为内陆对外开放的新高地。

在"一带一路"国家框架的发展战略指导下,中国各区域明确了各自的发展定位,并遴选出28个具有典型性及代表性的核心节点城市(见表1.1),以缩小区域发展差距和促进区域协调发展为总体目标,以全面建成小康社会为基本出发点,尽快调整和细化国家区域发展总体战略。

表1.1 "一带一路"国内区域定位及核心城市

区域划分	区域定位	核心城市	城市类型
西北地区	发挥新疆独特的区位优势和向西开放重要窗口作用，深化与中亚、南亚、西亚等国家交流合作，形成丝绸之路经济带上重要的交通枢纽、商贸物流和文化科教中心，打造丝绸之路经济带核心区。发挥陕西、甘肃综合经济文化和宁夏、青海民族人文优势，形成面向中亚、南亚、西亚国家的通道、商贸物流枢纽、重要产业和人文交流基地。	乌鲁木齐、西安、兰州、西宁	对外开放窗口城市（乌鲁木齐）、内陆开放型城市（西安、兰州、西宁）
东北地区	发挥内蒙古联通俄蒙的区位优势，完善黑龙江对俄铁路通道和区域铁路网，以及黑龙江、吉林、辽宁与俄远东地区陆海联运合作，推进构建北京—莫斯科欧亚高速运输走廊，建设向北开放的重要窗口。	北京、呼和浩特、长春、哈尔滨、沈阳	对外开放窗口城市
西南地区	发挥广西与东盟国家陆海相邻的独特优势，构建面向东盟区域的国际通道，打造西南、中南地区开放发展新的战略支点，形成21世纪海上丝绸之路与丝绸之路经济带有机连接的重要门户。发挥云南区位优势，推进与周边国家的国际运输通道建设，打造大湄公河次区域经济合作新高地，建设成为面向南亚、东南亚的辐射中心。	南宁、昆明	对外开放窗口城市
沿海地区	利用长三角、珠三角、海峡西岸、环渤海等经济区开放程度高、经济实力强、辐射带动作用大的优势，加快推进中国（上海）自由贸易试验区建设，支持福建建设21世纪海上丝绸之路核心区。以扩大开放倒逼深层次改革，创新开放型经济体制机制，加大科技创新力度，形成参与和引领国际合作竞争新优势，成为"一带一路"特别是21世纪海上丝绸之路建设的排头兵和主力军。	上海、天津、广州、深圳、汕头、青岛、大连、福州、厦门、海口	沿海创新开放型城市
内陆地区	利用内陆纵深广阔、人力资源丰富、产业基础较好的优势，依托长江中游城市群、成渝城市群、中原城市群、呼包鄂榆城市群、哈长城市群等重点区域，推动区域互动合作和产业集聚发展，打造重庆西部开发开放重要支撑和成都、郑州、武汉、长沙、南昌、合肥等内陆开放型经济高地。	重庆、成都、郑州、武汉、长沙、南昌、合肥	内陆开放型城市

(三)"一带一路"的基本理念及发展进程

"一带一路"是新时期党中央和国务院统筹国内外形势变化而提出的具有深远国际、国内影响的长远重大战略,是为推动经济全球化深入发展而倡导的包容性全球化倡议,是国际区域经济合作的新模式,也是我国实施全方位对外开放、实现"中国梦"的重大举措。"一带一路"建设是一项系统工程,已成为全球最受欢迎的公共产品,也是目前前景最好的国际合作平台。共建"一带一路"正在成为中国参与全球开放合作、改善全球经济治理体系、促进全球共同发展繁荣、推动构建人类命运共同体的中国方案。"一带一路"建设的核心内涵是秉承"和平合作、开放包容、互学互鉴、互利共赢"的"丝绸之路精神",与沿线国家合作共同打造开放、包容、均衡、普惠的国际区域合作架构。通过共商、共建、共享进一步密切与沿线国家的友好往来和经济联系,实现与沿线国家利益共享、责任共担和命运共存,推动世界经济治理体系的改革。因而,"一带一路"建设重点是我国与沿线国家的合作关系,以及大量的跨境和海外投资项目,"一带一路"是我国提出的国际区域合作倡议。

"一带一路"倡议提出6年以来,得到了沿线相关国家和国内各地区的积极响应,截至2019年7月底,中国政府已与136个国家和30个组织签署195份政府间合作协议,2013—2018年间,中国与沿线国家货物贸易额超6万亿美元,对沿线国家直接投资额达900亿美元,我国金融机构围绕推动构建长期、稳定、可持续、风险可控的多元化融资体系,为"一带一路"建设项目提供充足、安全的资金保障。一系列标志性项目取得实质性进展,带动了各国经济发展,创造了大量就业机会。"一带一路"惠及世界,赢得了世界各国信赖,我国政府也相继出台了一系列政策,共经历了4大发展阶段:倡议构想提出(2013)、规划启动(2014)、实质操作(2015)、重点发力(2016—至今),将"一带一路"倡议上升到前所未有的政治高度。具体政策详情见表1.2。

表1.2 "一带一路"倡议发展阶段及政策梳理

1. 倡议构想的提出阶段（2013）	
2013	9月7日，"丝绸之路经济带"提出
	10月，"21世纪海上丝绸之路"提出
	11月，十八届三中全会通过的《中共中央关于全面深化改革若干重大问题的决定》，将"一带一路"上升为国家战略
	12月，中央经济工作会议提出"推进丝绸之路经济带建设，建设21世纪海上丝绸之路"
2. 规划的启动阶段（2014）	
2014	9月11日，将"丝绸之路经济带"同"欧亚经济联盟"、蒙古国"草原之路"倡议对接，打造中蒙俄经济走廊
	11月，发起建立亚洲基础设施投资银行和设立丝路基金
	12月2日，中共中央、国务院印发了关于《丝绸之路经济带和21世纪海上丝绸之路建设战略规划》的通知（中发〔2014〕14号）
3. 实质操作阶段，相关规划陆续出台（2015）	
2015	2月1日，首次推进"一带一路"建设工作会议在北京召开，推进"一带一路"建设工作领导小组正式亮相
	3月28日，国家发展和改革委员会（下简称"发改委"）、外交部、商务部联合发布了《推动共建丝绸之路经济带和21世纪海上丝绸之路的愿景与行动》
	4月20日，中巴经济走廊正式启动
	5月8日，中俄签署丝绸之路经济带与欧亚经济联盟对接声明
	6月16日，关于人民法院为"一带一路"建设提供司法服务和保障的若干意见
	10月，推进"一带一路"建设工作领导小组办公室发布《标准联通"一带一路"行动计划（2015—2017）》
	10月，发改委、财政部、国防科工局会同有关部门研究编制了《国家民用空间基础设施中长期发展规划（2015—2025年）》
	11月23日，匈塞铁路项目启动

（续表）

	4.重点发力阶段，各部委相继出台重要规划（2016—至今）
2016	6月21日，质检总局发布《"一带一路"计量合作愿景与行动》
	7月13日，教育部制定《推进共建"一带一路"教育行动》
	9月8日，科技部、发改委、外交部、商务部编制《推进"一带一路"建设科技创新合作专项规划》
	10月，推进"一带一路"建设工作领导小组办公室印发《中欧班列建设发展规划（2016—2020）》
	10月22日，国防科工局、发改委关于加快推进"一带一路"空间信息走廊建设与应用的指导意见
	12月11日，环保部、发改委、商务部联合发布《履行企业环境责任、共建绿色"一带一路"》倡议
	12月26日，国家中医药管理局、国家发改委联合印发《中医药"一带一路"发展规划（2016—2020年）》
	12月28日，文化部印发《文化部"一带一路"文化发展行动计划（2016—2020年）》
2017	4月，中国保监会发布关于保险业服务"一带一路"建设的指导意见
	4月24日，国家税务总局发布关于进一步做好税收服务"一带一路"建设工作的通知
	4月24日，环境保护部、外交部、发展改革委、商务部四部委发布关于推进绿色"一带一路"建设的指导意见
	5月，农业部、发改委、商务部、外交部四部委联合发布《共同推进"一带一路"建设农业合作的愿景与行动》
	5月，中国发改委和国家能源局共同制定并发布《推动丝绸之路经济带和21世纪海上丝绸之路能源合作愿景与行动》
	5月11日，环保部印发《"一带一路"生态环境保护合作规划》
	5月14日，中国商务部发布《推进"一带一路"贸易畅通合作倡议》
	5月14日，中国财政部与26国共同核准了《"一带一路"融资指导原则》
	5月15日，《"一带一路"国际合作高峰论坛圆桌峰会联合公报》通过
	5月15日，环保部和联合国环境规划署在京共同倡议建立"一带一路"绿色发展国际联盟

（续表）

2017	5月19日，发改委与能源局印发《中长期油气管网规划》，拓展"一带一路"进口通道
	6月20日，发改委、国家海洋局联合发布《"一带一路"建设海上合作设想》
	6月29日，体育总局、旅游局印发《"一带一路"体育旅游发展行动方案》
	7月，《国土资源部推进"一带一路"建设行动方案》出炉
	7月13日，工信部发布《中小企业"一带一路"同行计划》
	7月24日，《关于联合推进"一带一路"民族文化大数据工作的战略合作协议》通过
	10月24日，中国共产党第十九次全国代表大会通过了《中国共产党章程（修正案）》的决议，将推进一带一路建设写入党章
2018	1月11日，推进"一带一路"建设工作领导小组办公室印发《标准联通共建"一带一路"行动计划（2018—2020年）》
	3月29日，发改委与香港特别行政区政府签署《关于支持香港全面参与和助力"一带一路"建设的安排》
	10月16日，国务院印发《中国（海南）自由贸易试验区总体方案》
	12月6日，发改委、澳门特别行政区政府签署《关于支持澳门全面参与和助力一带一路建设的安排》
2019	4月22日，推进"一带一路"建设工作领导小组办公室发表《共建"一带一路"倡议：进展、贡献与展望》报告
	8月2日，发改委印发《西部陆海新通道总体规划》
	8月15日，发改委印发《西部陆海新通道总体规划》
	8月20日，发改委发布《第三方市场合作指南和案例》
	9月5日，文旅部公示45个"一带一路"文旅产业国际合作重点项目

（表中仅选取部分要点）

参考文献

［1］ Peter Frankopan. *丝绸之路：一部全新的世界史*［M］.邵旭东、孙芳译, 杭州：浙江大学出版社, 2016: 27.

［2］ 陈永燊.中亚发展对丝绸之路经济带建设的影响［D］.临汾：山西师范大学, 2018.

［3］ 陈永志.论草原丝绸之路［N］.内蒙古日报, 2011-7-11.

［4］ 李国强.古代丝绸之路的历史价值及对共建"一带一路"的启示［J］.大陆桥视野, 2019（02）：32-38.

［5］ 李茹冰.甘肃回族穆斯林传统民居初探［D］.重庆：重庆大学, 2003.

［6］ 刘慧, 刘卫东."一带一路"建设与我国区域发展战略的关系研究［J］.中国科学院院刊, 2017, 32（04）：340-347.

［7］ 刘慧, 叶尔肯·吾扎提, 王成龙."一带一路"战略对中国国土开发空间格局的影响［J］.地理科学进展, 2015, 34（05）：545-553.

［8］ 刘卫东."一带一路"战略的科学内涵与科学问题［J］.地理科学进展, 2015, 34(05)：538-544.

［9］ 荣新江.波斯与中国：两种文化在唐朝的交融［J］.中国学术, 2002（4）：56-76.

［10］ 沈玲屹.区位条件对滇西经济区小城镇空间分布及发展的影响研究［D］.武汉：华中科技大学, 2006.

［11］ 石云涛.元代丝绸之路及其贸易往来［J］.人民论坛, 2019（14）：142-144.

［12］ 孙占鳌.丝绸之路的历史演变（上）［J］.陇原春秋, 2014（04）：39-40、42.

［13］ 翁宜汐.中国外销日用瓷餐具设计策略研究［D］.南京：南京艺术学院, 2015.

［14］ 杨希义.中华人文自然百科·历史卷［M］.北京：北京师范大学出版社, 2011: 68.

［15］ 张帅."一带一路"沿线国家的国际贸易关系及地位研究［D］.北京：中央财经大学, 2018.

［16］ 中国数字科技馆.海上丝绸之路［EB/OL］.（2019-09-30）［2019-12-30］. http: // amuseum. cdstm. cn/AMuseum/silk/sl0401. html.

第二章

绿色"一带一路"的发展及内涵

第一节　引言

　　建设生态文明是中国长远发展的需要，是中华民族永续发展的千年大计、根本大计。党的十八大报告指出，要大力推进生态文明建设，"面对资源约束趋紧、环境污染严重、生态系统退化的严峻形势，必须树立尊重自然、顺应自然、保护自然的生态文明理念，把生态文明建设放在突出地位，融入经济建设、政治建设、文化建设、社会建设各方面和全过程，努力建设美丽中国，实现中华民族永续发展"。党的十九大报告中也提到，"我们要建设的现代化是人与自然和谐共生的现代化，既要创造更多物质财富和精神财富以满足人民日益增长的美好生活需要，也要提供更多优质生态产品以满足人民日益增长的优美生态环境需要"。将生态文明理念融入"一带一路"建设，加强生态环保对"一带一路"建设的服务和支撑，将为"一带一路"倡议赋予时代的新内涵，为区域合作注入新的活力。绿色"一带一路"建设以生态文明与绿色发展理念为指导，坚持资源节约和环境友好原则，提升政策沟通、设施联通、贸易畅通、资金融通、民心相通的绿色化水平，将生态环保融入"一带一路"建设的各方面和全过程。

　　共建绿色"一带一路"是"一带一路"顶层设计中的重要内容。2015年发布的《推动共建丝绸之路经济带和21世纪海上丝绸之路的愿景与行动》中就明确提出，"强化基础设施绿色低碳化建设和运营管理，在建设中充分考虑气候变化影响""在投资贸易中突出生态文明理念，加强生态环境、生物多样性和应对气候变化合作，共建绿色丝绸之路"，首次将生态环境保护纳入到"一带一路"倡议高度。

　　2016年6月22日，习近平主席在乌兹别克斯坦最高会议立法院演讲时强调，要着力深化环保合作，践行绿色发展理念，加大生态环境保护力度，携手打造"绿色丝绸之路"。以史为鉴,"生态兴则文明兴,生态衰则文明衰",实施"一带一路"建设理应统筹安排好环境保护和经济开发二者关系。2016年8月7日,在推进"一带一路"建设工作座谈会上,习近平主席进一步指示要携手打造绿色、健康、智力、和平的丝绸之路。

为深入落实《愿景与行动》,在"一带一路"建设中突出生态文明理念,推动绿色发展,加强生态环境保护,共同建设绿色丝绸之路,2017年5月,环境保护部、外交部、发改委、商务部联合发布了《关于推进绿色"一带一路"建设的指导意见》,旨在深入落实党中央、国务院的相关部署要求,加快绿色"一带一路"建设进程。随着指导意见的进一步落实,将切实提高"一带一路"沿线国家环保能力和区域可持续发展水平,助力沿线各国实现2030年可持续发展目标,把"一带一路"建设成为和平、繁荣和友谊之路。2017年5月,环境保护部编制了《"一带一路"生态环境保护合作规划》,明确"一带一路"生态环保合作是绿色"一带一路"建设的根本要求,是实现区域经济绿色转型的重要途径,是落实2030年可持续发展议程的重要举措,要充分发挥生态环保在"一带一路"建设中的服务、支撑和保障作用。

第二节 绿色"一带一路"的发展进程

(一)绿色"一带一路"相关政策梳理

近年来,中国的快速崛起引发了广泛的国际关注,这种关注也对中国产生了巨大压力,不仅表现在政治、经济、军事等领域,在生态环境领域也有所体现,例如2008奥运会前后对北京环境质量的质疑,气候变化背景下对中国环境责任的挑战等等。而"一带一路"倡议的提出,更使得其背景下的环境议题备受关注。沿线区域在自然条件、人口结构、经济发展水平、社会文化等方面均具有较大异质性,如何践行"一带一路"科学管理,也是我国面临的巨大挑战。为此,我国政府相继出台了一系列"一带一路"倡议中开展生态环境保护的指导意见、规划及行动方案,详见表2.1。与此同时,我国还积极推动一些行业企业签署相应的协议,建立相应的机制,也产生了很好的效果。推动建立了"一带一路"环境技术交流与转移中心,实施了绿色丝绸之路使者计划,开展培训、交流、研讨,帮助"一带一路"沿线国家尤其是一些发展中国家提升生态环境保护管理和监管能力水平。包括东南亚和非洲的一些国家，都取得了很好的效果，产生了热烈的反响。

表2.1 "一带一路"倡议与生态环境相关的政策

时　间	政　策
2015年10月	《标准联通"一带一路"行动计划（2015—2017）》
2015年10月	《国家民用空间基础设施中长期发展规划（2015—2025年）》
2016年9月8日	《推进"一带一路"建设科技创新合作专项规划》
2016年9月	"一带一路"生态环保大数据平台服务网站启动
2016年10月22日	《推进"一带一路"空间信息走廊建设与应用的指导意见》
2016年12月11日	《履行企业环境责任、共建绿色"一带一路"》倡议
2017年4月22日	《关于推进绿色"一带一路"建设的指导意见》
2017年5月11日	《"一带一路"生态环境保护合作规划》
2017年5月15日	《"一带一路"绿色发展国际联盟倡议》
2017年5月15日	《"一带一路"国际合作高峰论坛圆桌峰会联合公报》
2017年6月	《"一带一路"建设海上合作设想》
2017年7月	《国土资源部推进"一带一路"建设行动方案》
2018年1月	《标准联通共建"一带一路"行动计划（2018—2020年）》
2019年7月	《第七届库布其国际沙漠论坛共识》发布绿色"一带一路"成国际共识
2019年9月24日	"一带一路"绿色发展国际联盟（以下简称联盟）和博鳌亚洲论坛在京联合发布《"一带一路"绿色发展案例研究报告》
2019年10月23日	"一带一路"绿色发展国际联盟（以下简称联盟）与中国环境与发展国际合作委员会（以下简称国合会）在挪威奥斯陆联合召开了绿色"一带一路"与海洋生态环境治理主题边会

（二）绿色"一带一路"建设的必要性

"一带一路"倡议实施必须以绿色发展为前提，这不仅仅是实现全球可持续发展的必然要求和国际社会的期望，更是中国自身绿色发展理念的海外实践和主动作为。"一带一路"建设面临着复杂的地理环境以及较为脆弱的生态系统，良好的生态环境成为沿线各国经济社会发展的基本条件和共同需求，防控环境污染和生态破坏是各国的共同责任。推进绿色"一带一路"建设，有利于务实开展合作，推进绿色投资、绿色贸易和绿色金融体系发展，促进经济发展与环境保护双赢，服务于打造利益共同体、责任共同体、命运共同体的总体目标。"一带一路"要真正成为区域公共产品，绿色化和生态环境保护要求是其中的重要内涵，是实现全球经济长期繁荣和生态系统可持续性的必然选择。总之，绿色之路建设是"一带一路"建设的必然选择，"一带一路"也只有走绿色发展之路，才能够行稳致远。

1. 绿色发展是国际共识

绿色发展或绿色经济是相对于传统"黑色"发展模式而言的有利于资源节约和环境保护的新的经济发展模式。

2008年10月，联合国环境规划署为应对金融危机提出绿色经济和绿色新政倡议，强调"绿色化"是经济增长的动力，呼吁各国大力发展绿色经济，实现经济增长模式转型，以应对可持续发展面临的各种挑战。紧接着在2009年3月发布了绿色新政的政策简报，进而在2009年9月，向20国集团（G20）峰会提交了一份全球绿色新政的更新版本，其核心思想是：通过重塑和重新关注重要部门的政策、投资和支出，使经济"绿色化"，在复苏经济、增加就业的同时，加速应对气候变化。这些部门包括：能源效率、可再生能源、绿色交通、绿色建筑、水服务与管理、可持续农业与森林等。2011年，联合国环境规划署发布的《迈向绿色经济——实现可持续发展和消除贫困的各种途径》报告指出，从2011年至2050年，每年将全球生产总值的2%投资于十大主要经济部门可以加快向低碳、资源有效的绿色经济转型。

从近些年世界经济的发展历程来看，国际金融危机和全球气候变化成为全球面临的共同挑战，告别主要依靠增加要素投入、追求数量扩张来实现增长的传统模式，携手合作向绿色经济转型已成为国际共识。譬如，发达国家纷纷出台促进绿色发展战略，拉动经济增长。美国总统奥巴马上台后，积极调整环境和能源政策，明确提出"绿色新政"，旨在通过大力发展清洁能源，在新兴产业的全球竞争中抢占制高点；欧盟委员会2010年发布《欧盟2020》战略时就提出在可持续增长的框架下发展低碳经济和资源效率欧洲的路线图；日本也于2012年召开国家战略会议，推出"绿色发展战略"总体规划，特别把可再生能源和以节能为主题特征的新型机械、加工作为发展重点，计划在5到10年内，将大型蓄电池、新型环保汽车以及海洋风力发电发展为日本绿色增长战略的三大支柱产业。新兴经济体国家通过对以往发展模式进行反思，普遍意识到只有通过绿色发展实现增长方式转型，才能避免在下一轮国际经济竞争中陷入被动，把立足自身优势，推动绿色发展作为转型升级的必由之路。巴西重点发展生物能源和新能源汽车，成为发展中国家推动绿色经济转型的典型。印度政府于2008年颁布"气候变化国家行动计划"，涵盖了太阳能、提高能源效率、可持续生活环境、水资源保持等8大计划，并以太阳能计划作为核心。中国国家主席胡锦涛在2009年出席联合国气候变化峰会时也指出，中国将"大力发展绿色经济，积极发展低碳经济和循环经济，研发和推广气候友好技术"。"绿色发展、循环发展、低碳发展"随后也被写入了中共十八大报告，成为中国今后相当长一段时期内将遵循的发展理念。

2. 以基础设施建设和能源开发为核心的海外投资带来环境破坏的负面影响

近年来，中国企业实施对外投资合作的步伐明显加快，企业"走出去"的数量、规模和领域不断增加，截至2013年1月底，中国企业累计非金融类对外直接投资存量达到4 395亿美元，全球排名第13位。但不可忽视的是，长期以来，我国企业在以基础设施建设和能源开发为核心的"走出去"过程中，与"一带一路"多数国家最易冲突的就是环境壁垒和社会责任壁垒。一些企业社会责任意识不强，擅长走上层路线，而不善于与当地社区和非政府组织沟通和交流，在劳工和环境保护方面产生了许多负面国际影响。有些企业由于没有履行企业社会责任，对当地资源环境造成破坏，影响了原住居民生活。有些企业虽注意环境保护与社区建设，但面对拆迁补偿问题只与当地政府商议，对其他利益相关者的了解和重视不足，加上当地政府的腐败和低效，下层居民直接发泄怨恨，威胁中国外派人员和机构安全。而且中国企业普遍忽略公众咨询、社会和环境影响的自我审核和监控，不熟悉与公众、非政府组织和媒体等利益相关者的沟通方法，往往造成不应有的损失。

由此可见,在环境保护已经成为当前国际社会共同关注的问题,自觉履行社会责任已成为全球企业共同行动的背景下,中国企业在"一带一路"建设过程中,应切实避免旧有投资模式的盲区与误区,不断提高履行社会责任的能力,朝更加平衡、更加亲民、更加透明、更加合规、更加负责的方向发展,扩大利益共同体的范围,实现互利共赢、共同发展的目标。

3. 与"一带一路"国家"共享绿色发展"是我国经济发展方式转变的内在要求

面对资源约束趋紧、环境污染严重、生态系统退化的严峻形势,党的十八大提出,把生态文明建设放在突出地位,融入经济建设、政治建设、文化建设、社会建设各方面和全过程,努力建设美丽中国,实现中华民族永续发展,而"着力推进绿色发展、循环发展、低碳发展"则是建设生态文明的基本途径和方式,也是转变我国经济发展方式的重点任务和重要内涵。低碳发展就是以低碳排放为特征的发展,主要通过节约能源提高能效,发展可再生能源和清洁能源,增加森林碳汇,降低能耗强度和碳强度,实质是解决能源可持续问题和能源消费引起的气候变化等环境问题。循环发展就是通过发展循环经济,提高资源利用效率,变废为宝、化害为利,少排放或不排放污染物,力争做到"吃干榨净",其基本理念是没有废物,废物是放错地方的资源,实质是解决资源永续利用和资源消耗引起的环境污染问题。绿色发展从广义上说涵盖节约、低碳、循环、生态环保、人与自然和谐等;从狭义上说,绿色一般表示生态环保。绿色发展、循环发展、低碳发展相互关联、相互促进、相互协同,统一于生态文明建设的实践。

与此同时,我国绿色发展的外部压力也在增大,这就要求我们一方面既要苦练绿色发展的内功,另一方面也要加速"走出去"战略的绿色转型。针对我国对外投资和援助的环保政策不够全面、执行力度不足等问题,在实施"一带一路"战略的过程中,应从战略、政策和项目层面加强对外经贸合作的环境保护监管,提高我国企业海外投资的环保意识和管理能力。此外,还要加大与"一带一路"沿线国家的绿色技术的国际交流,积极开展国际合作开发,共享发展绿色经济的实践经验,共同参与制定并实施鼓励绿色经济发展的贸易政策等等。

因此,随着与"一带一路"沿线国家共同推动绿色发展,既可以兼顾我国经济发展方式的转变,又能实现与沿线国家的共赢。

4. 绿色发展是"五通"的核心

"一带一路"战略的实施应该从互联互通做起,这一点已经成为各方共识。而在政策沟通、设施联通、贸易畅通、资金融通、民心相通五大领域中,硬件上的设施联通是基础,软件上的民心相通和政策沟通则是根本和前提。没有民心相通和政策沟通作保障,互联互通就会失去牢固的根基和可持续发展的动力。因为,虽然"一带一路"建设是沿线各国开放合作的宏大经济愿景,既符合我国的整体利益,也致力于谋求不同种族、信仰、文化背景的国家共同发展、共商、共建、共享,但由于涵盖数十个国家,数十亿人口,而这些国家在政治制度、意识形态、发展水平和宗教文化上存在着巨大差异,由此导致的文化制度阻碍将是首先必须要克服的难题。正如前文所述,我国企业在"走出去"的过程中碰到的环境壁垒和社会责任壁垒就是一个典型的例子。因此,要夯实"一带一路"战略实施的基础,在实施路径的选择上,应首先致力于寻找各方的最大公约数,倡导一种有广泛国际共识的互利共赢、共同发展的理念,从而与沿线国家在共同的愿景下进一步开展经贸合作等方面的工作。我们认为,"共享绿色发展"的理念就是这个最大公约数。

首先,"共享绿色发展"是建立在可持续发展基础上的互利共赢。中国实施"一带一路"战略时遵循可持续发展的理念,有利于沿线各国的长期可持续经营,获得长期有保证的综合效益;也有利于沿线各国就业机会的创造,以及社会和环境保护的可持续发展。中国与沿线各国之间不仅仅有商业利益联系,更有合作伙伴关系。各方在实践中探索出一条将绿色转型从成本增加型活动转变为成本减少型活动,尤其是社会成本和环境治理成本最小的活动,从而实现各国之间合作的互利共赢。

其次,实施"共享绿色发展"模式,要在共享、绿色、发展三个关键环节的落实上下功夫,并提高三者之间相互促进、协同提升、共同发展的作用。加强对中国企业走出去过程中投资评价信息的搜集和整理,定期征求驻外使领馆的意见及沿线各国相关利益主体的意见报告以及国际组织的评价意见,不断改进"一带一路"战略的可持续发展质量和综合效益。

因此,"一带一路"战略实施应从互联互通开始,互联互通应从建立"共享绿色发展"的共同愿景开始。

第三节　绿色"一带一路"的内涵

（一）绿色"一带一路"的内涵

绿色"一带一路"就是坚持环境友好，努力将生态文明和绿色发展理念全面融入经贸合作，形成生态环保与经贸合作相辅相成的良好绿色发展格局。绿色"一带一路"中的"绿色"具体体现在以下几个方面：

绿色金融：所谓"绿色金融"是指金融部门把环境保护作为一项基本政策，在投融资决策中要考虑潜在的环境影响，把与环境条件相关的潜在的回报、风险和成本融合进日常业务中，在金融经营活动中注重对生态环境的保护以及环境污染的治理，通过对社会经济资源的引导，促进社会的可持续发展。

绿色贸易：绿色贸易是指在贸易中预防和制止由于贸易活动而威胁人民的生存环境以及对人民的身体健康的损害，从而实现可持续发展的贸易形式。广义上来说，绿色贸易分国内绿色贸易和国际绿色贸易。狭义上来说，绿色贸易就是指国际贸易中的绿色贸易壁垒。绿色贸易与只关注市场上发生的费用的传统国际贸易不同，它将市场外的环境因素也考虑在内，扩充了贸易的成本范围，增加了环境成本和与之相关的社会成本两大内容。其表现形式有：环境友好产品贸易、资源集约型产品贸易和安全健康产品贸易等。（绿色贸易壁垒指在国际贸易中一些国家以保护生态资源、生物多样性、环境和人类健康为借口，设置一系列苛刻的高于国际公认或绝大多数国家不能接受的环保法规和标准，对外国商品进口采取的准入限制或禁止措施。）

绿色生产：绿色生产是指以节能、降耗、减污为目标，以管理和技术为手段，实施工业生产全过程污染控制，使污染物的产生量最少化的一种综合措施。

绿色消费：也称可持续消费，是指一种以适度节制消费，避免或减少对环境的破坏，崇尚自然和保护生态等为特征的新型消费行为和过程。绿色消费，不仅包括绿色产品，还包括物资的回收利用，能源的有效使用，对生存环境、物种环境的保护等。绿色消费倡导的重点是"绿色生活，环保选购"。

绿色产品：所谓绿色产品是指其在营销过程中具有比目前类似产品更有利于环保性的产品。就狭义而言，指不包括任何化学添加剂的纯天然食品或天然植物制成的产品；就广义而言，指生产、使用及处理过程符合环境要求，对环境无害或危害极小，有利于资源再生和回收利用的产品。

绿色交通：绿色交通是指为了减低交通拥挤、降低环境污染、促进社会公平、节省建设维护费用而发展低污染、有利于城市环境的多元化城市交通运输系统。

绿色建筑：在全寿命周期内，节约资源、保护环境、减少污染，为人们提供健康、适用、高效的使用空间，最大限度地实现人与自然和谐共生的高质量建筑。

清洁能源：清洁能源是对能源清洁、高效、系统化应用的技术体系。其含义有三点：第一，清洁能源不是对能源的简单分类，而是指能源利用的技术体系；第二，清洁能源不但强调清洁性，也强调经济性；第三，清洁能源的清洁性指的是符合一定的排放标准。

（二）绿色、低碳、循环的关系

《关于推进绿色"一带一路"建设的指导意见》中明确提出，"推进绿色'一带一路'建设，是顺应和引领绿色、低碳、循环发展国际潮流的必然选择，是增强经济持续健康发展动力的有效途径"。习近平在2018年中非合作论坛北京峰会开幕式上发表主旨讲话："面对时代命题，中国愿同国际合作伙伴共建'一带一路'。我们要通过这个国际合作新平台，增添共同发展新动力，把'一带一路'建设成为和平之路、繁荣之路、开放之路、绿色之路、创新之路、文明之路。"

其中，绿色之路就要求践行绿色发展的新理念，倡导绿色、低碳、循环、可持续的生产生活方式，加强生态环保合作，建设生态文明，共同实现2030年可持续发展目标。绿色、低碳、循环作为一个整体越来越引起人们关注。

1.三者的起源与内涵

（1）低碳发展的起源与内涵

● 低碳的起源

低碳发展的概念始于20世纪90年代，产生于全球气候变化的大背景下。低碳发展的前身是"可持续发展"和"绿色经济"。1992年里约峰会提出了"可持续发展"的概念，强调经济发展、社会发展和消除贫困、环境保护三者的平衡，首次对人与自然和谐共处进行解读，之后被各国广泛使用。"绿色经济"则更针对经济发展，最早由英国环境经济学家戴维·皮尔斯在1989年提出，其核心是以经济质量的增长替代经济数量的增长。基于新古典经济学理性消费者和利益最大化的理论，"绿色经济"认为可以通过影响消费者的价值观改变其经济行为，从而在实现经济发展的同时保护资源和环境。无论是"可持续发展"还是"绿色经济"都旨在将经济发展和环境保护两个原本似乎相悖的概念由对立统一观整合在一起，实现经济与环境的协调发展。

低碳发展的概念最初始于联合国气候变化框架公约，也被称作"低排放发展策略"（Low-emission Development Strategy，LED）。相比"可持续发展"和"绿色经济"，低碳发展更针对气候变化带来的影响。目前低碳发展还没有一个官方的定义，通常是指在减排的同时实现社会经济的协调发展，或在发展的过程中减缓气候变化和降低碳排放强度。对于发达国家而言，低碳发展更多用于描述发达国家的经济转型行为，即从原有的发展轨迹向低碳、低排放转型。而对于发展中国家而言，低碳发展则是指发展中国家发展过程中实现低碳化的经济增长。

国外学者对于低碳发展的理解主要分为两个维度，即在经济发展过程中降低碳排放和通过控制碳排放推进经济的可持续发展。很多实践低碳发展项目的国际机构认为，低碳发展就是在经济发展的过程中实现低碳化，目的是实现经济的可持续增长。英国国际发展部（DFID）的报告中指出，低碳发展是在应对气候变化和降低碳排放的同时实现经济增长，降低碳排放是实现经济可持续增长的手段。丹麦国际研究所（DIIS）也认为，低碳发展指的是在经济发展的同时将向大气排放的温室气体降到最低的过程。联合国经济与社会事务部（UNDESA）2012 年发布的《绿色经济指南》中指出，低碳排放发展策略是可持续发展不可分割的一部分，并且应该在发展中国家被鼓励发展。

而国外学术界对低碳发展的理解更进一步，认为低碳发展是在社会经济发展和人类进步的同时，最小化温室气体排放的进程，该进程要求全社会公众的参与。低碳发展不应仅仅靠市场自我调节或政府提供公共物品，而需要强烈的政治干预解决市场和系统的失灵，从而确保低碳发展进程中更公平的分配及公平获取机会和效益的权利。经济合作与发展组织（OECD）在其向低碳社会转型的报告中也指出，低碳发展是全社会广泛参与的社会进程。福克森则认为，低碳发展进程依赖已有的机制、思维方式、权力结构和发展路径。因此，低碳发展进程是缓慢和渐进的。

低碳发展的概念目前被国际社会广泛采用。联合国政府间气候变化专门委员会（IPCC）第四次评估报告中提出，低碳发展对于发展中国家更具操作性，要在应对气候变化的同时实现发展的目的，要在已有的政策框架下加入应对气候变化的考量。此外，低碳发展的概念还出现在2009年经济大国论坛的部长级声明中，17国部长宣布将准备采纳低碳发展计划。越来越多的国际组织，包括联合国环境署、联合国开发署、世界银行、世界自然基金会等也都启动了低碳发展的项目。

当前国内学者对"低碳发展"概念的明确解读不多，主要是对"低碳经济"这一概念的定义和理解。周生贤指出："低碳经济是以低耗能、低排放、低污染为基础的经济模式，是人类社会继原始文明、农业文明、工业文明之后的又一大进步。其实质是提高能源利用效率和创建清洁能源结构，核心是技术创新、制度创新和发展观的转变。发展低碳经济，是一场设计生产模式、生活方式、价值观念和国家权益的全球性革命。"中国环境与发展国际合作委员会的报告指出："低碳经济是一种后工业化社会出现的经济形态，旨在将温室气体排放降低到一定的水平，以防止各国及其国民受到气候变暖的不利影响，并最终保障可持续的全球人居环境。"何建坤认为："低碳经济的本质要求，是提高碳的生产力——每排放单位二氧化碳，要产生更多的GDP。"

潘家华的观点更接近于国外对低碳发展的广义理解。他认为，低碳经济是指碳生产力和人文发展均达到一定水平的一种经济形态，旨在实现控制温室气体排放的全球共同愿景。碳生产力指的是单位二氧化碳排放产出的 GDP，既可以是通过提高能效实现的相对低碳排放，也可以是借助清洁能源和低碳技术实现的绝对碳排放量下降；人文发展不仅意味着实现经济的可持续发展，还要实现包括健康、教育、生态环境保护和公平性的社会进步。

可以看出，目前国内学者对低碳经济的理解可以从广义和狭义两方面来看。何建坤是从狭义的角度对低碳经济进行了定义。周生贤、潘家华等则是从广义的角度对低碳经济进行了定义，内容基本涵盖了低碳发展的全部内容。可以认为，广义的"低碳经济"实质就是"低碳发展"的另一种表述形式。

综合上述国内外学者的观点可以看出，低碳发展不是传统工业化或高碳时代中的一个阶段或延续，而是继工业文明之后的重大飞跃，是涉及经济、政治、文化、生态等方面的深刻革命；不仅是在经济发展的同时实现低碳化，而且是在发展的同时实现全方位的社会转型，保障人文发展目标的实现。

• 低碳的内涵

从根本上来看，低碳发展就是要找到发展与低碳的有机结合点，把发展与低碳的矛盾统一到科学、可持续发展的要求上来。低碳发展是一场涉及生产模式、生活方式、价值观念的全球性革命，它不仅是一种发展理念，更是一种发展模式，是一个政治化的科学问题，同时也是一个经济、社会、环境系统交织在一起的综合性问题，其内涵非常丰富。

低碳发展是应对全球气候变化的减缓战略。通过有效控制二氧化碳为代表的温室气体排放，以减缓气候变暖的趋势。发达国家通过绝对量减排承担其温室气体排放的历史责任，以引导本国经济的低碳转型和新型增长；发展中国家则通过与发展阶段相适应的合理控制温室气体排放，实现发展与减排的双赢和可持续发展。

低碳发展是践行科学发展观的重要手段。所谓"科学发展"是一种综合、协调的发展，既包括物质方面的发展、生产力的进步、物质财富的创造，还包括人的全面提高、人的生活环境的真正改善、人类社会与自然环境协调发展。"科学发展"这一观点是20世纪70年代针对西方工业革命以后大量化石燃料的燃烧对大气圈、陆地圈和水圈的污染，以及对自然资源的过度使用所带来的能源危机，西方的政治和经济学家对传统的单纯追求经济增长的发展模式进行了全面反思而提出来的。低碳发展主要以降低碳排放水平作为主要衡量尺度，通过提高能源利用效率以及调整能源结构等一系列措施来实现经济增长模式的根本转变，可以说它是科学发展理念在当前气候变暖的严峻形势下具体化、形象化的体现，是当前追求经济社会发展与生态环境协调共生的有效手段。虽然低碳发展与之前提出的"可持续发展""绿色发展""循环经济"等概念的侧重点有所差别，但其实质都是在不同的社会背景和不同要求下对"科学发展"的不同阐释，都是基于自然环境不断恶化、经济的高速发展已逐渐接近甚至超过资源环境承载力的大背景下，人们在不断寻求经济与环境协调和谐发展的过程中产生的，都是实践科学发展的一种非常重要的手段。

低碳发展是一种高效的发展模式。低碳发展能够通过对经济发展方式、能源消费方式和人类生活方式的根本性变革，全方位地改造建立在化石燃料

（碳基能源）基础之上的现代工业文明，最大限度地降低发展的成本并减少碳排放，实现生产、交换、分配、消费在内的社会再生产全过程的经济活动高效化、低碳化和能源消费的生态化，以保证生态经济社会有机整体的清洁发展、绿色发展、可持续发展。

低碳发展是一个相对的概念。低碳发展可以是相对意义上的，也可以是绝对意义上的，关键是区分发展阶段。发达国家主要是后工业化时代的消费型社会所带动的碳排放，不同类型的发达国家的发展模式也有相对高碳和相对低碳之分；而发展中国家主要是生产投资和基础设施投入带动的资本存量累积的碳排放。因此，对于发展中国家而言，在经济社会发展的基本需要尚未得到满足之前，经济总量增加的同时促进碳排放的相对下降就可被视为低碳发展；而对于已经实现高度工业化和城镇化的发达国家而言，低碳发展的标准应当高于发展中国家。在维持高发展水平的前提下，只有实现碳排放总量的绝对降低，才可视为低碳发展。

低碳发展是一个关于国际治理和秩序重建的导向。在当前世界多极化发展格局下，低碳发展已经由一个技术和经济的问题上升为政治范畴。《联合国气候变化框架公约》成为继《联合国宪章》《关贸总协定》之后的世界发展过程中的又一重大规则，其中所确立的解决问题采取的"公平原则"和发达国家与发展中国家在应对气候变化中"共同但有区别的责任原则"，已经有效地将所有发达国家和发展中国家共同纳入到对世界政治利益、碳排放权的再分配过程中。

低碳发展是涉及能源、环境、经济系统的综合协同问题。低碳发展不是一个简单的技术或经济问题。低碳发展的过程就是要在保持必要经济发展速度和质量不变甚至更优的条件下，降低对自然资源的依赖，通过改善能源结构、调整产业结构、提高能源效率、增强技术创新能力和能源的可持续供应能力、改善生态环境，从而实现能源、环境、经济这一复杂系统的和谐发展。

（2）绿色发展的起源与内涵

• 绿色的起源

绿色发展开端于绿色经济的理念，绿色经济思想的产生源于人类对人与自然关系的反思。绿色发展是指因节约资源和保护环境而产生经济效益、社会效益和环境效益的经济形态或发展模式。其基本特征是低消耗、低排放、低污染、高效率、高循环,特别强调人与自然以及经济与环境的良性循环。绿色发展是相对于农业文明时代的"黄色发展"和工业文明的"黑色发展"而言。在"黄色发展"时代,土地和劳动力是最重要的生产要素;在"黑色发展"时代,煤炭和石油等化石能源是基础能源,土地、劳动力和资本是最重要的生产要素。而随着社会经济的发展,资源和环境要素的稀缺性日益凸显,因此,生态环境成为绿色发展时代重要的生产要素。绿色发展要求在经济发展的活动中不损害环境或在经济发展的过程中有利于保护环境。

"绿色经济"一词源自英国环境经济学家戴维·皮尔斯等于1989年出版的《绿色经济蓝图》一书,但其萌芽却要追溯到20世纪60年代的"绿色革命",随后这场革命演变成一场全球的"绿色运动"。1962年,美国生物学家蕾切尔·卡逊在《寂静的春天》一书中揭示了工业发展带来的环境污染对于自然生态系统的巨大破坏作用,倡导工业发展要注重减少对生态环境的污染和破坏,这一思想被认为是绿色经济思想的萌芽。1972年是人类绿色反思的标志性年份,罗马俱乐部的研究报告《增长的极限》向人们发出警示:人口和工业的无序增长终会遭遇地球资源耗竭与生态环境破坏的限制。同年,联合国人类环境会议在斯德哥尔摩召开,联合国环境署(UNEP)成立,与会各国代表共同发出了"只有一个地球"的呼声,达成了《人类环境宣言》。从此,环境保护被提上人类发展的议事日程,经济发展必须兼顾生态环境保护的思想逐步被人类接受。1989年英国环境经济学家戴维·皮尔斯等在其著作《绿色经济蓝图》中首次提出"绿色经济"一词,将绿色经济等同为可持续发展经济,并从环境经济角度深入探讨了实现可持续发展的途径。20世纪90年代,Jacobs与Postel等特别提出的社会组织资本(SOC)深化了对绿色经济的研究。2007年联合国秘书长潘基文在联合国巴厘岛气候会议上提议开启"绿色经济"新时代。2008年10月,联合国环境规划署启动了全球绿色新政及绿色经济计划,旨在使全球领导者以及相关部门的政策制定者认识到经济的绿色化不是增长的负担,而是增长的引擎。在全球能源、粮食和金融等多重危机的背景下,联合国环境规划署首次较为系统地提出了发展绿色经济的倡议,得到了国际社会的积极响应,并已经成为全球环境与发展领域新的趋势和潮流。

• 绿色的内涵

从绿色经济思想的演变过程看，绿色经济本身并不是一个新的概念，它与可持续发展思想是一脉相承的。绿色经济以人与自然和谐为核心，以可持续发展为目的，其内涵包括以下要点：经济增长要建立在生态环境容量和资源承载力的约束条件下，将环境资源作为经济发展的内在要素，将环境保护作为实现可持续发展的重要支柱；把实现经济、社会和环境的可持续发展作为绿色经济的发展目标；把经济活动过程和结果的绿色化、生态化作为绿色经济发展的主要内容和途径。

（3）循环发展的起源与内涵

• 循环的起源

循环发展开端于循环经济的理念，循环经济思想的产生源于人们对20世纪两次重大的"环境公害"和石油危机的反思。循环发展是指通过资源循环利用而产生经济效益、社会效益和环境效益的经济形态或发展模式。其基本特征是低消耗、再利用、再循环、高效率，特别强调资源的高效利用和循环利用。循环发展以"减量化、再利用、资源化"为原则，按照自然生态系统物质循环和能量流动规律重构社会经济系统，把工业文明以来形成的主流"资源—产品—废物"的线性生产方式转变为"资源—产品—再生资源"的反馈式生产流程，使社会经济系统和谐地纳入到自然生态系统的物质循环的过程中。循环发展通过资源的高效循环利用和能量梯级利用，实现污染的低排放甚至零排放，从而实现社会、经济与环境的可持续发展。

循环经济思想是美国经济学家肯尼思·波尔丁在《未来宇宙飞船的地球经济学》（1966）一文中首先提出的，提倡以"循环式经济"代替"单程式经济"以解决环境污染与资源枯竭问题。1990年，戴维·皮尔斯和凯利·特纳根据波尔丁的循环式经济思想，在《自然资源与环境经济学》一书中正式提出"循环经济"的术语，以代表一种有别于传统经济发展方式的模式。他们认为，经济系统与自然生态系统不再是两个独立的系统，而是合二为一，共同组成生态经济大系统。循环经济的核心思想可以概括为"内外均衡，一体循环"。"内外均衡"就是把反映经济系统内部再生产关系的内部均衡与反映经济系统与生态系统之间再生产关系的外部均衡紧密地结合起来。"一体循环"包括两方面的意义：一是从生态经济系统整体的高度出发，统筹经济系统内部以及经济系统与生态系统之间的物质循环流动关系；二是把经济系统与生态系统看作是一个功能上相互依存的统一的大系统，从大系统整体功能的再生产循环出发，把握人类经济的可持续性问题。循环经济实践始于20世纪七八十年代，发达国家陆续步入后工业化阶段，工业化遗留下来的大量废弃物以及消费型社会产生的大量废弃物逐渐成为其可持续发展面临的重要问题。在这一背景下，德国、日本等一些发达国家将发展循环经济、建设循环型社会作为实施可持续发展战略的重要途径，首先从解决废弃物问题入手，对生活和工业废弃物进行再利用和无害化处置，继而向生产领域延伸，推动可持续生产和消费模式建立。

• 循环的内涵

循环发展不仅要求经济活动遵循一般的自然规律、经济规律和社会规律，而且要求遵循生态规律，把经济活动纳入生态系统的运行轨道，力求在经济系统和生态系统之间建立一种协调、和谐的关系。其内涵包括以下要点：一是将产业共生和产业生态体系的构建作为循环经济的技术特征，使不同企业之间形成共享资源和互换副产品的产业共生组合，使上游生产过程中产生的废弃物成为下游生产过程的原材料，达到产业之间资源的优化配置，使区域的物质和能源在经济循环中得到持续利用；二是把减量化、再利用、再循环的"3R"原则作为循环经济实施的核心；三是把循环经济的推广实施分为由低到高三个层面，即以清洁生产为主要内容的企业层面、以产业共生网络和生态园区建设为主要内容的区域层面、以推动绿色消费和废旧物品回收循环利用网络建设为主要内容的社会层面。

2. 三者的共同点

绿色发展、循环发展、低碳发展都是生态文明的可持续发展模式。党的十八大首次将这三大发展理念并列写入党的代表大会报告。尽管绿色发展、循环发展和低碳发展每个理念侧重点不同，但是其核心目标都是为了协调人与自然的关系、促进经济社会与生态环境的可持续发展。相对于可持续发展，绿色发展、循环发展和低碳发展更为具体，针对性更强，通过绿色发展、循环发展和低碳发展能够显著地提高人类资源—环境—社会经济系统可持续发展的能力。而可持续发展所倡导的代际公平理念和区域公平理念两个思考维度有助于从更长远、更宽广的角度去落实绿色发展、循环发展和低碳发展。这几个理念相互之间都是不可替代的，共同描绘人与自然、人与人、人与社会和谐发展的蓝图。

3. 三者的差异性/区别

（1）研究的侧重点不同

循环发展侧重于整个社会的物质循环，强调在经济活动中如何利用"3R"原则以实现资源节约和环境保护，提倡在生产、流通、消费全过程中节约和充分利用资源。绿色发展关爱生命，鼓励创造，突出以科技进步为手段实现绿色生产、绿色流通、绿色分配，兼顾物质需求和精神上的满足。低碳发展是针对碳排放量来讲的，提高能源利用效率和采用清洁能源，以期降低二氧化碳的排放量缓和温室气候，实现在较高的经济发展水平上，碳排放量比较低的经济形态。

（2）解决危机的突破口不同

循环发展、绿色发展和低碳发展都是以人为本，解决人类生存危机，但是它们解决问题的突破口各异。循环发展是通过资源的有效利用和生存环境的改善来体现的，绿色发展实施绿色分配，如保证最低收入人群的基本生活消费和费用支出。低碳发展通过减少碳排放量，使得地球大气层中的温室气体CO_2浓度不再发生深刻的变化，保护人类生存的自然生态系统和气候条件。

（3）核心不同

循环发展的核心是物质的循环，利用各种物质循环，以提高资源效率和环境效率。绿色发展以人为本，以发展经济、全面提高人民生活福利水平为核心，保障人与自然、人与环境的和谐共存，人与人之间的社会公平最大化的可持续发展，使社会系统的最大公平目标得以实现。低碳发展是以低能耗、低污染为基础的经济，其核心是能源技术创新、制度创新和人类消费发展观念的根本性转变。

（三）绿色"一带一路"与联合国可持续发展目标的关系

"一带一路"沿线多为发展中国家和新兴经济体，生态环境复杂，经济发展对资源的依赖程度较高，普遍面临着工业化、城市化带来的发展与保护的矛盾，加快转型、推动绿色发展的呼声不断增强。并且，绿色发展已成为世界各国发展的共识，《联合国2030年可持续发展议程》中绿色发展与生态环保的要求与趋势十分突出，为世界各国发展和国际发展合作指引方向，也为中国的"一带一路"建设提供了发展目标。

因此，理清绿色"一带一路"与联合国可持续发展目标的关系，有利于助推全球可持续发展进程，实现生态文明。"一带一路"倡议与可持续发展目标宗旨一致、理念相通、路径相同。"一带一路"倡议涵盖政策沟通、设施联通、贸易畅通、资金融通、民心相通等广泛领域。这些领域与联合国可持续发展目标涉及的领域高度契合，都是谋求经济和社会发展，强调为人们创造更好、更可持续的未来，这也是联合国可持续发展目标最重要的主题。"一带一路"所倡导的"共商、共建、共享"理念深入人心，对落实可持续发展目标形成巨大推动，"一带一路"倡议提出后，进度和成果超出预期，全球100多个国家和国际组织共同参与，40多个国家和国际组织同中国签署合作协议，形成广泛国际合作共识。

1. SDGs介绍

联合国可持续发展目标（Sustainable Development Goals，简称SDGs）最早诞生于2012年在里约热内卢举行的联合国可持续发展会议，是联合国千年发展目标（Millennium Development Goals，简称MDGs）到期之后的又一新发展目标，指导2015—2030年的全球发展政策和资金使用。2015年9月25日，联合国可持续发展峰会在纽约总部召开，联合国193个成员国将在峰会上正式通过17个可持续发展目标。可持续发展目标旨在从2015年到2030年间以综合方式彻底解决社会、经济和环境三个维度的发展问题，转向可持续发展道路。

联合国千年发展目标（MDGs）于2000年9月提出，在联合国千年首脑会议上，世界各国领导人就消除贫穷、饥饿、疾病、文盲、环境恶化和对妇女的歧视，商定了一套为期15年的目标，它包括了8项指标。2015年是联合国千年目标的完成之年，同年9月，各国领导人在联合国召开会议，通过了可持续发展目标。该目标为2015后发展议程的目标，旨在为下一个15年世界发展提出目标。联合国可持续发展目标从千年发展目标出发，是千年发展目标的承接，与千年目标相比，可持续发展目标有新的内容与要求（见表2.2）。

表2.2 MDGs与SDGs的区别及共性比较

	千年发展目标（MDGs）	可持续发展目标（SDGs）
时间范围	2000—2015	2015—2030
涵盖目标	8个	17个
普遍性	适用于发展中国家	适用于所有国家
思想基础	旨在改善最穷人口的生活状况	旨在形成可持续发展路径
全面性	只关注消除贫困、改善教育、保护儿童妇女权利等人类基本生存问题	更具系统性，目标也更加长远，涵盖可持续发展的三个维度：经济增长、社会包容和环境保护
目标范围	MDG 1 消灭极端贫困和饥饿	SDG 1 无贫穷
		SDG 2 零饥饿
	MDG 2 普及小学教育	SDG 4 优质教育
	MDG 3 促进两性平等并赋予妇女权力	SDG 5 性别平等
	MDG 4 降低儿童死亡率	SDG 3 良好健康与福祉
	MDG 5 改善产妇保障	
	MDG 6 对抗艾滋病病毒	
	MDG 7 确保环境的可持续性能力	SDG 6 清洁饮水和卫生设施
		SDG 7 经济适用的清洁能源
		SDG 13 气候行动
		SDG 14 水下生物
		SDG 15 陆地生物
	MDG 8 全球合作促进发展	SDG 16 和平、正义与强大机构
		SDG 17 促进目标实现的伙伴关系
		SDG 8 体面工作和经济增长
		SDG 9 产业、创新和基础设施
		SDG 10 减少不平等
		SDG 11 可持续城市和社区
		SDG 12 负责任消费和生产

SDGs共含17项目标，具体目标及其制订背景如下：

目标1：在全世界消除一切形式的贫困。

到2015年，世界上有7.36亿人生活在极端贫困中，其中有4.13亿人位于撒哈拉以南的非洲；灾害造成的死亡中超过90%发生在中低收入国家，世界上仍有55%的人无法享受社会保障；以目前的形势预测，到2030年世界并不能消除贫困。

目标2：消除饥饿，实现粮食安全，改善营养状况和促进可持续农业。

世界上又增加了数百万人生活在饥饿中，到2017年，世界上有8.21亿人营养不良，较2015年的7.84亿显著增加；世界上三分之二的极端贫困工作者为农业工人，撒哈拉以南的非洲营养不良人口有2.37亿，南亚的营养不良人口有2.77亿，而饥饿对儿童的不良影响更加明显，世界上有1.49亿的5岁以下儿童发育迟缓。

目标3：确保健康的生活方式，促进各年龄段人群的福祉。

2000—2017年免疫接种使麻疹死亡数减少了80%，5岁以下儿童死亡人数从2000年的980万下降至2017年的540万，撒哈拉以南非洲15—49岁成人的艾滋病发病率从2010年到2017年下降了37%；2000—2017年结核病发病率下降了21%，但2017年仍有1 000万人患结核病，与2016年相比，2017年在负担最重的10个非洲国家又增加了350万例疟疾。

目标4：确保包容和公平的优质教育，让全民终身享有学习机会。

世界上有6.17亿儿童和青少年达不到阅读和教学的最低标准，五分之一的6—17岁儿童没有学上，在中亚，没有上学的适龄儿童，女孩比男孩多27%；超过一半的撒哈拉以南的非洲学校无法获得基本饮用水、洗手设施、互联网和电脑；7.50亿成年人仍是文盲，而其中三分之二是女性。

目标5：实现性别平等，增强所有妇女和女童的权能。

世界上24%的国家议会成员为女性，与2010年的19%相比有所上升，女性在社会分工中占有39%的劳动力，但是在管理岗位的女性仅占27%；南亚女孩的童婚风险自2000年以来减少了40%，但截止至2018年仍有30%的20—24岁女性在18岁前结婚；世界上有18%曾有过伴侣的15—49岁女性和女孩在过去12个月经历过来自伴侣的身体和/或性暴力，至少2亿女童和女性遭受了割礼，其中一半在西非。

目标6：为所有人享有水和环境卫生，并对其进行可持续管理。

截至2017年，世界上有7.85亿人仍然没有基本饮用水服务，有五分之二的人家里没有带肥皂和水的基本洗手设施，6.73亿人口仍然在露天排便，其中大部分在南亚，至2016年，世界上有四分之一的医疗设施缺乏基本的饮用水服务；20亿人生活在高度缺水的国家，预计到2030年可能有7亿人因重度水匮乏而流离失所。

目标7：确保人人获得可负担、可靠和可持续的现代能源。

世界上只有十分之九的人口可以获得电力，8.4亿没有电的人中87%生活在农村地区；30亿人缺乏清洁的烹饪燃料和技术，最终能源消耗总量的17.5%是可再生能源。平均而言，在2010—2016年间，1美元经济产出所需能源每年下降2.3%。

目标8：促进持久、包容和可持续的经济增长，实现充分的生产性就业和确保人人获得体面工作。

2010—2017年最不发达国家的实际国内生产总值年均增长4.8%，低于7%的可持续发展目标的具体目标；2018年全球失业率为5%，劳动生产率比2017年增长了2.1%，是2010年以来最高的年度增长；五分之一的年轻人没有工作、接受教育或培训；男性比女性的平均时薪高12%。

目标9：建设具备适应力的基础设施，促进包容和可持续的工业化，推动创新。

最不发达国家的工业化发展速度太慢，无法满足2030年议程的目标，欧洲和美洲的人均制造业增加值为4 938美元，而最不发达国家的人均制造业增加值仅为114美元；中高和高科技部门占全球制造业增加值的45%（2016年），但在撒哈拉以南非洲比例仅为15%；2000年全球研发投资额为7 390亿美元，2016年上升至2万亿美元；90%的人生活在3G或质量更高的移动网络范围内（2018年），但不是所有人都可以负担使用的费用。

目标10：减少国家内部和国家之间的不平等。

有数据的92个国家中，超过一半的国家底端40%人口的收入增长快于国家2011—2016年的平均水平；在许多国家，越来越多的收入流向顶端1%人口，底端40%人口获得的收入不到全部收入的25%；大部分国家有政策促进安全有序的移民，但仍然需要进行更多工作以保护移民的权利和社会经济福祉；最不发达国家继续从优惠贸易地位中获益，2017年，从最不发达国家出口的66%的产品获得了免税待遇，发展中地区的比例为51%。

目标11：建设包容、安全、有抵御灾害能力和可持续的城市和人类社区。

世界上有20亿人无法获得垃圾收集服务；四分之一的城市居民生活在类似贫民窟的条件下（2018年）；仅有一半（53%）的城市居民可以方便使用公共交通（2018年）；十分之九的城市居民呼吸着污染的空气；150个国家制

订了国家城市计划,几乎一半国家处于实施阶段。

目标12:确保采用可持续消费和生产模式。

全球原材料足迹快速增长,增速快于人口和经济,从1990年的430亿吨,已经增长到2017年的970亿吨,预计到2060年达到1 900亿吨;发达国家和发展中国家单位数量经济产出使用的自然资源比例为1比5;高收入国家的人均原材料足迹(27吨)比中高收入国家(17吨)高60%,是低收入国家(2吨)的13倍还多;全球近100个国家正积极采用政策措施促进可持续生产和消费,全球有303个政策和工具。

目标13:采取紧急行动应对气候变化及其影响。

2018年,全球平均温度大约高出前工业化基线1℃,1998—2017年与气候相关的地球物理灾害,估计夺取了130万人的生命;2017年大气二氧化碳浓度是前工业化水平的146%。为将全球变暖限制在1.5℃,到2030年,全球碳排放需要减少到2010年水平的55%,并到2050年锐减到净零排放;186个缔约方批准了巴黎协定;尽管2015—2016年全球气候融资流量与2013—2014年相比增加了17%,化石燃料投资(7 810亿美元)仍然远远高于气候活动投资(6 810亿美元)。

目标14:保护和可持续利用海洋和海洋资源以促进可持续发展。

自前工业化时代以来,海洋酸度上升了26%,预计将快速上升,到2100年将上升100%~150%,海洋酸度上升是一个不利现象。影响到海洋吸收二氧化碳的能力,威胁海洋生物;高于生物可持续水平的鱼类种群比例从1974年的90%降到2015年的67%;87个国家签署了港口国措施协议,这是关于非法、未申报、无管制捕捞的第一份具有约束力的国际协议;2012—2018年间,220个海岸地区中104个改善了海岸水质,国家管辖范围内17%的水域得到保护区覆盖,比2010年的覆盖率增加了一倍多。

目标15:保护、恢复和促进可持续利用陆地生态系统、可持续管理森林、防治荒漠化、制止和扭转土地退化现象、遏制生物多样性的丧失。

土地退化正在影响地球五分之一的土地面积和10亿人的生活;红色名录指数正在发生变化,生物多样性损失呈现加速趋势,物种灭绝的风险在过去25年来恶化了近10%;2000—2018年间,各生物多样性重点区域中保护范围增加,陆地、淡水、山地生物多样性关键区域的被保护区覆盖率分别增加了39%、42%、36%;116个缔约方批准了《名古屋协定书》,涉及获取遗传资源和公平公正使用遗传资源。

目标16：倡建和平、包容的社会以促进可持续发展，让所有人提供都能诉诸司法的机会，在各层级建立有效、负责和包容的机构。

2018年1—10月期间，联合国记录并核实了397起遇害案，受害者中有91位记者和博客作者；全部杀人案受害者中男性约80%，亲密伴侣/家庭相关杀人案受害者中女性约64%，发现的人口贩运受害者70%为女性和女童，她们大部分因性剥削而被贩运；全球仅有四分之三（73%）的5岁以下儿童进行了出生登记，撒哈拉以南非洲不到一半（46%）的5岁以下儿童进行了出生登记。

目标17：加强执行手段，重振可持续发展全球伙伴关系。

2018年，官方发展援助总计1 490亿美元，比2017年下降2.7%，对最不发达国家的双边官方发展援助比2017年实际减少了3%，对非洲的援助减少4%，对统计的现有承诺——全部官方发展援助的0.33%——必须翻一番，以实现到2030年的统计能力建设目标；2019年，移民汇款是中低收入国家外部融资资源的最大来源（估计达5 500亿美元）；发达国家人口超过80%的可以上网，而发展中国家仅45%的人口可以上网，最不发达国家只有20%的人口可以上网。

为促进可持续发展目标的正式通过和实施，联合国各机构与来自公共部门与私营部门的合作伙伴启动了一系列规模空前的可持续发展目标公众意识推广及宣传活动。2015年9月3日，可持续发展目标宣传活动正式启动，它由著名编剧、导演理查德·柯蒂斯与联合国共同发起，是有史以来规模最大的宣传活动，参与方包括非政府组织、全球品牌公司、公众人物、教育家、体育界、宗教领导人、电视台与广播公司、电影广告商、电信运营商、数字与社交媒体平台、创意与媒体机构、出版社、航天组织、艺术家和民间组织等等，并与"Project Everyone""全球公民""行动2015"和联合国各机构展开合作，旨在2015年9月25日可持续发展目标正式通过后的7天内，向地球上70亿人传达17个目标，让可持续发展目标家喻户晓。理查德·柯蒂斯发起可持续发展目标宣传活动时呼吁："我衷心希望每个人都承担起自己的使命，将可持续发展目标真正传遍全球。我们的目标是动员每个网站、每块广告牌、每家电视台和广播站、每家影院、每个社区、每所学校和每家手机网络运营商在七天内持续传达可持续发展目标。"

2. 绿色"一带一路"与 SDGs 的关联

SDGs 共有 17 项可持续发展目标和 169 项具体目标，致力于减贫、消除不平等、保护地球等，覆盖全球经济、社会、环境三大领域的重大任务。SDGs 的目标是持久、包容和可持续的经济发展。"一带一路"倡议中的绿色理念与 SDGs 中的生态环境保护方面在目标和路径上高度契合。绿色"一带一路"的目标是根据生态文明建设、绿色发展和沿线国家可持续发展要求，构建互利合作网络、新型合作模式、多元合作平台，制定落实一系列生态环境风险防范政策和措施，建成较为完善的生态环保服务、支撑、保障体系。推进绿色"一带一路"建设，对落实 2030 年可持续发展议程有推动作用。

环保部、外交部、发改委和商务部联合发布的《关于推进绿色"一带一路"建设的指导意见》，进一步指出绿色"一带一路"建设以生态文明与绿色发展理念为指导，坚持资源节约和环境友好原则。意见明确提出全面服务"五通"，实行政策沟通、设施联通、贸易畅通、资金融通、民心相通五大领域优先发展原则，促进绿色发展，保障生态环境安全。将"五通"与 SDGs 目标各方面和全过程融合，增进沿线各国政府、企业和公众的相互理解和支持，分享我国生态文明和绿色发展理念与实践，提高生态环境保护能力，防范生态环境风险，促进沿线国家和地区共同实现 2030 年可持续发展目标。

在政策沟通和民心相通方面，突出生态文明理念，加强生态环保政策沟通，促进民心相通，为实现目标 17（促进目标实现的伙伴关系）提供有效的途径。

在设施联通方面，做好基础设施建设工作，优化产能布局，防范生态环境风险，对目标 9（工业、创新和基础设施）有直接贡献，并且，完善的基础设施对目标 11（建设包容、安全、有抵御灾害能力和可持续的城市和人类住区）有积极作用。同时，基础设施联通，企业结构改革，又能促进经济增长、增加就业，从而间接影响了目标 8（体面工作和经济增长）。另外，推进绿色基础设施建设，强化生态环境质量保障，对目标 6（清洁饮水和卫生设施）、目标 7（经济适用的清洁能源）都可做出一定贡献。

在贸易畅通方面，推进绿色贸易发展，促进可持续生产和消费，加强绿色供应链管理，推进绿色生产、绿色采购和绿色消费，加强绿色供应链国际合作与示范，带动产业链上下游采取节能环保措施，以市场手段降低生态环境影响，这些与目标12（负责任消费和生产）高度一致，目标12主张可持续的生产和消费模式，推行可持续的公共采购做法，实现自然资源的可持续管理和高效利用。同时对目标13（气候行动）、目标14（水下生物）、目标15（陆地生物）的实现具有推动作用。

在资金融通方面，加强对外投资的环境管理，促进绿色金融体系发展。推动制定和落实防范投融资项目生态环保风险的政策和措施，加强对外投资的环境管理，促进企业主动承担环境社会责任，严格保护生物多样性和生态环境；推动我国金融机构、中国参与发起的多边开发机构以及相关企业采用环境风险管理的自愿原则，积极推动绿色产业发展和生态环保合作项目落地。比如建立了绿色信贷指标体系，成立了G20绿色金融研究小组，在伦敦发起绿色债券、建立中美绿色投资基金等，在一定程度上都可有效地减缓全球气候变化、保护生态系统，加快实现可持续发展目标13、14、15。

参考文献

［1］　陈宗伟.论我国低碳立法［D］.北京：对外经济贸易大学，2014.

［2］　方恺，许安琪.2030年可持续发展议程下的环境目标评估与落实：现状、挑战与对策［J］.CIDEG决策参考，2019（03）.

［3］　高子扬.联合国可持续发展峰会开启可持续发展的新时代［EB/OL］.（2015-09-24）［2019-11-12］.https：//www. un. org/sustainabledevelopment/zh/2015/09/new-era-of-sustainable-development/.

［4］　国家发展改革委，外交部，商务部.推动共建丝绸之路经济带和21世纪海上丝绸之路的愿景与行动［EB/OL］.（2015-09-15）［2019-12-11］.http：//www. mofcom. gov. cn/article/resume/n/201504/20150400929655. shtml.

［5］　环境保护部，外交部，发展改革委，商务部.关于推进绿色"一带一路"建设的指导意见［EB/OL］.（2017-04-26）［2019-10-9］.http：//www. mee. gov. cn/gkml/hbb/bwj/201705/t20170505_413602. htm.

［6］　环境保护部."一带一路"生态环境保护合作规划［EB/OL］.（2017-05-16）［2019-

09-10]. http://www.scio.gov.cn/31773/35507/htws35512/Document/1552376/1552376.htm.

［7］　刘卫东等．共建绿色丝绸之路——资源环境基础与社会经济背景［M］．北京：商务印书馆，2019：28．

［8］　绿色经济、循环经济、低碳经济辨析［J］．政策，2010（12）：42．

［9］　绿色经济、循环经济与低碳经济［J］．印刷经理人，2010（06）：36-37．

［10］　潘家华，庄贵阳，郑艳，朱守先，谢倩漪．低碳经济的概念辨识及核心要素分析［J］．国际经济评论，2010（04）：88-101、5．

［11］　王敏正，万安培．节约型社会辞典［Z］．北京：中国财政经济出版社，2006：159．

［12］　王新玉．低碳发展与循环发展、绿色发展的关系研究［J］．生态经济，2014，30（09）：39-44．

［13］　王毅．实施绿色发展　转变经济发展方式［J］．中国科学院院刊，2010，25（02）：121-126．

［14］　薛澜，翁凌飞．关于中国"一带一路"倡议推动联合国《2030年可持续发展议程》的思考［J］．中国科学院院刊，2018，33（01）：40-47．

［15］　杨运星．生态经济、循环经济、绿色经济与低碳经济之辨析［J］．前沿，2011（08）：94-97．

［16］　曾凡银．绿色壁垒的壳层结构及其效应研究［J］．财贸经济，2004（06）：70-74、97．

［17］　张梅．绿色发展：全球态势与中国的出路［J］．国际问题研究，2013（05）：93-102．

［18］　张耀军．共建绿色"一带一路"：中国的理念与实践［EB/OL］．（2019-10-14）［2020-03-11］．http://ydyl.china.com.cn/2019-10/14/content_75298513.htm.

［19］　赵昀．联合国秘书长在"一带一路"论坛强调：绿色经济是未来［EB/OL］．（2019-04-27）［2020-03-10］．https://news.un.org/zh/story/2019/04/1033271.

［20］　朱磊，陈迎．"一带一路"倡议对接2030年可持续发展议程——内涵、目标与路径［J］．世界经济与政治，2019（04）：79-100、158．

第二篇

绿色"一带一路"可持续发展评估

第三章 ————————————

中国"一带一路"节点城市低碳评估 [①]

第一节 引言

　　绿色"一带一路"建设是分享生态文明理念、实现可持续发展的内在要求，是顺应和引领绿色、低碳、循环发展国际潮流的必然选择。可见，绿色"一带一路"建设已经成为"一带一路"倡议的重要内容。2015年，"一带一路"沿线国家聚集了全球2/3的人口和1/3的GDP，消耗了全球53.9%的能源，排放了全球60.6%的二氧化碳。削减碳排放量，遏制全球气候变暖，已经成为21世纪世界各国的共识，从1997年的《京都议定书》到2007年的"巴厘岛路线图"，以及2009年备受关注的哥本哈根气候变化大会，全球都在积极寻求低碳发展的对策和方法。发展"低碳经济"是协调社会经济发展、保障能源安全与应对气候变化的基本途径；探索低碳经济发展对策，是区域可持续发展的科学基础，是当前环境管理学研究的前沿方向。

　　城市作为人类社会经济活动的中心，2007年首次集聚了世界上一半以上的人口，城市消耗了全球67%~76%的能源，排放了全球75%的温室气体，是全球温室气体排放的最重要贡献者，因此城市是发展低碳经济的关键平台。城市温室气体排放的快速增长成为全球温室气体排放上升的重要原因。能源利用通常是温室气体排放清单中的最重要部门，在发达国家，其贡献一般占CO_2排放量的90%以上和温室气体总排放量的75%；对于中国，2008年

---

① 该研究成果已发表在《中国人口·资源与环境》2019年第29卷第1期，32-39页。
　　孟凡鑫，李芬，刘晓曼等. 中国"一带一路"节点城市CO_2排放特征分析［J］. 中国人口·资源与环境. 2019，29（1）：32-39.

已成为最大CO_2排放国家，能源利用排放的CO_2约占各种温室气体总排放量的80%。因此，城市能源利用产生的碳排放是温室气体排放中最重要的部分，并且已成为国内外研究的重点与热点。

国际能源署（IEA）认为在基准情景下，全球城市能源消耗CO_2排放在2006—2030年的增长速度是1.8%，高于全球排放增长速度1.6%，城市排放占全球排放的比例会从当前的71%增长到76%。发展中国家（非OECD国家）城市CO_2排放增长速度和幅度会更大。高速城市化将导致碳排放的进一步增加，中国每年有120万人进入城市，到2020年城市化率将达到60%。中国作为温室气体排放大国和负责任的环境大国，承诺到2020年单位国内生产总值CO_2排放比2005年下降40%~45%。碳排放强度已作为约束性指标纳入国民经济和社会发展中长期规划，并且分解到全国各个省市。在当前中国高速城市化与碳减排强制性目标要求的背景下，探索更加全面有效的城市低碳能源利用及碳减排已经成为国家的重大战略需求。城市CO_2排放水平是城市绿色、低碳发展及减排的关键指标和外在表现，清晰、准确地把握我国"一带一路"节点城市宏观层面CO_2排放特征，对我国政府出台"一带一路"低碳发展规划决策具有非常重要的意义。

目前，对于"一带一路"低碳发展的相关研究，多集中于宏观战略政策及定性评价研究，如柴麒敏等在战略高度提出了推动"一带一路"沿线国家共建低碳共同体的长远意义。祁悦等从全球可持续发展目标出发，分析了"一带一路"沿线国家相关国情及应对气候变化的目标与行动，倡议各方携手打造绿色低碳"一带一路"。赵春明定性识别了"一带一路"战略实施过程中绿色产业发展的重点领域及主要路径，并从指定基础建设的绿色标准、财务政策、金融政策及低碳技术国际合作等方面提出了发展绿色产业的政策措施。目前，仅有少数的"一带一路"定量研究多从国家及区域大尺度探讨"一带一路"绿色发展水平及低碳发展贡献，例如，傅京燕和司秀梅采用普通回归和分位数回归等方法分析了1992—2011年"一带一路"沿线50个国家碳排放的驱动因素，并通过构建指标量化评价了这些国家的历史减排贡献与潜力。李清如基于GTAP9数据库，构建了全球多区域投入产出模型，测算了中国和日本对"一带一路"沿线国家国际贸易中的隐含碳排放，结果表明"一带一路"大多数沿线国家，是中国国内碳排放的实际消费国和日本国内消费的碳排放实际承担国。郭兆晖等通过建立低碳竞争力指标体系，定量评价了"一带一路"沿线区域的绿色发展水平，发现沿线区域存在总体偏低问题，中国提升潜力空间更大，并且中国沿线省份绿色发展水平差异较大。李小平和王洋基于松弛的方向性距离函数（SBM）和全域Malmquist-Luenberger指数，测算了1992—2014年"一带一路"沿线主要国家的碳生产率及其收敛性，并对其影响因素进行了实证分析。雷原等从协同的视角构建了中国经济增长与碳减排复合系统协同度模型，计算了中国的协同度并探索了影响该复合系统协同度的关键因素。

综上可见，"一带一路"低碳研究中，基于大量数据支撑且以城市为单位的研究十分缺乏。而"一带一路"节点城市的低碳发展，对于绿色"一带一路"建设具有支撑作用，而由于节点城市的经济水平、地理条件、能源资源禀赋、人文历史等存在差异，各个城市有自身的低碳发展特征。因此，分析总结各个节点城市当前的CO_2排放水平，了解节点城市的CO_2排放情况，对于开展因地制宜的"一带一路"绿色低碳建设有重要意义。

第二节　研究方法

（一）节点城市的选择及分类

2015年，国家发改委、外交部、商务部联合发布了《推动共建丝绸之路经济带和21世纪海上丝绸之路的愿景与行动》，明确提出了"一带一路"六大经济走廊及21世纪海上丝绸之路。据此，将文件中提及的37个省会及沿海港口城市，作为国内"一带一路"重要节点城市，遍布中国五大区域：西北地区（5）、东北地区（5）、内陆地区（7）、沿海地区（16）、西南地区（4）。具体路线及所经的城市清单详见表3.1。

表3.1　"一带一路"重点线路及节点城市清单

分类		线路	国内节点城市
一带一路六大经济走廊	中蒙俄经济走廊	线路一：京津冀—呼和浩特—蒙古–俄罗斯；	东北地区（北京、呼和浩特、沈阳、长春、哈尔滨）
		线路二：大连—沈阳—长春—哈尔滨—满洲里—俄罗斯	
一带一路六大经济走廊	新亚欧大陆桥经济走廊	江苏—山东—河南—陕西—甘肃—新疆—哈萨克斯坦—俄罗斯—波罗的海沿岸	内陆地区（郑州、合肥、武汉、重庆、长沙、南昌、成都）
	中国—中亚—西亚经济走廊	乌鲁木齐—中亚—西亚—波斯湾、地中海国家	西北地区（乌鲁木齐、兰州、西宁、西安、银川）
	中巴经济走廊	新疆喀什—巴基斯坦	
	中国—中南半岛经济走廊	昆明—南宁—中南半岛	西南地区（拉萨、昆明、贵阳、南宁）
	孟加印缅经济走廊	昆明—孟加拉国—印度—孟加拉湾	
	21世纪海上丝绸之路	线路一：中国沿海港口—南海—印度洋—欧洲	沿海地区（大连、天津、烟台、青岛、上海、舟山、宁波、福州、泉州、厦门、汕头、深圳、广州、湛江、海口、三亚）
		线路二：中国沿海港口—南海—南太平洋	

（二）碳排放清单编制

根据世界资源委员会（WRI）及世界可持续发展工商理事会（WBSCD）推荐的城市CO_2排放核算方法，本研究只考虑范围1中城市行政边界内所有能源相关的和工业过程引起的直接CO_2排放，以及范围2中城市外调电力、热力导致的间接CO_2排放。基于自下而上的过程分析方法，采用统一数据源和规范化、标准化数据处理方法，编制了2005、2012、2015年我国"一带一路"37个节点城市的CO_2排放清单，共包含8个部门：工业能源、工业工程、农业、服务业、城镇生活、农村生活、交通、间接排放。

城市化石能源活动水平数据主要包括三种来源：一是CHRED2.0数据库（http://www.cityghg.com/）；二是城市层面的各类官方统计年鉴、政府文件和调研报告等；三是现场调研、采访、电话咨询和向相关部门发函获取等。CO_2直接排放因子主要源自《中国温室气体清单研究》，CO_2间接排放采用城市范围内的外调电量乘以城市所在区域电网排放因子。城市外调电量等于城市用电量与发电量的差值（若该值小于0，将其取值设为0），其中，城市发电量考虑了化石能源和非化石能源（水电、风电、核电、生物质燃料发电和太阳能发电）发电量，中国化石能源电厂发电量及空间位置来自CHRED2.0数据库，非化石能源电厂发电量及空间位置来自《中国电力工业统计资料汇编》；城市全社会用电量来自《中国统计年鉴》。

第三节 结果分析及政策建议

（一）节点城市CO_2排放总量及结构特征分析

根据《中国统计年鉴2006》，2005年中国共有地级区划数（地级行政单位）333个，其中地级市283个。本研究中，2005、2012、2015三年的全国城市包括地级市（283个）和直辖市（4个）共287个城市。

2015年，我国"一带一路"37个节点城市的常住人口总和占全国城市总人口的22.49%，生产总值占到所有城市GDP的35.33%。2005、2012、2015年，我国"一带一路"37个节点城市直接CO_2总和分别为140 876.46万t、207 076.63万t、223 158.96万t，分别占全国287个城市（含283地级市及4

个直辖市）总直接CO_2排放的22.52%、21.40%和21.76%。

2015年"一带一路"节点城市CO_2排放总量及结构具体见表3.2。2015年，中国"一带一路"节点城市CO_2排放在数量上呈现出较大的差异性。排放总量位于前5的城市依次是上海、重庆、天津、北京与宁波；排放总量位于全国后5的城市依次是舟山、南宁、海口、三亚与拉萨，前5名的排放总量几乎高出后5名城市两个数量级。从"一带一路"节点城市排放总量分布来看，一半以上城市CO_2排放总量集中在0~6 000万t区间；排放总量高于1.5亿t的城市为4个直辖市；排放总量介于5 001~10 000万t之间的城市多为东南沿海经济发达以及省会城市；排放总量介于2 001~5 000万t之间的城市以中部和东部地区城市为主；排放总量介于0~2 000万t之间低排放城市以中西部地区为主，城市规模小、城镇人口少、产业集聚度低。

2005—2015年中国"一带一路"节点城市直接CO_2排放总量及结构变化如图3-1所示。2005—2015年间，中国"一带一路"节点城市直接CO_2排放总量，以年均增长率4.71%呈逐渐上升趋势。从区域层面来看，西北地区近十年来直接CO_2排放增长最快，年均增长率达到8.22%，2012—2015年间，"一带一路"节点城市的直接CO_2排放增速变缓，年均增长率仅为2.52%，其中，西南地区和东北地区的直接CO_2排放呈现小幅度下降趋势。2005—2015年间，直接CO_2排放总量始终保持沿海、内陆、东北、西北、西南由大到小的顺序不变，2015年这些地区的直接CO_2排放量占比依次为45.31%、22.29%、15.63%、12.53%和4.23%。

图3-1显示，中国"一带一路"节点城市直接CO_2排放构成中，能源消耗引起的CO_2占绝对主导地位，占到94%，而工业过程引起的非能源CO_2仅为6%。其中，工业能源消耗仍然是城市直接CO_2排放的主要来源，占比在71%—78%之间。在2005—2015的十年间，服务业、交通、工业过程、工业能源引起的CO_2排放分别以17.06%、8.16%、5.24%和4.24%的年均增长率快速增长。值得注意的是，2005—2012年间，由于"一带一路"节点城市服务业快速蔓延，使得服务业CO_2排放占比从2%迅速增加到7%，交通业CO_2排放从8%增加到10%，而工业能源CO_2排放占比从78%快速下降到71%，这可能是因为经济快速发展过程中引起的产业结构转变，以及2010年低碳试点城市建设方案的实施，引发的传统高碳产业低碳技术改造升级，以及低碳产业的快速发展，使得工业能源碳排放占比出现大幅下降。在2012—2015三年

期间，居民生活CO_2排放从6%下降到3%，一定程度上是因为清洁能源（如天然气）以及可再生能源的广泛推广应用，另外，服务业CO_2排放从7%下降到5%，主要是因为沿海地区服务业CO_2出现大幅下降，年下降率达到20%，这一定程度上证实了2013年"一带一路"倡议实施以来，出现了服务业从沿海向内陆大幅转移的发展趋势，同时，"一带一路"节点城市频繁的贸易活动，使得交通CO_2排放不断增加，对于如何进一步控制"一带一路"节点城市的交通碳排放，将成为绿色"一带一路"建设的重点。

表3.2　2015年中国"一带一路"节点城市CO_2排放（直接排放+间接排放）/万t

地区	节点城市	直接CO_2								间接CO_2	总CO_2
		农业	工业能源	服务业	农村生活	城镇生活	交通	工业过程	直接合计		
西北地区	乌鲁木齐	7	4 830	156	33	73	190	199	5 488	32	5 520
	兰州	8	4 944	140	68	64	136	479	5 839	911	6 750
	西宁	6	1 781	84	88	90	39	332	2 419	2 425	4 844
	西安	8	1 687	347	137	308	192	109	2 788	1 287	4 076
	银川	3	10 977	23	9	30	146	247	11 436	0	11 436
东北地区	北京	67	5 708	975	364	473	2 824	221	10 631	5 273	15 904
	呼和浩特	55	5 199	439	44	23	175	242	6 175	0	6 175
	沈阳	55	4 259	372	73	106	658	21	5 545	1 142	6 687
	长春	58	4 232	380	99	65	187	761	5 781	0	5 781
	哈尔滨	123	4 588	996	52	143	513	337	6 752	275	7 026
内陆地区	郑州	22	5 382	195	46	97	454	859	7 055	352	7 408
	合肥	43	2 322	97	50	80	457	1 594	4 644	522	5 166
	武汉	56	6 475	413	39	101	620	382	8 086	1 356	9 443
	重庆	153	13 029	301	93	686	1 962	2 795	19 021	1 366	20 387
	长沙	50	591	373	55	60	376	323	1 829	1 055	2 884
	南昌	15	1 479	113	14	48	149	214	2 032	851	2 883
	成都	22	4 222	674	265	441	955	506	7 084	1 965	9 050
西南地区	拉萨	0	68	0	0	0	96	165	59	224	
	昆明	28	1 879	263	128	11	402	771	3 482	321	3 803
	贵阳	13	1 030	1 224	649	76	215	456	3 663	887	4 551
	南宁	35	928	65	2	21	352	731	2 135	0	2 135

（续表）

地区	节点城市	直接CO₂								间接CO₂	总CO₂
		农业	工业能源	服务业	农村生活	城镇生活	交通	工业过程	直接合计		
沿海地区	大连	33	4 926	198	36	57	744	308	6 301	0	6 301
	天津	201	15 112	520	154	154	1 520	96	17 758	2 584	20 342
	烟台	37	4 784	155	43	54	594	541	6 208	1	6 209
	青岛	40	5 140	265	55	93	712	139	6 444	1 665	8 109
	上海	70	16 273	1 635	15	331	3 773	80	22 178	5 500	27 677
	舟山	7	1 567	9	3	4	580	19	2 187	0	2 187
	宁波	65	12 469	119	9	52	608	263	13 585	0	13 585
沿海地区	福州	12	4 263	40	11	11	433	147	4 917	0	4 917
	泉州	16	4 239	26	12	7	348	138	4 787	1 012	5 799
	厦门	3	1 164	15	3	4	234	0	1 424	949	2 373
	汕头	7	1 941	19	2	6	177	55	2 207	0	2 207
	深圳	1	2 426	222	1	69	685	0	3 404	1 241	4 645
	广州	19	3 824	326	8	101	1 146	214	5 639	2 446	8 085
	湛江	56	2 571	40	7	12	356	671	3 713	309	4 021
	海口	0	10	5	0	6	168	0	188	335	523
	三亚	0	14	1	0	1	150	0	166	156	321

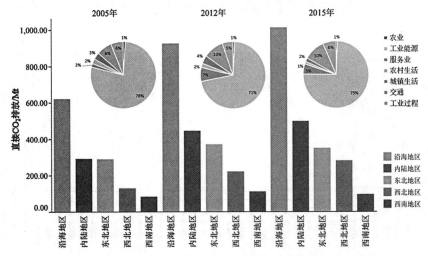

图3-1　2005—2015年中国"一带一路"节点城市直接CO₂排放总量及结构变化

（二）节点城市CO$_2$排放水平空间特征分析

图3-2是对我国"一带一路"节点城市的人均CO$_2$排放及单位GDP CO$_2$排放水平与所在区域节点城市平均水平（城市平均）及所在区域所有城市平均水平（区域平均）的比较结果。从人均CO$_2$排放水平比较来看，2015年，内陆、沿海、西南、东北、西北地区节点城市的人均CO$_2$排放分别为6.50、8.34、5.52、9.93、23.08 tCO$_2$/人，均低于节点城市所在区域的平均水平。从单位GDP CO$_2$排放水平比较来看，2015年，内陆、沿海、西南、东北、西北区域节点城市的单位GDP CO$_2$排放分别为0.86、1.00、0.94、1.18、3.59 tCO$_2$/万元，均低于同期节点城市所在区域的平均水平。"一带一路"节点城市的

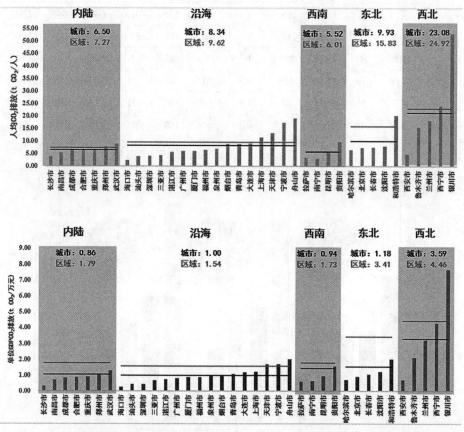

图3-2 "一带一路"节点城市与区域2015年人均CO$_2$排放及单位GDP CO$_2$排放水平

CO_2排放水平差异较大,2015年单位GDP CO_2排放呈现由内陆—西南—沿海—东北—西北的逐渐递增趋势,而2005年该区域递增趋势为沿海—内陆—东北—西南—西北、2012年该区域递增趋势为沿海—内陆—西南—东北—西北,可见内陆和西南地区在单位GDP CO_2排放区域递增排序上逐渐前移,这在一定程度上说明了2005—2015年间,"一带一路"内陆及西南地区的节点城市低碳发展的效果比较显著。另一方面,"一带一路"倡议的实施,促进了内陆及西南地区节点城市的贸易活跃性,城市功能性材料(如钢铁、水泥、能源等),更多地依靠进口及国内调入,从而降低本地的单位CO_2排放强度,这种贸易形式促成了"一带一路"隐含CO_2转移新格局。

(三)节点城市CO_2排放空间聚类分析

衡量城市CO_2排放现状的核心指标主要包括人均GDP水平和人均CO_2排放。人均GDP可以用来定量"发展",是衡量地区经济发展状况和人民生活水平的指标;人均CO_2排放能够反映某一地区的"低碳"状况。本章依据这两项指标对2015年"一带一路"节点城市进行了CO_2排放现状的分类。在人均CO_2排放和人均GDP二维空间中,使用K均值算法进行聚类分析,进一步挖掘城市层面CO_2排放特征。聚类结果见表3.3和图3-3,图3-3中参考线为"一带一路"节点城市,其显著性检验见表3.4。可以看出,K均值算法实现了组内差异最小、组间差异最大的原则,并且聚类结果通过F检验($P < 0.01$)。

将"一带一路"节点城市(不含孤立点银川),按照CO_2排放特征分成4组:第一组是"低排放、低经济"组,其人均CO_2排放和人均GDP都处于低水平,这类城市个数达到18个;第二组是"低排放、高经济"组,其特征是人均CO_2排放低,但人均GDP高,这组城市是低碳发展比较理想的城市,主要是深圳、厦门等东部地区节点城市;第三组是"高排放、低经济"组,其特征是人均CO_2排放高,人均GDP较低,包括西宁、乌鲁木齐以及兰州,主要是西北地区节点城市;第四组是"高排放、高经济"组,其特征是人均GDP和人均CO_2排放都高,仅包括舟山、宁波、呼和浩特。聚类结果显示,"一带一路"节点城市处于我国东中西部区域差异化发展格局中,相应表现为21世纪海上丝绸之路的沿海节点城市发展水平明显优于沿丝绸之路经济带上的内陆型节点城市。

从聚类分析中可以看出,"一带一路"节点城市中有近一半处于低排放、低经济的水平，反映了“一带一路”节点城市在整体上处于较低水平，如果依然按照当前的经济发展模式，那么，随着经济增长和生活水平的提高，这些节点城市有可能走向高排放、高经济发展模式。另外，“一带一路”城市中还存在着一些特殊类型，即资源类城市以及工业类城市，如呼和浩特和宁

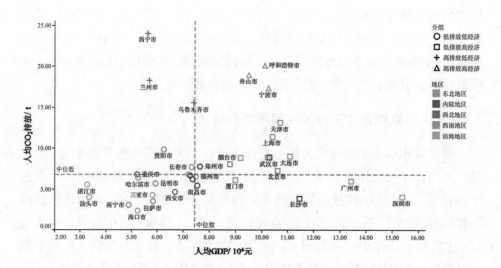

图3-3 2015年“一带一路”节点城市CO_2排放强度水平与人均GDP相关性聚类

表3.3 “一带一路”节点城市 CO_2 排放特征聚类结果

分组	平均人均 CO_2（t/人）	平均人均 GDP（元/人）	个数	代表城市
低排放、低经济	5.73	60 881	18	海口、南宁等
低排放、高经济	7.98	108 710	12	广州、深圳等
高排放、低经济	19.30	62 361	3	兰州、西宁等
高排放、高经济	18.84	99 415	3	舟山、宁波等

表3.4 中国城市 CO_2 排放特征聚类显著性检验

指标	F	P	模型		谬误	
			平方和	自由度	平方和	自由度
人均 CO_2 排放	8.702	<0.01	1.721	3	2.109	32
人均 GDP	7.644	<0.01	1.267	3	1.768	32

波，其人均GDP和人均CO_2排放往往较高，但CO_2排放的驱动力主要是资源开采和工业生产；西宁、兰州等工业型城市由于产业结构倾斜，导致其排放水平高。

"一带一路"主要节点城市对绿色"一带一路"建设的支撑作用十分突出。因此，绿色"一带一路"建设要将主要节点城市作为关键和突破口，充分发挥主要节点城市的引领和支撑作用。在这一背景下，对于第一组"低排放、低经济"的城市应把握"一带一路"建设发展机遇，打开中西部开放发展的大门，打造中西部地区和沿边地区节点城市的经济增长极效应，值得注意的是，注重提升资源利用效率的同时也应避免走入"先污染后治理"的老路。对于"高排放、低经济"与"高排放、高经济"的城市应该加快城市的产业转型升级和生态化改造进程，大力发展高端制造业和服务业，建设资源节约型社会；对于"高经济，低排放"的城市应该进一步扩大开放，推进节能环保产业、新能源技术和绿色产业技术的推广合作和交流。总而言之，应该针对城市发展的特点，结合"一带一路"的发展契机，因地制宜地制定城市绿色发展战略和规划。

（四）结论与讨论

从我国"一带一路"节点城市的直接CO_2排放总量及结构特征来看，2005—2015年间，"一带一路"节点城市直接CO_2排放总量以年均4.71%的增长率快速增加，其中以西北地区增长最快，而在空间上始终保持沿海、内陆、东北、西北、西南节点城市的直接CO_2排放量由大到小的顺序不变；2005—2012年间，在产业结构转变及低碳政策影响下，服务业直接CO_2排放比例从2%迅速增加到7%，而2012年以来，由于清洁能源及可再生能源的推广应用，居民生活CO_2排放比例得到下降，尤其是"一带一路"倡议实施以来，沿海地区服务业快速向内地蔓延，引起沿海地区节点城市直接CO_2排放大幅下降，"一带一路"节点城市服务业直接CO_2排放比例得以降低，而节点城市间频发的贸易活动，引发交通直接CO_2排放比例稳中有升，保持在10%左右，对于如何进一步控制"一带一路"节点城市的交通CO_2排放，将成为绿色"一带一路"建设的重点。

从我国"一带一路"节点城市排放水平空间特征来看，内陆、沿海、西南、东北、西北地区节点城市的单位GDP的CO_2排放和人均CO_2排放，均低于节点城市所在区域的平均水平。2012—2015年间，西南和内陆地区节点城市单位GDP的CO_2排放水平逐渐提升，2015年呈现出内陆—西南—沿海—东北—西北节点城市的单位GDP的CO_2排放水平逐渐递增趋势，这证实了"一带一路"倡议的实施，对西南地区和内陆地区节点城市的影响巨大，除了低碳政策引发的碳强度直接下降之外，贸易的活跃性使得这些节点城市的功能性材料更多依赖进口和国内调入，形成"一带一路"隐含CO_2排放转移新格局。

从"一带一路"节点城市CO_2排放空间聚类分析结果来看，近一半"一带一路"节点城市处于"低排放、低经济"小组，以西南地区节点城市为典型，三分之一"一带一路"节点城市集中在"低排放、高经济"小组，以沿海地区节点城市为典型，"高排放、低经济"小组以西北地区节点城市为典型，"高排放、高经济"小组以舟山、宁波、呼和浩特为典型。"一带一路"主要节点城市对绿色"一带一路"建设的支撑作用十分突出，建议应该从不同城市经济发展的特点、碳排放类型、代表性及其借鉴意义出发，结合"一带一路"的发展契机，因地制宜地制定城市绿色发展战略和规划，充分发挥主要节点城市在绿色"一带一路"建设中的引领和支撑作用。

参考文献

[1] CAI BF, LIANG S, ZHOU J, et al. China high resolution emission database（CHRED）with point emission sources, gridded emission data, and supplementary socioeconomic data[J]. Resources, Conservation and Recycling, 2018, 129: 232-239.

[2] IPCC. 2006 IPCC Guidelines for National Greenhouse Gas Inventories[R]. Volume 2: Energy. Hayama, Japan, 2006: 5-6.

[3] MENG FX, LIU GY, HU YC, et al. Urban carbon flow and structure analysis in a multi-scales economy[J]. Energy Policy, 2018, 121: 553-564.

[4] MENG FX, LIU GY, YANG ZF, et al. Structural analysis of embodied greenhouse gas emissions from key urban materials: A case study of Xiamen City, China[J]. Journal of Cleaner Production, 2017, 163: 212-223.

［5］ MI ZF, MENG J, GUAN DB, et al. Chinese CO2 emission flows have reversed since the global financial crisis［J］. Nature Communications, 2017, 8（1）: 1712.

［6］ QUADRELLI R, PETERSON S. The energy-climate challenge: Recent trends in CO2 emissions from fuel combustion［J］. Energy Policy, 2007, 35（11）: 5938-5952.

［7］ SETO K C, DHAKAL S, BIGIO A, et al: Chapter 12 - Human settlements, infrastructure and spatial planning. In: Climate Change 2014: Mitigation of Climate Change. IPCC Working Group III Contribution to AR5. Cambridge University Press, 2014.

［8］ UNEP, UN-HABITAT, Bank The World. International Standard for Determining Greenhouse Gas Emissions for Cities［R］. 2010.

［9］ World Resources Institute（WRI）, C40 Cities Climate Leadership Group, and ICLEI Local Governments for Sustainability. Global Protocol for Community-Scale Greenhouse Gas Emission Inventories-An Accounting and Reporting Standard for Cities［R］. 2014.

［10］ 蔡博峰, 刘晓曼, 陆军等. 2005年中国城市CO2排放数据集［J］. 中国人口·资源与环境, 2018（4）: 1-7.

［11］ 蔡博峰, 王金南, 杨姝影等. 中国城市CO2排放数据集研究——基于中国高空间分辨率网格数据［J］. 中国人口·资源与环境, 2017, 27（02）: 1-4.

［12］ 柴麒敏, 祁悦, 傅莎. 推动"一带一路"沿线国家共建低碳共同体［J］. 中国发展观察, 2017, 9（10）: 39-40.

［13］ 傅京燕, 司秀梅. "一带一路"沿线国家碳排放驱动因素、减排贡献与潜力［J］. 热带地理, 2017, 37（1）: 1-9.

［14］ 郭兆晖, 马玉琪, 范超. "一带一路"沿线区域绿色发展水平评价［J］. 福建论坛（人文社会科学版）, 2017, 7: 25-31.

［15］ 国家发展和改革委员会应对气候变化司. 2005中国温室气体清单研究［M］. 北京: 中国环境科学出版社, 2014.

［16］ 雷原, 张武林, 曲亮. "一带一路"战略下中国经济增长与碳减排协同研究［J］. 河海大学学报（哲学社会科学版）, 2016, 01（18）: 23-29.

［17］ 李清如. 中日对"一带一路"沿线国家贸易隐含碳的测算及影响因素分析［J］. 现代日本经济, 2017, 4（214）: 69-84.

［18］ 李小平, 王洋. "一带一路"沿线主要国家碳生产率收敛性及其影响因素分析［J］. 武汉大学学报（哲学社会科学版）, 2017, 03（70）: 58-76.

［19］ 林剑艺, 孟凡鑫, 崔胜辉等. 城市能源利用碳足迹分析——以厦门市为例［J］. 生态学报, 2012, 32（12）: 3782-3794.

［20］ 祁悦, 樊星, 杨晋希等. "一带一路"沿线国家开展国际气候合作的展望及建议［J］. 中国经贸导刊（理论版）, 2017（17）: 40-43.

［21］ 赵春明. "一带一路"战略与我国绿色产业发展［J］. 学海, 2016（1）: 137-142.

第四章

"一带一路"节点城市贸易隐含碳排放评估[①]

第一节 引言

据联合国报道，2014年的世界城市化率达到54%，2050年将要达到66%。随着城市化和工业化进程的加快，中国的城市经历了飞速的发展。在过去三十年中，中国城市人口从不到2亿快速增加到7亿。目前，超过一半的中国人口生活在城市区域。中国大规模的城市化带来了快速的城市扩张以及基础设施发展，需要大量的产品、材料及其他能源、水资源等自然资源的投入，以满足城市的建设及发展需求，同时引起了大量的环境污染及全球变暖等问题。随着城市化及现代化的进程加快，农村人口向大城市逐渐迁移，收入水平提高的同时，也引起了居民消费的大幅增长，以及生活方式向高耗能、高耗水、高碳排的转变。城市作为"一带一路"建设的关键节点和重要支撑，是工业、商业、交通、建筑等生产及消费活动的高度聚集区，贡献了全球四分之三的温室气体，已经成为研究碳减排问题的关键阵地。

此外，城市作为一个开放的经济系统，除了自身供应之外，与边界外区域存在着大量商品和服务的交换活动，同时伴随着内嵌在商品和服务中的隐含碳排放在全球多区域间的流动。这种隐含碳排放主要以两种方式进行区域间的转移：一种转移存在于中间产品的跨区域贸易中，由区域参与产业链分工产生；第二种存在于最终产品的跨区域贸易中，是由生产与消费的空间错

[①] 该研究成果已部分发表在《*Energy Policy*》2018年第121期，553—564页。MENG F, LIU G, HU Y, et al. Urban carbon flow and structure analysis in a multi-scales economy[J]. Energy policy, 2018, 121: 553-564.

位产生。从消费者责任的视角来看，消费是生产的目的，消费者应该承担生产过程中的环境负担，如果环境负担由位于另一区域的生产者承担，则认为环境负担实现了区域间转移，属于隐含环境负担转移模式。

　　投入产出分析提供了一个量化国内及国际贸易隐含环境影响的方法工具，本章分别从生产者和消费者两大视角出发，把所有的隐含碳排放依据产品的生产供应链及消费地进行分配。以往的研究都是假设国内及国外进口商品与当地的产出隐含碳强度是相同的，而不同尺度经济体的强度存在很大的差异性，尤其是对于北京这种国际化大都市，有着更为发达的国际及国内经济贸易体系，并且外界对城市的贡献远大于城市自身的供给，这种强度的差异性将会导致结果的不准确性。本章基于多区域投入产出方法，采用投入产出表链接方法，将中国区域间的投入产出表与世界地区间投入产出表进行链接，建立了城市碳排放多区域尺度的逐级嵌套模型（见图4-1），精准追踪城市的隐含碳排放在"一带一路"沿线国内区域及全球区域尺度上的流动，试图回答以下几个问题：北京市的最终消费所引起的隐含碳排放有多少？有多少是来自"一带一路"沿线国家及国内其他地区的支持？哪个区域是隐含碳最主要的来源地及目的地？简言之，北京与"一带一路"沿线国家及国内其他地区之间建立在产品和服务交流基础上的碳联系是怎样的？回答这些问题可为绿色"一带一路"的建设进程中，如何在城市尺度上开展碳减排问题的决策提供有力的科学依据，具有重大的现实意义。

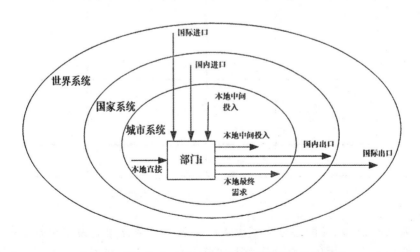

图4-1　城市隐含碳排放多区域尺度的逐级嵌套模型

第二节　研究方法及数据

（一）环境投入产出分析方法发展沿革及改进思路

1. 投入产出基本概念与框架的发展沿革

俄裔美国经济学家Wassily W. Leontief在1936年提出投入产出模型来刻画经济系统的结构，并于1973年获得诺贝尔经济学奖。投入产出分析中的投入是指一个系统进行某项活动过程中的消耗，包括中间投入与最初投入两部分。产出是指一个系统进行某项活动过程的结果，包括中间需求（中间产品）和最终需求（最终产品）。以静态价值型投入产出模型为例（图4-2），经济系统被划分为若干个生产部门，每个部门投入劳动力和资本生产产品（包括服务），同时创造税收和利润；每个部门产品的一部分作为其他部门生产的中间投入，另一部分被居民和政府消费、形成固定资本和库存进出变化，以及出口到其他经济系统。劳动力、资本、税收、利润等被称为初始投入，部门之间的产品交易被称为中间投入或者中间使用，居民消费、政府消费、固定资本形成、库存变化、出口等被称为最终需求。

产出 投入		中间需求			最终需求			总产出
		1　2　…　n			消费	资本 形成	净出口	
中间投入	1 2 ⋮ n	Z_{ij}			F_i			X_i
最初投入	固定资产折旧	V_j						
	劳动者报酬							
	生产税净额							
	营业盈余							
	总投入	X_j						

图4-2　静态价值型投入产出表结构

如图4-2所示，静态价值型投入产出表从水平方向上为中间需求和最终需求两部分，从垂直方向上分为中间投入和最初投入两部分，水平方向和垂直方向纵横交错,将投入产出表分为反映部门间不同投入产出关系的四个部分,一般称之为四个象限。其中最重要的是第一象限,水平方向上看,它表示某部门的产品用于满足各个部门中间需求的情况,或者说某部门产品在各个部门间的分配;垂直方向上看,它表示某部门对各个部门产品的中间消耗。第Ⅰ象限描述了国民经济各个部门之间的投入产出关系,故称之为中间流量矩阵(中间消耗关系矩阵)。Zij表示第j个部门对第i个部门产品的直接消耗量。

投入产出表的模型结构和基本原理如下:

对某一部门,其初始投入与中间投入之和等于该部门的总投入(列平衡);对其产品的中间使用与最终需求之和等于该部门的总产出(行平衡);该部门的总投入等于该部门的总产出。对某一经济系统,其总投入(即所有部门总投入之和)等于其总产出(即所有部门总产出之和)。

投入产出表从水平方向来看表示各部门产品在国民经济体系中的分配和使用情况,即用于中间需求和用于最终需求的情况。在行向上具有如下平衡关系:

$$\sum_{j=1}^{n} Z_{ij} + y_i = X_i \qquad (1)$$

其中,Z表示中间流量,y表示最终需求,X表示总产出,i为产品生产或服务提供部门的序号,j为产品或服务使用部门的序号,$i=1, \ldots, n$;$j=1, \ldots, n$,n为投入产出表中的部门数。

为了反映某部门生产单位产品对相关部门产品的直接消耗,定义直接消耗系数如下:

$$a_{ij} = Z_{ij}/X_j \qquad (2)$$

直接消耗系数部门的技术水平、管理水平、部门内部的产品结构、价格的相对变动、需求与生产能力的利用程度等丰富的信息。

综合以上两个公式,可得:

$$\sum_{j=1}^{n} a_{ij}X_j + y_i = X_i \qquad (3)$$

由直接消耗系数的性质可得（I–A）可逆，于是：

$$X = (I-A)^{-1}y \tag{4}$$

$$L = (I-A)^{-1} \tag{5}$$

（4）是投入产出中最重要的模型，即列昂惕夫（Leontief）模型，反映了最终需求与总产出之间的关系。L是列昂惕夫（Leontief）逆矩阵，其元素l_{ij}表示部门j生产单位产品所需要部门i累计（包括直接和间接）投入的产品数量。

2. 单区域环境投入产出模型的发展及问题

投入产出模型表征了经济系统中不同部门间货物和服务的交流状况，为研究经济单元间的相互关联、相互依赖提供了有利的量化工具。环境拓展的单区域投入产出模型，是在单区域IO模型的基础上运用Leontief模型的原理，在模型中加入环境变量，使环境变量通过经济关系在部门间、地区间联系起来。由于投入产出模型可以清晰刻画产品基于投入（包括碳排放、能源、水资源）—产出（嵌入了隐含碳、隐含能、虚拟水）关系在各个部门间的流动，因此，该方法越来越广泛地应用于各个尺度和层面的隐含碳、隐含能及虚拟水等隐含环境影响研究中，如部门的隐含碳足迹，产品的隐含碳足迹，城市的虚拟水等。

将环境压力指标（即资源使用和污染物排放）作为投入产出表的卫星账户，我们可以构建环境投入产出模型。生产链中各部门的环境压力如下：

$$b = Rx \tag{6}$$

式中：b表示为了满足最终需求y，各部门在生产中产生的环境压力；R是环境压力系数行向量，元素为各部门单位货币产出所直接产生的环境压力，元素值由式（2）得到：

$$R_i = r_i/x_i \tag{7}$$

式中：元素R_i为部门i的环境压力系数；r_i为该部门的直接环境压力；x_i为该部门的总产出。

通过以上公式，经济系统环境压力与最终需求的关系描述如下：

$$B = R(I-A)^{-1}Y \tag{8}$$

式中，B表示经济系统产生的环境压力矩阵，$_{bij}$为B中的元素，表示每个经济部门在生产过程中部门自身及上游产业链引起的环境压力。Y为对角矩阵，对角元素$_{Yj}$，表示j部门产品及服务的最终需求量。

3. 区域间投入产出模型的发展及问题

区域间投入产出模型，由 Isard 首先建立，根据编表方式的不同，区域间投入产出模型可以分为 Interregional Input-Output Model（IRIO）和 Multiregional Input-Output Model（MRIO）两种。前者对基础数据的需求量非常大，要编制分地区、分部门的地区间产品流量矩阵，是一个流入非竞争型模型，编制非常困难。而 MRIO 则相应对数据资料要求较少，也得到广泛应用。比起单个地区的投入产出模型，MRIO 模型不仅可以反映区域内部各产业之间的经济关联，还可以系统全面地反映不同区域不同产业之间的产品流动，因此有研究开始将 MRIO 模型应用到隐含能、隐含碳和虚拟水等隐含环境影响的研究中，例如，碳足迹、土地利用、水足迹以及多足迹的环境影响综合评价。MRIO 相较于 SRIO（单区域投入产出）模型，优势在于联系了多个地区间的多个部门，更能从一个大的范围内考虑区域和贸易的因素，更为准确地计算环境足迹。

（二）城市隐含碳的多级区域尺度评估模型构建

现有大部分研究，只是将城市区域的隐含环境影响扩展到国家区域范围内，很少有扩展到世界区域上的研究。因此，本研究尝试将城市尺度的投入产出表与世界区域间投入产出表进行链接，将城市的产业关联拓展到世界尺度，以追溯城市的隐含碳排放在国家区域及世界范围内的流动。

1. 基于投入产出链接的多级区域尺度模型构建

多区域投入产出（MRIO）方法能系统地分析产品或服务的区域间流动中所隐含的生命周期的环境影响，能分析地区尺度和行业尺度上隐含环境账户的贸易关系和来源与去向，区分净生产者和净消费者，是可持续性评价、产业生态等研究领域的重要方法之一。目前有多个研究团队或组织发布了世界 MRIO 表，包括由 Tukker 等开发的 EXIOBASE、由欧盟资助的 WIOD 数据库、由Lenzen等开发的Eora数据库、由普渡大学团队开发的GTAP数据库以及来源于OECD的世界MRIO表等等。这些数据库各有优劣:GTAP和EXIOBASE数据库只涵盖少数时间节点;WIOD数据库涵盖1995—2001年连续时间序列数据,但是国家和部门分类比较粗略;Eora数据库涵盖1970—2013年间连续时间序列数据,但是数据质量与其他数据库差异较大。中科院地理资源所编制了《中国30省区市30部门地区间投入产出表》,有2007年和2010年两个版本,是目前可获取的最新、精度最高的中国省区间投入产出表。该表的国际进口和出口部分分别采用一行和一列的方式给出,保留了与世界MRIO表的接口,方便与国际MRIO表的链接,以建立多级区域尺度的全球投入产出(MSIO)模型。

中国是WIOD数据库的世界MRIO表中的一个部分,将世界MRIO表中的中国分解成30个省级尺度的MRIO表,而WIOD中的MRIO表中世界各个地区与中国的进出口贸易关系也将被分解成中国30个省级尺度的数据,从而构建成基于中国省级尺度的世界完整MRIO模型。将中国MRIO与世界MRIO进行链接,基于的假设前提是,中国各个省区和世界各国的贸易关系,与中国整体与世界各国的贸易关系一致。根据中国省区间MRIO表中的国际进口和出口数据,用WIOD中的MRIO表里中国大陆地区这个整体与世界各地区的贸易关系,来代表中国省区间MRIO里各地区与世界各地区的贸易关系,从而估算出图4-3中右上角和左下角的阴影部分。对于中间流量和最终需求部分,均采取这一种方法。同时,这种估算方法也在研究中有应用和论证。

本章以北京市为案例城市,构建北京市的多级区域尺度评估模型(MSIO)。由于在中国区域间投入产出表中,北京市作为一个单独的地区,只需将中国省区间MRIO表与世界MRIO表进行链接。综合比较多个数据库的特征及环境卫星账户的完整性,选取具有连续时间序列、35部门精度、41个地区并配套多种环境卫星账户的WIOD数据库与中国省区间MRIO表进行链接。基于2010年的数据,这两张表在部门划分精度上能较好地匹配中国的能源、水资源等统计数据,最终协调成20部门。链接后的MSIO表,主要有70个地区,本章根据研究需要,将地区进行了归并分类,详见下表4.1。具体的链接过程如下:

		中间需求						最终需求		总产出
		北京	……	新疆	澳大利亚	……	其他地区	北京	……	
中间投入	北京 …… 新疆	中国 MRIO 表			估算出口				估算出口	
	澳大利亚 …… 其他地区	估算进口			世界 MRIO 表			估算进口		
增加值										

图4-3　中国省区间MRIO与世界MRIO链接示意图

表4.1　城市的MSIO表中的地区分类

地区类别		地区
中国	北京地区	北京
	华北地区	天津、河北、山东
	东北地区	辽宁、吉林、黑龙江
	中部地区	山西、安徽、江西、河南、湖北、湖南
	中部沿海	上海、江苏、浙江
	南部沿海	福建、广东、海南
	东南地区	广西、重庆、四川、贵州、云南
	西北地区	内蒙古、陕西、甘肃、青海、宁夏、新疆
世界地区	俄罗斯	俄罗斯
	澳大利亚	澳大利亚
	巴西	巴西
	印度	印度
	印度尼西亚	印度尼西亚
	北美	美国、墨西哥、加拿大
	东亚	日本、韩国
	欧洲	奥地利、比利时、保加利亚、塞浦路斯、捷克、德国、丹麦、西班牙、爱沙尼亚、芬兰、法国、英国、希腊、匈牙利、爱尔兰、意大利、立陶宛、卢森堡、拉脱维亚、马耳他、荷兰、波兰、葡萄牙、罗马尼亚、斯洛伐克、斯洛文尼亚、瑞典、土耳其
	其他国家	世界其他国家

具体的链接方法：

对于中国省区间MRIO表中的每一个地区p的i部门出口到世界MRIO表中s地区的j部门的估算，采用世界MRIO表中中国C的i部门出口到s地区的j部门的量所占中国i部门的总出口的比重，来分解中国省区间MRIO中i部门的总出口量。

$$T_{ij}^{ps} = \frac{T_{ij}^{Cs}}{\sum_s \sum_j T_{ij}^{Cs}} \sum_s \sum_j T_{ij}^{ps} \tag{9}$$

式中：T_{ij}^{ps}是p地区（中国某省）的i部门出口到s地区j部门的流出量；T_{ij}^{Cs}指整个中国出口到s地区的值。公式的右边是用中国出口到s地区的量占中国总出口的比重乘以中国某省的总出口量。

对于各省从世界各地区的进口量T_{ij}^{sp}也采用相同的方法进行估算。对于中国省区间MRIO表与WIOD中世界MRIO表的部门不匹配，根据其从属关系在估算系数计算时进行合并或重复使用的方法处理，从而在MSIO模型中保留部门精度的完整性。例如，中国省区间MRIO表中将所有交通运输业合并为一个部门，而WIOD中的世界MRIO表则细分为水上、陆地、空运和其他四个部门，在估算中国各省出口到世界各地区的量时，在世界MRIO表中采用这四个部门的和占总量的和的比重来分解。在运用这个模型进行计算之后，采用协调矩阵将两种不同来源的部门分类方法合并为20部门。

2. 城市隐含碳的多级区域尺度评估模型

基于链接后的城市MSIO模型，本章建立了环境拓展的EE-MSIO模型，用于分析城市的进出口贸易在国家及世界跨尺度上引发的环境影响，本研究以碳排放为例。

假设把世界分为m个区域，则各个区域的总产出可以表示为：

$$x^r = A^{rr}x^r + y^{rr} + \sum_{s=1 \atop s \neq r}^{m} A^{rs}x^s + \sum_{s=1 \atop s \neq r}^{m} y^{rs} \tag{10}$$

与单区域投入产出平衡公式相比，除了包含了中间流量A^{rr}、x^r最终需求y^{rr}，还包括了从地区r流向其他地区的中间需求量$A^{rs}x^s$和最终需求量y^{rs}。

综合上述公式，得到m个地区的MRIO模型的矩阵形式：

$$\begin{pmatrix} x^1 \\ x^2 \\ x^3 \\ \vdots \\ x^m \end{pmatrix} = \begin{pmatrix} A^{11} & A^{12} & A^{13} & \cdots & A^{1m} \\ A^{21} & A^{22} & A^{23} & \cdots & A^{2m} \\ A^{31} & A^{32} & A^{33} & \cdots & A^{3m} \\ \vdots & \vdots & \vdots & \ddots & \vdots \\ A^{m1} & A^{m2} & A^{m3} & \cdots & A^{mm} \end{pmatrix} \begin{pmatrix} x^1 \\ x^2 \\ x^3 \\ \vdots \\ x^m \end{pmatrix} + \begin{pmatrix} \sum_s y^{1s} \\ \sum_s y^{2s} \\ \sum_s y^{3s} \\ \vdots \\ \sum_s y^{ms} \end{pmatrix} \qquad (11)$$

其中分块矩阵中的每一个子矩阵都表示不同区域之间的贸易流动关系:$A^{rs}=z^{rs}/X^s$表示地区 r 到地区 s 之间的工业生产流动,y^{rs} 表示指最终消费的流动。

计算经济活动的环境影响的最基本原理是用单位总产出的环境影响乘以总产出,而通过这个模型可以计算给定最终消费矩阵的环境影响量,以碳排放为例:

$$f^r = F^1 x^1 + F^2 x^2 + \cdots + F^m x^m \qquad (12)$$

其中 $F^r=GHG/x^r$ 表示地区 r 的单位总产出的环境影响量,即碳排放强度。

给出某一地区的最终消费矩阵和最终生产矩阵(包括本地生产供本地消费和出口到其他地区的最终产品),则可以分别从消费视角和生产视角计算某一区域的碳排放:

$$c^r = \begin{pmatrix} y^{1y} \\ y^{2,y} \\ y^{3y} \\ \vdots \\ y^{mr} \end{pmatrix} \qquad (13)$$

$$p^r = \begin{pmatrix} 0 \\ \vdots \\ 0 \\ y^{rr} + \sum_s y^{rs} \\ 0 \\ \vdots \\ 0 \end{pmatrix} \qquad (14)$$

其中，y^{rr}表示来自于本地区生产的地区r的最终消费部分，y^{rs}指r地区向s地区输入的最终产品，r是出口地区，s是进口地区。

运用MRIO模型，则通过最终生产矩阵可以求得生产视角的碳排放：

$$f_p^r = F(I-A)^{-1}p^r \qquad (15)$$

而通过最终消费矩阵可以求得消费视角的碳排放：

$$f_c^r = F(I-A)^{-1}c^r \qquad (16)$$

其中F为各区域的碳排放强度向量，A表示分块矩阵。

将上述二式中p^r和c^r都去掉本地生产用于本地最终消费部分y^{rr}，即

$$p^{rr} = c^{rr} = \begin{bmatrix} 0 \\ \vdots \\ 0 \\ y^{rr} \\ 0 \\ \vdots \\ 0 \end{bmatrix} \qquad (17)$$

通过（10）式或（11）式的计算，可以得出本地生产用于本地消费部分的碳排放f^{rr}。于是可以算出进口和出口的隐含碳排放：

$$IM = f_c^r - f^{rr} \qquad (18)$$

$$EX = f_p^r - f^{rr} \qquad (19)$$

其中IM和EX分别表示进口和出口的隐含碳排放。碳平衡量，定义为某地区的出口贸易隐含碳排放与该地区进口贸易隐含碳排放的差值，计算公式如下：

$$BEET = EX - IM = f_p^r - f_c^r \qquad (20)$$

当BEET为正值，说明所研究区域是一个碳净出口地（碳净生产者），反

之则为碳净进口地（碳净消费者）。

与碳排放（C）分析相似，同理可分析城市的进口贸易在国家及全球跨尺度上引起的其他隐含环境影响。

（三）数据来源

本章中，模型输入的碳排放清单数据模块，主要泛指温室气体（CO_2e），参照IPCC核算方法，主要包括能源活动及非能源活动（本章只考虑农业生产）引起的碳排放，分别从区域、国家、世界三个尺度进行核算，主要考虑CO_2、CH_4、N_2O三种温室气体。

其中，能源相关的碳排放指各产业部门一次化石能源消耗产生的温室气体，不包括二次能源（电力和热力）的消费。中国分地区分能源类型的消费数据，主要结合各省能源平衡表及统计年鉴处理后所得，各省的能源实物量能源平衡表来源于《中国能源统计年鉴》，其中有农业、工业、建筑业、交通运输、批发零售、住宿餐饮业、其他服务业以及居民生活消费的终端能源消费量；工业细分行业的能源消费数据来源于各省统计年鉴（仅规上工业部分），包括能源加工转化部门（电力、热力和燃气生产与供应业）的能源消费。

非能源相关的排放，主要考虑农业生产的温室气体排放，核算内容包括稻田甲烷排放及农用地氧化亚氮排放、动物肠道发酵甲烷排放和动物粪便管理甲烷和氧化亚氮排放。

世界各国分行业的碳排放数据，与中国分区域的碳排放核算范围一致，主要来自WIOD配套的环境卫星账户。

第三节　研究结果与政策建议

（一）整体分析

基于以上模型与方法，从生产和消费视角对北京市碳足迹进行核算（见图4-4）。所谓生产视角，是指从生产者责任的视角，核算北京市地理边界内的生产活动直接产生的碳排放；所谓消费视角，是指从消费者责任的视角，核算了北京市最终需求引起的本地直接碳排放以及边界外上游生产链隐含的间接碳排放。

2010年，北京市基于生产的碳排放总计98.93 Mt（百万吨）CO_2e，其中，生产本地所需商品和服务所引起的碳排放（50.49 $MtCO_2e$）占到51%，北京市通过商品和服务的对外贸易活动承担了消费区域的转移碳排放（48.44 $MtCO_2e$），占到总生产碳排放的49%，其中，国内出口贸易隐含碳（29.03 $MtCO_2e$）占到29%，国际出口贸易隐含碳（19.41 $MtCO_2e$）占到20%。

北京市2010年基于消费的碳排放总计210.31 $MtCO_2e$，其中，由本地生产供给本地消费的商品和服务引起的碳排放（50.49 $MtCO_2e$）仅占到24%，由其他区域输入到北京的商品和服务中隐含的碳排放，即北京市通过商品和服务的国内调入和国际进口转移的碳排放（159.83 $MtCO_2e$），占到消费碳排放的76%，其中，国内进口贸易隐含碳（136.59 $MtCO_2e$）占到65%，国际进口贸易隐含碳（23.24 $MtCO_2e$）占到11%。这表明，北京市76%的消费碳排放，是发生在城市地理边界之外的，这一发现与已有研究结果是一致的（即北京超过70%消费碳排放是发生在城市边界外）。此外，还可看出北京市的国内贸易对该地区的碳排放较之国际贸易的影响更大，其贸易隐含碳排放的失衡现象更为明显。

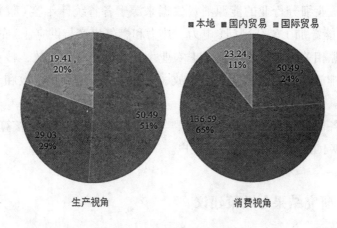

图4-4　2010年北京市基于生产和消费视角的碳排放结构（$MtCO_2e$）

基于以上模型与方法，开展了北京与"一带一路"沿线国内区域及典型国家进出口贸易中的隐含碳排放总体规模评估如表4.2所示。北京生产并向"一带一路"沿线国内区域出口的商品隐含的碳足迹达到29.03 $MtCO_2e$，占北京总出口隐含碳（48.44 $MtCO_2e$）的60%，沿海地区是碳足迹主要出口地区，占到国内总出口隐含碳的44%，如图4-5所示。北京市向"一带一路"沿线典型国家的出口碳足迹，仅为2.57 $MtCO_2e$，占北京总出口隐含碳（48.44 $MtCO_2e$）的

5%，相当于北京市出口到西南地区的碳足迹量。北京市的进口隐含碳中，由"一带一路"国内区域生产并由北京进口的商品隐含碳达到136.59 MtCO$_2$e，占北京总进口隐含碳（159.83 MtCO$_2$e）的85%，东北地区是主要的隐含碳国内进口地区，占到国内总进口隐含碳的42%，如图4-5所示。北京市由"一带一路"沿线典型国家的进口碳足迹，仅为5.45 MtCO$_2$e，占北京总进口隐含碳（159.83 MtCO$_2$e）的3%，相当于北京市由西南地区进口的隐含碳足迹量。

表4.2　北京市对"一带一路"沿线国内区域及典型国家碳足迹的总体规模（MtCO$_2$e）

地区类别	出口	进口	净出口
西北地区	3.03	24.20	−21.17
东北地区	5.33	57.89	−52.56
西南地区	2.75	5.09	−2.34
沿海地区	12.86	29.16	−16.30
内陆地区	5.06	20.25	−15.19
俄罗斯	0.44	2.11	−1.66
韩国	0.81	1.57	−0.77
印度尼西亚	0.33	0.55	−0.22
印度	0.61	0.92	−0.32
中东欧	0.38	0.29	0.09
其他所有国家	16.84	17.79	−0.95
合计	48.44	159.83	−111.39

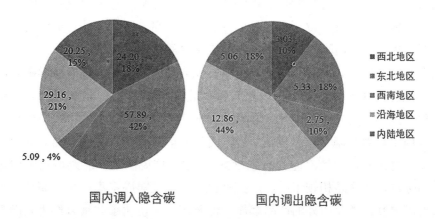

国内调入隐含碳　　　国内调出隐含碳

图4-5　北京市2010年在"一带一路"国内区域调入和调出隐含碳排放结构

作为能源消费密集的超一线城市的北京，是典型的碳净进口地区（碳净消费者），并且碳净进口量最大。这说明了北京市净转移的碳排放在中国各省区间的比较来看是最大，这也证实了北京市的城市特点：典型的消费型城市在自身需求满足的同时，将需求驱动的隐含碳排放转移给了其他地区。2010年北京市处于2008年奥运后的发展时期，北京市的产业结构有所调整，随着一些制造业及耗能行业的搬迁，如首钢搬迁到曹妃甸、迁安等，是北京市成为最大碳净消费者的原因之一。随着近年京津冀集群发展的政策导向，北京的产业结构会大规模调整，北京更专注于发挥作为首都的政治文化中心、国际交流中心、科技创新中心的职能，通过贸易方式满足自身最终需求，通过隐含碳排放转移的方式，将上游生产链隐含的碳排放负荷转嫁给国内其他区域。随着雄安新区及"一带一路"倡议的推进，北京市的产业政策会有更大调整，所以对于这种典型的消费型城市来说，需要从消费者责任的视角，加深北京市与其他地区间的隐含碳排放联系的认识和理解，有利于从区域层面协调解决城市的碳减排问题。

为了反映中国各个省份在国内及国际贸易中的进出口隐含碳强度水平及各省份的人均GDP水平，本章对比分析了中国各省贸易隐含碳排放强度及人均GDP。对于中国整体来说，国际出口隐含碳排放强度是1.48 tCO_2e/万元，是国际进口隐含碳强度的2倍，这说明了中国出口的产品以碳密集产品为主，处于生产供应链的前端，而国外的终端消费者通过产品的进口将隐含碳排放转移到了生产地中国。2010年人均GDP小于国家平均水平（3.28万元/人）的省份中，进口强度和出口强度差异很大，这些省份的国际出口强度平均值为5.23 tCO_2e/万元，是国际进口强度的5倍，这进一步说明中国的高碳密集产品以国际出口为主，主要集中在经济不发达的省份。而对于中国最发达的省份，如上海、北京、天津、江苏和浙江，国内进口隐含碳强度最高，说明这些省份主要以国内进口高碳密集产品为主。北京市的人均GDP位列全国第二，国内贸易中，国内进口贸易隐含碳强度是1.56 tCO_2e/万元，是国内出口贸易隐含碳强度的4倍；国际进口贸易隐含碳强度是0.80 tCO_2e/万元，是国际出口贸易隐含碳强度的1.5倍。这说明了，北京市在国内进口和国际进口的产品相较于出口产品来说，都是相对碳密集产品，而从北京出口到国内其他省及国外的产品都属于低碳产品，说明了北京市作为碳净消费者来说，处于生产供应链的末端，将隐含碳排放都转移到了产品生产地。

（二）碳足迹在国内区域空间分配

为了精细追踪北京市在国内区域空间上的调入和调出隐含碳，本节进一步探讨了北京市与中国各省份的隐含碳流动情况。

北京市在国内区域空间上的调入和调出隐含碳流动格局差异非常大。本节重点关注隐含碳调入和调出的前五个主要省份，详见表4.3所示。52.24%的国内调入隐含碳排放集中在河北、内蒙古、山西、山东、江苏这五个省份，这个现象的原因，一方面取决于地理区位优势，这些省份都是北京周边省份，另一方面取决于这些省份的经济结构特点：内蒙古和山西能源、矿产资源等资源丰富，是全国煤炭资源的集中输出省份；河北、山东、江苏都属于经济规模大省，这些省份产业基础较好，重化工所占比例高，河北是铁矿等初级品及钢材输出大省，山东省是制造业和农业大省，江苏省是加工贸易大省。这些省份通过向北京输出初级产品和成品及服务，满足北京市的最终需求，从而承担着北京市最终需求引起的隐含碳排放转移。

38.41%的国内调出隐含碳排放集中在江苏省、天津市、上海市、河北省、河南省，总量为11.14MtCO$_2$e，仅为国内调入前五省份的隐含碳的16%。与北京市的国内调入碳排放空间格局比较来看，前五省份差异非常大，共同省份仅有河北，北京市调出碳排放主要流向了江苏、天津、上海这些经济发达的省区，这与北京市的产业结构特点有关，北京市输出的高附加值的产品和服务多流向这些省区，以满足这些区域的消费需求，从而承担着这些区域的隐含碳排放转移。

可以得出结论：北京市在国内贸易中调出隐含碳排放与调入隐含碳排放数量不同，整体上北京市的调入隐含碳排放是调出隐含碳排放的4.7倍。在区域层面，北京市的调入隐含碳有63%来自东北（42%）和沿海地区（21%），这些区域通过向北京输出大量能源初级产品、原材料产品和服务，以满足北京市的最终需求，从而承担着北京市的隐含碳转移；北京市的调出隐含碳中80%流向了沿海（42%）、东北（18%）和内陆地区（18%），北京市通过向这些区域输出高附加值产品和服务，满足这些区域的消费需求，从而承担着这些区域隐含碳的转移。在具体省份上，52%的调入隐含碳排放集中来自河北、内蒙古、山西、山东、江苏，而38%的调出隐含碳排放流向了江苏、天津、上海、河北、河南。

表4.3　北京市国内贸易隐含碳的前五省份

调入省份	调入碳排放（MtCO₂e）	调入比例	调出省份	调出碳排放（MtCO₂e）	调出比例
河北省	22.86	16.74%	江苏省	3.02	10.42%
内蒙古自治区	21.10	15.44%	天津市	2.28	7.86%
山西省	12.56	9.20%	上海市	2.13	7.32%
山东省	7.79	5.70%	河北省	2.11	7.28%
江苏省	7.04	5.16%	河南省	1.60	5.53%
小计	71.35	52.24%	小计	11.14	38.41%

（三）碳足迹在国际区域空间分配

为了精细追踪北京市在国际区域空间上的进口和出口隐含碳，本节进一步探讨了北京市与国际区域的隐含碳流动情况（不考虑其他国家的影响），北京市在世界39个国家及地区（不含其他国家）的进口和出口隐含碳分别占总国际进口及出口隐含碳的60%和78%。

表4.4　北京市国际贸易隐含碳的前四地区

进口地区	进口碳排放（MtCO₂e）	进口比例（不含其他国家）	出口地区	出口碳排放（MtCO₂e）	出口比例（不含其他国家）
俄罗斯	2.11	15.10%	美国	4.49	29.52%
美国	1.93	13.84%	日本	1.63	10.73%
韩国	1.57	11.29%	德国	1.01	6.62%
日本	1.19	8.56%	澳大利亚	0.83	5.43%
小计	6.80	48.79%	小计	7.96	52.3%

北京市在国际区域空间上的进口和出口隐含碳流动格局差异非常大。本节重点关注国际贸易隐含碳进口和出口的前四个主要地区，详见表4.4所示。48.79%的国际进口隐含碳排放（不含其他国家）集中在俄罗斯、美国、韩国、日本。这个现象的原因，一方面取决于地理区位优势，俄罗斯、韩国、

日本。与北京市都相对较近，另一方面，就是这些国家及地区的经济结构特点：俄罗斯作为能源大国，为中国输送石油及天然气等能源资源；日本和韩国是制造业大国；美国作为世界第一大经济体。这些国家通过向北京出口初级能源产品、成品及服务，满足北京市的最终需求，从而承担着北京市最终需求引起的隐含碳排放转移。

52.3%的国际出口隐含碳排放（不含其他国家）集中在美国、日本、德国、澳大利亚。与北京市的国际进口碳排放空间格局比较来看，前四地区共同贸易经济体有美国、日本，说明北京市与这两个国家通过贸易引起的隐含碳流动比较紧密，除此，北京的出口碳排放也流入了德国和澳大利亚，这说明这两个国家通过从北京市进口产品和服务，满足自身最终需求，从而将隐含碳转移到了北京。

可以得出结论：北京市在国际贸易中出口隐含碳排放与进口隐含碳排放数量相差不大，其进口隐含碳排放略大于出口隐含碳排放，在国际贸易中仍侧重于消费型特点。与北京市贸易往来最为密切的经济体是东亚、北美地区，对于"一带一路"沿线典型国家，俄罗斯和韩国是北京市的较大贸易经济体，国际进口隐含碳中将近37%（不含其他国家）来自这两个国家，而对于北京市国际出口隐含碳中，韩国是北京市生产隐含碳的主要出口国，位于国际出口国家的第五位。

（四）产业结构分析

本节分别从生产视角和消费视角，对北京市各产业部门的隐含碳排放结构进行分析，如下图4-6所示。

从生产视角看，主要部门是电力热力、交通及采矿业部门，这些部门是北京市在国内及国际出口贸易隐含碳研究中的主要输出部门，北京市通过向国内其他省市及国际地区输出产品和服务，承担着消费地区转移的隐含碳排放。在"一带一路"沿线贸易中，主要出口的国内区域是沿海地区，"一带一路"沿线典型出口国家是韩国和印度。

从消费视角看，主要部门是其他服务业、建筑业及电力热力部门，这些部门是北京市在国内及国际进口贸易隐含碳的主要输入部门，北京市通过从国内其他省市及国际地区进口产品和服务，从而将隐含碳排放进行了转移。在"一带一路"沿线国内地区及典型国家中，其他服务业、建筑业及电力热

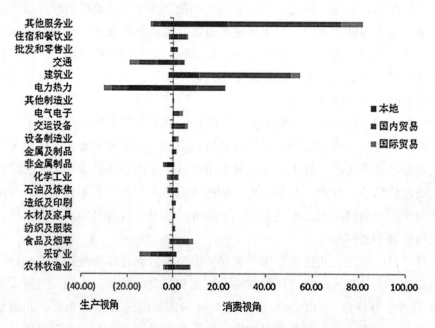

图4-6 北京市2010年生产视角和消费视角的产业隐含碳排放构成（MtCO₂e）

力部门的主要国内进口区域是东北、西北和沿海地区，这三个部门的主要国内进口隐含碳分别占国内总进口隐含碳的81%、85%和95%；这三个部门在"一带一路"沿线典型国家的进口隐含碳分别占总国际进口隐含碳的25%、26%和26%，典型进口国家是韩国和印度。

北京市2010年各产业部门的进出口贸易隐含碳排放见列表4.5。从表中可见，隐含碳净出口部门是采矿、非金属制品和交通行业，说明这些部门通过产品输出给消费区域，承担着消费区域的隐含碳转移。典型的隐含碳净进口部门主要有：其他服务业、建筑业、食品及烟草业、农林牧渔业、交运设备、电气电子、住宿和餐饮业、电力热力业等，这是因为城市需要从外界调入食物、能源、水泥、水等主要物质以满足自身的最终需求，从而将消费驱动的隐含碳转移到上游生产地。北京市的其他服务业和建筑业进口隐含碳中，84%以上转移到了国内区域，食品及烟草的进口隐含碳一半以上转移到了国际区域。

表4.5 2010年北京市各产业部门的贸易隐含碳排放（$MtCO_2e$）

序号	部门	出口合计	进口合计	净出口
S1	农林牧渔业	2.27	6.91	−4.64
S2	采矿业	8.34	0.62	7.72
S3	食品及烟草	0.83	8.19	−7.36
S4	纺织及服装	0.3	0.9	−0.60
S5	木材及家具	0.04	0.88	−0.84
S6	造纸及印刷	0.21	1	−0.79
S7	石油及炼焦	1.6	1.98	−0.38
S8	化学工业	1.75	2.17	−0.42
S9	非金属制品	1.85	0.21	1.64
S10	金属及制品	0.28	1.1	−0.82
S11	设备制造业	0.48	2.13	−1.65
S12	交运设备	0.76	5.87	−5.11
S13	电气电子	0.24	3.83	−3.59
S14	其他制造业	0.08	0.2	−0.12
S15	电力热力	10.53	12.79	−2.26
S16	建筑业	0.22	43.79	−43.57
S17	交通	12.22	2.99	9.23
S18	批发和零售业	0.77	1.52	−0.75
S19	住宿和餐饮业	1.06	4.48	−3.42
S20	其他服务业	4.62	58.27	−53.65
合计		48.44	159.83	−111.39

（五）结论及政策启示

城市作为一个开放系统，承担多层次角色：一个完整的生态系统、区域的一个子系统、国家的一部分、全球的一节点。与多层次角色相对应，城市系统应逐渐拓展到多尺度层面（如全球、国家、区域、当地），城市的消费型属性决定了城市需要通过国内外进口贸易，满足城市所需的商品和服务等功能需求，这就造成了生产和消费环节的地理分离，导致了生产过程中的环境足迹由消费地转移到由生产地承担，所以对于城市来说，只从生产责任视角关注地理边界内的环境影响是无法真正解决城市所面临的复杂环境问题。因此本章通过建立城市的 EE-MSIO 模型，将城市拓展到国家、世界全球价值链系统，评估了北京在"一带一路"沿线国内区域及典型国家贸易中的隐含碳排放转移，主要结论如下：

（1）北京市消费视角产生的碳排放是生产碳排放的2.12倍，是典型的隐含碳净进口地区，符合国家大都市典型消费型特点，在自身需求满足的同时，将需求驱动的隐含碳排放转移给了其他地区。北京市的国内进口和国际进口隐含碳强度均高于出口强度，说明北京市的进口产品以碳密集为主，而从北京出口到国内其他省及国外的产品以低碳产品为主，说明了北京市作为碳净消费者来说，处于生产供应链的末端，将隐含碳排放都转移到了产品生产地，这种贸易结构有利于北京市碳减排。

（2）北京市76%的消费隐含碳是发生在城市地理边界之外，国内区域是主要隐含碳进口地，占到65%，东北地区是主要的隐含碳国内进口地区。在具体省份上，52%的国内进口隐含碳排放集中来自河北、内蒙古、山西、山东、江苏，这些区域通过向北京输出大量能源初级产品、原材料产品和服务，以满足北京市的最终需求，从而承担着北京市的隐含碳转移。

（3）北京市的国内出口隐含碳中80%流向了沿海（42%）、东北（18%）和内陆地区（18%），北京市通过向这些区域输出高附加值产品和服务，满足这些区域的消费需求，从而承担着这些区域隐含碳的转移。在具体省份上，38%的国内出口隐含碳排放流向了江苏、天津、上海、河北、河南。

（4）北京市在国际贸易中仍侧重于消费型特点。与北京市贸易往来最为密切的经济体是东亚、北美地区，相对于"一带一路"沿线典型国家，俄罗斯和韩国是北京市的较大贸易经济体，国际进口隐含碳中将近37%（不含其他国家）来自这两个国家，而对于北京市国际出口隐含碳中，韩国是北京市生产隐含碳的主要出口国，位于国际出口国家的第五位。

（5）北京市隐含碳净出口部门是采矿、非金属制品和交通行业，说明这些部门通过产品输出给消费区域，承担着消费区域的隐含碳转移。典型的隐含碳净进口部门主要有：其他服务业、建筑业、食品及烟草业、农林牧渔业、交运设备、电气电子、住宿和餐饮业、电力热力业等,这是因为城市需要从外界调入食物、能源、水泥、水等主要物质以满足自身的最终需求,从而将消费驱动的隐含碳转移到上游生产地。北京市的其他服务业和建筑业进口隐含碳中,84%以上转移到了国内区域,食品及烟草的进口隐含碳一半以上转移到了国际区域。

城市化的快速发展,城市人口的持续增加,使得城市成为生产和消费活动的高度聚集区,城市面临着水资源短缺、能源危机及全球气候变化等严峻挑战。环境问题的跨域性和流动性决定了其跨域治理的特点,决定了城市建设过程中必须把环境问题放在整个区域进行谋划、分析并加以解决。目前我国城市建设过程中仍未扭转环境恶化的势头,究其原因,主要是当前的环境治理采取的是就防治谈防治的临时性措施,尚未改变城市的资源和能源结构,尚未突破生态文明建设的体制性障碍,尚未建立起协同治理环境根源性问题的体制机制,现行的环境管理体制和运行机制的权威性和有效性还远远不够。正是这种体制机制的障碍,使得以城市行政区划为界的环境治理思路和措施违背了环境整体性治理规律,单一城市在环境治理问题上陷入"治理失灵"的困境,导致跨区域环境的破坏和失衡,催生了大量跨越行政区域、跨公共部门的环境公共问题的出现。因此,解决跨域环境问题,就需要破除行政区划的界限藩篱,加强资源—环境—生态协同手段,从整体角度重新思考和探索城市环境协同治理模式。

城市该如何进行适应碳减排约束下的发展转型,已成为当前城市的环境管理核心目标。北京市作为典型的国际大都市,是典型的隐含碳净消费者,处于生产供应链的末端,将隐含碳都转移到了产品生产地,这种贸易结构有利于北京市当地的碳减排,但是从全球环境问题来说,需要城市从消费者责任及全产业链系统综合地考虑环境足迹问题。这就要求城市管理者转变传统思路,实现两个转变:第一,从生产者视角向消费者视角转变,注重消费结构及消费方式的绿色化及低碳化调整;第二,从城市单区域调控向加强城市与周边区域的协调管控转变,精准追踪关键产业部门在全球价值链的要素流动,注重区域间贸易结构调整。

参考文献

[1] AGUIAR A, NARAYANAN B, MCDOUGALL R. An overview of the gtap 9 data base [J] . Joural of Global Economic Analysis, 2016, 1: 181-208.

[2] FENG K, DAVIS S, SUN L, et al. Outsourcing CO2 within China [J] . Proceeding of the National Academy of Sciences, 2013, 110: 11654-11659.

[3] FENG K, HUBACEK K, SIU YL, LI X. The energy and water nexus in chinese electricity production: a hybrid life cycle analysis [J] . Renewable & Sustainable Energy Review, 2014, 39 (6) : 342-355.

[4] HU Y, LIN J, CUI S, KHANNA N Z. Measuring urban carbon footprint from carbon flows in the global supply chain [J] . Environmental Science & Technology, 2016, 50 (12) .

[5] ISARD W. Interregional and regional input-output analysis: a model of a space-economy [J] . The Review of Economics and Statics, 1951, (33) : 318-328.

[6] LENZEN M, KANEMOTO K, MORAN D, Geschke A. Mapping the structure of the world economy [J] . Environmental science & technology, 2012, 46 (15) .

[7] LEONTIEF W. Input-output analysis as an alternative to conventional econometric models [J] . Mathematical Social Sciences, 1993, 25 (3) : 306-307.

[8] LEONTIEF W. Quantitative input and output relations in the economic systems of the United States [J] . Review of economic statistics, 1936, 18 (3) : 105-125.

[9] LEONTIEF W. Recent developments in the study of inter industrial relationships [J] . American Economic Review, 1949, 39 (3) : 211-225.

[10] LIU Z, DAVIS S, FENG K, et al. Targeted opportunities to address the climate-trade dilemma in China [J] . Nature climate change, 2015, 6 (2) : 201-206.

[11] MENG F, LIU G, HU Y, et al. Urban carbon flow and structure analysis in a multi-scales economy [J] . Energy policy, 2018, 121: 553-564.

[12] MENG FX, LIU GY, YANG ZF, Hao Y, Zhang Y, Su MR, Ulgiati S. Structural analysis of embodied greenhouse gas emissions from key urban materials: A case study of Xiamen City, China [J] . Journal of Cleaner Production, 2016.

[13] MI Z, MENG J, GUAN D, et al. Chinese CO2 emission flows have reversed since the global financial crisis [J] . Nature communications, 2017, 8 (1) : 1712.

[14] OITA A, MALIK A, KANEMOTO K, GESCHKE A, NISHIJIMA S, LENZEN M. Substantial nitrogen pollution embedded in international trade [J] . Nature Geoscience, 2016, 9 (2) : 111.

［15］ PETERS G P, ANDREW R, LENNOX J. Constructing an environmentally-extended multi-regional input–output table using the GTAP database［J］. Economic Systems Research, 2011, 23（2）: 131-152.

［16］ PETERS G P. From production-based to consumption-based national emission inventories［J］. Ecological Economics, 2008, 65（1）: 13-23.

［17］ TIMMER M P, DIETZENBACHER E, LOS B, STEHRER R, VRIES G J D. An illustrated user guide to the world input–output database: the case of global automotive production［J］. Review of International Economics, 2015, 23（3）: 575–605.

［18］ TUKKER A, KONING A, WOOD R, HAWKINS T, LUTTER S, ACOSTA J. Exiopol–development and illustrative analyses of a detailed global MR EE SUT/IOT［J］. Economic Systems Research, 2013, 25（1）: 50-70.

［19］ UN. UN 2014 Revision of World Urbanization Prospects［R］. United Nations: New York, NY, USA, 2014.

［20］ ZHAO X, YANG H, YANG ZF, CHEN B, QIN Y. Applying the input-output method to account for water footprint and virtual water trade in the Haihe River basin in China［J］. Environmental science & technology, 2010, 44（23）.

［21］ 陈锡康, 杨翠红. 投入产出技术［M］. 北京: 科学出版社, 2011.

［22］ 国家信息中心. 中国区域间投入产出表［M］. 北京: 社会科学文献出版社, 2005.

［23］ 计军平, 刘磊, 马晓明. 基于EIO-LCA模型的中国部门温室气体排放结构研究［J］. 北京大学学报: 自然科学版, 2011, 47（4）: 741-749.

［24］ 孟凡鑫, 李芬, 刘晓曼等. 中国"一带一路"节点城市CO_2排放特征分析［J］. 中国人口·资源与环境, 2019, 29（1）: 32-39.

第五章 ———————————————————————————

中国及"一带一路"沿线典型国家贸易隐含碳转移研究 [①]

第一节 引言

近年来,"一带一路"倡议从理念转化为行动,全球开放性进一步推动全球贸易与合作,隐含环境影响在中国与"一带一路"沿线贸易国家之间,伴随着大量商品的交换,发生区域间转移。从消费者责任的视角来看,消费是生产的驱动力,消费者应该承担生产过程中的环境负担,如果环境负担由另一区域的生产者承担,则认为环境负担发生了区域间转移,属于隐含环境负担转移模式。

中国作为世界第一大贸易国和温室气体排放国,有相当一部分碳排放是源于生产出口商品的加工贸易。对于中国与"一带一路"沿线国家间贸易隐含碳的转移研究,已得到学者关注,而对于国内分区域的隐含碳在"一带一路"沿线的转移模式探索,还尚处空白。从以往研究中可以发现,"一带一路"国内节点城市单位 GDP 碳强度从东部沿海到西北地区呈递增趋势,与区域能源供需现状及贸易结构相关,通过产品的进出口贸易,呈现了隐含碳排放从"一带一路"东部向中西部转移的格局,影响了国内隐含碳排放的区域格局。因此,探索中国及国内分区域对"一带一路"沿线典型国家的贸易隐含碳转移模式,对于绿色"一带一路"建设非常重要。

国际贸易碳排放问题受到研究者和政策制定者的广泛重视,投入产出

---

① 该研究成果已发表在《中国人口·资源与环境》2019年第29期第4卷,18-26页。
孟凡鑫,苏美蓉,胡元超,夏昕鸣,杨志峰.中国及"一带一路"沿线典型国家贸易
隐含碳转移研究[J].中国人口·资源与环境,2019,29(4):18-26。

分析是量化评估贸易隐含碳的重要方法，既能提供一个实体消费活动的生命周期碳排放信息，又能量化生产与消费隐含碳排放的相互依存关系。投入产出分析用于贸易隐含碳的研究主要分为三类：单区域投入产出（Single Region Input-Output，SRIO）模型、双边贸易投入产出（Bilateral Trade Input-Output，BTIO）模型以及多区域投入产出（Multi-Region Input-Output，MRIO）模型。具体而言，早期研究常用的SRIO模型，常基于"进口替代效应"假设，核算一国或地区与所有贸易伙伴整体的贸易隐含碳，这种同质性假设无法反映进口产品的具体来源，而不同来源地技术水平的差异性对进口贸易隐含碳核算结果会产生很大的不确定性；BTIO模型主要用于核算双边贸易隐含碳，由于考虑具体贸易伙伴国，不存在国内技术假设引起的结果误差，但是该模型未考虑进口产品中作为中间投入部分；现有研究中较为常用的MRIO模型，不仅考虑了技术异质性，即不同地区的生产技术并不相同，还将进口产品分为中间投入和最终需求两部分，使计算结果更为准确。随着近年来《中国多区域投入产出表》的陆续编制与发布，以及多种全球投入产出数据库的开放，研究者基于可获取的MRIO数据资源，广泛开展中国区域间及全球国家间的贸易隐含碳转移研究。

"一带一路"倡议在促进全球经济繁荣的同时，随着沿线国家大量基础设施的建设，对中国高耗能产业的需求也会增大，很可能会增加温室气体排放，这主要是由于能源结构中新能源占比较小，这些增长的能源需求大多由煤炭等高碳排的传统能源供应。国内学者针对"一带一路"大背景下的碳排放话题，阐述了绿色发展的重要性并进行战略思考，建设性地提出了气候变化工作的新方向和国际合作的建议，也提供了地区案例的绿色经济发展经验，取得了多方面的重要进展。目前的定量研究集中在碳排放量和排放效率的评价、绿色发展水平的评价，较少有综合分析中国与"一带一路"沿线国家的进出口贸易关系的隐含碳排放的研究。李清如运用GTAP数据库，构建了世界140个国家和地区的经济贸易关系，并运用MRIO的方法分别分析了中国和日本与"一带一路"沿线国家之间的贸易隐含碳的差异及其影响因素，揭示了中国贸易隐含碳由净进口转变为净出口的过程。

本章基于多区域投入产出方法，采用投入产出表链接技术，将中国区域间的投入产出表与世界地区间投入产出表进行链接，建立"区域—国家—世界"多级尺度嵌套的投入产出模型，精准追踪"一带一路"倡议下隐含碳在国内地区、国家及全球区域尺度上的流动及转移路径，试图探索中国及国内分区域与"一带一路"沿线典型国家之间，隐含在产品和服务贸易过程中的碳排放流动格局。具体来说，拟回答以下三个问题："一带一路"沿线典型国家最终需求拉动的中国及国内各区域的隐含碳排放有多少？中国哪些区域是这些隐含碳排放最主要的来源地及目的地？在区域隐含碳流动格局背后的重点驱动产业有哪些？在中国与"一带一路"沿线国家的双边贸易即将快速增长的背景下，回答这些问题可为"一带一路"沿线国家和国内地区的低碳建设、碳减排策略以及构建绿色供应链提供科学依据，具有重大的现实意义。

第二节　研究模型及研究范围

本章基于链接后的MSIO表，建立了环境拓展的多级尺度嵌套的全球投入产出模型（EE-MSIO），具体链接技术、研究方法及数据来源，参见第四章第二节模型构建。

"一带一路"是全球开放性区域合作倡议，因此，在界定"一带一路"沿线国家时，并没有具体的空间界定。由于数据可得性及可比性等原因，在本章构建的EE-MSIO模型中，包括中国30个省（市、自治区）、世界40个国家及地区（含ROW），并建立了与这些地区分类相匹配的分行业碳排放数据库。在中国内部，根据2015年国家发改委、外交部、商务部联合发布的《推动共建丝绸之路经济带和21世纪海上丝绸之路的愿景与行动》明确提出的"一带一路"六大经济走廊及21世纪海上丝绸之路路线，将中国研究区域划分为五大区域。在世界地区中，选取14个分布于四大国际区域的"一带一路"沿线典型国家，作为重点研究对象。具体的研究范围和地区分类如表5.1所示。

表5.1　"一带一路"沿线典型研究范围

范　围	分　类	具体地区
中国"一带一路"典型节点省份	西北地区（6）	山西、陕西、甘肃、青海、宁夏、新疆
	东北地区（6）	北京、河北、内蒙古、辽宁、吉林、黑龙江
	西南地区（3）	广西、贵州、云南

（续表）

范　围	分　类	具体地区
中国"一带一路"典型节点省份	沿海地区（8）	天津、上海、江苏、浙江、福建、山东、广东、海南
	内陆地区（7）	安徽、江西、河南、湖北、湖南、重庆、四川
"一带一路"沿线典型国家及区域	东北亚（2）	俄罗斯、韩国
	东南亚（1）	印度尼西亚
	南亚（1）	印度
	中东欧（10）	保加利亚、捷克、爱沙尼亚、匈牙利、立陶宛、拉脱维亚、波兰、罗马尼亚、斯洛伐克、斯洛文尼亚

注：（　）内数字代表该区域大类所涵盖的具体地区数目。

第三节　研究结果及政策建议

（一）中国与"一带一路"沿线典型国家进出口贸易隐含碳总体规模

基于上述模型和数据，首先对中国与"一带一路"沿线典型国家进出口贸易中的隐含碳排放总体规模进行评估。2010年，中国生产并向"一带一路"沿线典型国家出口的商品中隐含碳排放达到228.85 $MtCO_2e$，占中国向"一带一路"沿线所有国家出口隐含碳（621.95 $MtCO_2e$）的37%，占中国总出口隐含碳（1655.46 $MtCO_2e$）的14%，韩国和印度是中国隐含碳的主要出口国家。沿线典型国家生产并由中国进口的商品中隐含碳排放达到171.56 $MtCO_2e$，占中国从"一带一路"沿线所有国家进口隐含碳（321.66 $MtCO_2e$）的53%，占中国总进口隐含碳（752.09 $MtCO_2e$）的23%，俄罗斯是中国的主要隐含碳进口国。中国对"一带一路"沿线典型国家贸易隐含碳的总体规模如表5.2所示。

表5.2　中国对"一带一路"沿线典型国家贸易隐含碳的总体规模/$MtCO_2e$

类　别	中国出口隐含	中国进口隐含	隐含净出口
俄罗斯	47.62	68.49	−20.88
韩国	61.44	42.99	18.46
印度尼西亚	27.57	18.30	9.27

（续表）

类　别	中国出口隐含	中国进口隐含	隐含净出口
印度	60.00	32.95	27.06
中东欧	32.22	8.83	23.39
"一带一路"典型国家合计	228.85	171.56	57.30
"一带一路"国家合计	621.95	321.66	300.29
世界所有国家合计	1655.46	752.09	903.38

在隐含碳平衡方面，整体来说，中国是隐含碳净出口国，并且对"一带一路"沿线典型国家总体也是隐含碳净出口国家（2010年），由于出口的商品由中国本国国内生产并承担相应的碳排放，进口商品则由来源国国内生产并承担相应的碳排放，这意味着，中国在与"一带一路"沿线典型国家进行贸易时，国内生产用于出口的隐含碳排放大于国外生产进口到国内的隐含碳排放，属于隐含碳的"国内承担、国外消费"模式。但是相对俄罗斯来说，中国属于隐含碳净进口国家，意味着中国在与俄罗斯进行贸易时，属于隐含碳的"国内消费、国外承担"模式。

（二）中国与"一带一路"沿线典型国家进出口贸易隐含碳区域格局分析

在中国沿海、东北、内陆、西北及西南地区的出口贸易隐含碳依次减少。据调查，出口到"一带一路"沿线典型国家的隐含碳排放量（$MtCO_2e$）分别为105.27、47.74、40.80、21.52和13.53，分别占这些区域国内外总出口隐含碳的8%、5%、4%、4%、4%。中国出口到韩国、印度、俄罗斯、中东欧和印度尼西亚的隐含碳排放依次减少，其中韩国是西北、东北和西南地区主要的隐含碳出口国家，印度是沿海和内陆地区主要的隐含碳出口国家。

沿海、东北、内陆、西北及西南地区的进口贸易隐含碳依次减少，由"一带一路"沿线典型国家进口到这些地区的隐含碳分别为75.94、33.95、38.46、13.61和9.60 $MtCO_2e$，其比例分别占该区域总国内外进口隐含碳的5%、6%、6%、4%、5%。俄罗斯是中国最大的隐含碳进口国，约为68.49$MtCO_2e$，其中进口到沿海地区的隐含碳约为30.11$MtCO_2e$。由韩国进口到中国的隐含碳约为42.99$MtCO_2e$，而来自于印度、印度尼西亚和中东欧的进口隐含碳依次减少。

在隐含碳平衡方面，整体上来说，国内区域除了沿海地区外，其他地区都是隐含碳净出口地区。这说明这些地区在与国内外区域进行贸易时，本地生产碳排放大于消费碳排放，属于隐含碳的"本地承担、外地消费"模式，其中沿海地区是每个地区的隐含碳最大的净出口区域。但是，这些地区并不是相对所有地区都是隐含碳净出口，例如西北地区相对于内陆地区、俄罗斯，东北地区相对西北地区、俄罗斯，西南地区相对于西北、东北、俄罗斯，内陆地区相对于东北、西南和俄罗斯，都属于隐含碳净进口地区，意味着这些地区彼此间进行贸易时，本地生产碳排放小于消费碳排放，属于隐含碳的"本地消费、外地承担"模式。中国的五个区域与五个"一带一路"沿线地区的隐含碳贸易中，最大的隐含碳净进口是俄罗斯进口到沿海地区（7.51 $MtCO_2e$），最大的净出口为沿海地区出口到印度（13.35 $MtCO_2e$），其次为沿海地区出口到中东欧（10.85 $MtCO_2e$）。

（三）中国与"一带一路"沿线典型国家进出口贸易隐含碳行业结构分析

表5.3展示了中国对"一带一路"沿线典型国家贸易隐含碳的行业结构。公用事业部门的出口隐含碳接近总出口隐含碳的45%（103.74 $MtCO_2e$），而进口不足1.5%（2.42 $MtCO_2e$），是最大的隐含碳净出口部门，这是因为大部分的高耗能制造业（如水泥和钢铁）以及服务业都需要电力、水和天然气的供应。公用事业的隐含碳主要出口国家是印度、韩国。金属及制品的出口隐含碳占所有部门的19%（约为43.02 $MtCO_2e$），而其隐含碳进口占比不足2%（3.10 $MtCO_2e$），金属及制品的隐含碳主要出口给韩国和印度。而农产品、交通和化工行业的隐含碳出口占比约为5%~8%。建筑业由于需要大量的高排放材料进行支撑，其进口隐含碳占总进口隐含碳的21.57%（37.00 $MtCO_2e$），而出口隐含碳不足1%（0.16 $MtCO_2e$），是最大的隐含碳净进口部门，俄罗斯是主要的进口国家。设备制造业、电子电气和服务业的进口隐含碳也都占总量的13%~14%（22~24 $MtCO_2e$）左右。

（四）主要结论与政策启示

总体来说，中国在与"一带一路"沿线典型国家进行贸易时，整体上呈现隐含碳净出口的态势，属于隐含碳的"国内承担、国外消费"模式，是隐含碳净出口国。中国生产并向"一带一路"沿线典型国家出口的商品中隐含碳排放达到228.85 $MtCO_2e$，占中国向"一带一路"沿线所有国家出口隐含碳（621.95 $MtCO_2e$）的37%，占中国总出口隐含碳（1655.46 $MtCO_2e$）的14%，韩国和印度是中国隐含碳的主要出口国家。中国消费并由"一带一路"沿线典型国家进口的商品中隐含碳排放达到171.56 $MtCO_2e$，占中国从"一带一路"沿线所有国家进口隐含碳（321.66 $MtCO_2e$）的53%，占中国总进口隐含碳（752.09 $MtCO_2e$）的23%，俄罗斯是中国的主要隐含碳进口国，并且中国相对于俄罗斯来说，属于隐含碳净进口国家，中国国内生产碳排放小于消费碳排放，是隐含碳的"国内消费、国外承担"模式。

在中国内部，沿海、东北、内陆、西北及西南地区的进出口贸易隐含碳依次减少，4%~8%出口隐含碳流入到"一带一路"沿线典型国家；中国约4%—6%的进口隐含碳来源于"一带一路"沿线典型国家，沿海和东北地区是隐含碳主要进口地区，俄罗斯是主要隐含碳进口国家。中国各个地区相对于俄罗斯都是贸易隐含碳净进口，但相对于其他"一带一路"地区都是净出口，其中沿海地区出口到印度和中东欧的隐含碳最大。

中国对"一带一路"沿线典型国家的贸易隐含碳行业结构中，公用事业部门（电、热、气）的出口隐含碳接近总出口隐含碳的45%，是最大的隐含碳净出口部门，其次是金属及制品行业，出口的隐含碳占所有部门的19%；建筑业部门的进口隐含碳占总进口隐含碳的21.57%，是最大的隐含碳净进口部门，设备制造业、电子电气和服务业的进口隐含碳也都占总量的13%左右。

基于中国与"一带一路"沿线典型国家进出口贸易隐含碳分析的研究结果，有以下几点政策启示：

首先，应注重热点地区热点行业的效率升级。中国对外贸易的发展对资源和能源的依存度较高，与"一带一路"沿线国家的贸易量逐年增大，净出口隐含碳也随之增大。沿海和东北地区的公用事业、金属及制品等行业的产品出口到印度、中东欧和韩国等地区的隐含碳较多，是推进技术升级和政策引导减排的重点行业，同时也应注重与这些贸易伙伴进行生产和管理技术的交流，促进国内各地区的节能减排。

第二，国内的产品对"一带一路"沿线国家的出口结构亟待优化。目前金属及制品、农产品及交通行业的出口量较大，拉动了公用事业（电、热、气）的大量碳排放，国家产业结构的优化需要积极跟进。因此，推进"低排

表5.3　中国对一带一路沿线典型国家的贸易隐含碳行业结构（MtCO$_2$e）

行业分类	出口						进口						净出口
	俄罗斯	韩国	印度尼西亚	印度	中东欧	出口小计	俄罗斯	韩国	印度尼西亚	印度	中东欧	进口小计	
农林牧渔业	3.95	3.74	1.99	3.55	1.96	15.20（6.64）	1.41	0.59	0.40	0.88	0.12	3.40（1.98）	11.79
采矿业	2.15	3.08	1.26	3.07	1.53	11.09（4.85）	0.17	0.06	0.04	0.05	0.01	0.33（0.19）	10.76
食品及烟草	0.19	0.20	0.10	0.19	0.10	0.78（0.34）	3.11	1.56	1.82	4.53	0.39	11.41（6.65）	-10.63
纺织及服装	0.95	0.66	0.43	0.68	0.39	3.11（1.36）	1.22	1.01	0.52	1.00	0.17	3.92（2.29）	-0.81
木材及家具	0.06	0.06	0.02	0.07	0.04	0.25（0.11）	0.96	0.26	0.27	0.30	0.06	1.85（1.08）	-1.60
造纸及印刷	0.26	0.34	0.16	0.36	0.18	1.29（0.57）	0.42	0.22	0.13	0.13	0.04	0.95（0.55）	0.35
石油及炼焦	1.74	2.44	1.21	2.23	1.26	8.88（3.88）	3.61	0.19	0.26	0.15	0.08	4.30（2.50）	4.59
化学工业	2.46	3.12	1.53	3.48	1.67	12.27（5.36）	3.32	1.60	0.63	0.89	0.36	6.80（3.96）	5.47
非金属制品	0.94	1.43	0.44	1.70	0.83	5.34（2.33）	0.14	0.06	0.05	0.07	0.03	0.35（0.20）	4.99
金属及制品	8.28	12.24	4.99	11.58	5.94	43.02（18.80）	1.14	0.43	0.34	1.01	0.18	3.10（1.81）	39.92
设备制造业	0.26	0.25	0.13	0.34	0.14	1.12（0.49）	8.64	7.04	2.19	4.27	1.76	23.91（13.93）	-22.78
交运设备	0.13	0.13	0.05	0.13	0.07	0.51（0.22）	5.77	4.53	1.41	2.75	1.44	15.90（9.27）	-15.39
电气电子	0.27	0.28	0.11	0.25	0.19	1.10（0.48）	6.53	8.78	2.13	4.10	1.22	22.77（13.27）	-21.66
其他制造业	0.13	0.13	0.06	0.41	0.08	0.82（0.36）	0.22	0.14	0.08	0.55	0.07	1.06（0.62）	-0.24
公用事业	21.86	27.50	12.08	27.70	14.60	103.74（45.33）	1.24	0.44	0.37	0.26	0.11	2.42（1.41）	101.32
建筑业	0.03	0.03	0.01	0.02	0.08	0.16（0.07）	16.85	7.11	4.34	7.23	1.46	37.00（21.57）	-36.83
交通	3.03	4.28	2.46	3.21	2.49	15.48（6.76）	2.42	1.61	0.41	0.46	0.15	5.04（2.94）	10.44
批发和零售业	0.56	0.89	0.26	0.53	0.38	2.62（1.15）	0.88	0.57	0.19	0.29	0.11	2.05（1.19）	0.57
住宿和餐饮业	0.12	0.16	0.11	0.17	0.09	0.64（0.28）	0.86	0.37	0.50	0.81	0.09	2.64（1.54）	-1.99
其他服务业	0.25	0.49	0.16	0.32	0.20	1.41（0.62）	9.56	6.40	2.21	3.21	0.99	22.37（13.04）	-20.96

注：括号中为各行业贸易隐含碳的比重，单位：%。

放、高附加值"产品出口的同时，在中国内部区域上建立合作机制，通过合理调整贸易结构，实现区域节能减排协同管理目标。在碳排放进出口平衡呈现较大差异的区域容易发生补偿或替代效应，在制定各地区的碳减排目标时，需深入研究地区之间的产业联系和区域碳排放转移格局，使减排目标更加科学化。

第三，积极与"一带一路"沿线国家及地区的生产商与消费群体加强节能减排和生态环保方面的合作，推动"生产者与消费者共同责任"的协作减排机制落实，加强节能减排技术的引进和输出，推进全球供应链整体的碳减排。

参考文献

［1］ ARTO I, ROCA J, SERRANO M. Measuring emissions avoided by international trade: accounting for price differences［J］. Ecological economics, 2014, 97（97）: 93-100.

［2］ HAN M , YAO Q , LIU W , et al. Tracing embodied carbon flows in the Belt and Road regions［J］. Journal of geographical sciences, 2018, 28（9）: 1263-1274.

［3］ INOMATA S, OWEN A. Comparative evaluation of MRIO database［J］. Economic systems research, 2014, 26（3）: 239-244.

［4］ LIU Z, DAVIS S, FENG K, et al. Targeted opportunities to address the climate-trade dilemma in China［J］. Nature climate change, 2015, 6（2）: 201-206.

［5］ MINX J, WIEDMANN T, WOOD R, et al. Input-output analysis and carbon footprint: an overview of applications［J］. Economic systems research, 2009, 21（3）: 187-216.

［6］ TUKKER A, DE K, WOOD R, et al. Price corrected domestic technology assumption--a method to assess pollution embodied in trade using primary official statistics only: with a case on CO2 emissions embodied in imports to Europe［J］. Environmental science & technology, 2013, 47（4）: 1775-1783.

［7］ WEI B, FANG X, WANG Y. The effects of international trade on Chinese carbon emissions［J］. Journal of geographical sciences, 2011, 21（2）: 301.

［8］ WIEDMANN T. Editorial: carbon footprint and input-output analysis an introduction

　　　　〔J〕. Economic systems research, 2009, 21（3）: 175-186.

〔9〕　ZHANG N, LIU Z, ZHENG X, et al. Carbon footprint of China's belt and road〔J〕. Science, 2017, 357（6356）: 1107.

〔10〕　曹彩虹. 外贸隐含碳对环境影响的国际比较——基于五国（地区）面板数据的实证研究〔J〕. 经济问题, 2016（5）: 94-101.

〔11〕　傅京燕, 司秀梅. "一带一路"沿线国家碳排放驱动因素、减排贡献与潜力〔J〕. 热带地理, 2017, 37（1）: 1-9.

〔12〕　郭兆晖, 马玉琪, 范超. "一带一路"沿线区域绿色发展水平评价〔J〕. 福建论坛: 人文社会科学版, 2017（9）: 25-31.

〔13〕　李惠民, 冯潇雅, 马文林. 中国国际贸易隐含碳文献比较研究〔J〕. 中国人口·资源与环境, 2016, 26（5）: 46-54.

〔14〕　李清如. 中日对"一带一路"沿线国家贸易隐含碳的测算及影响因素分析〔J〕. 现代日本经济, 2017, 36（4）: 69-84.

〔15〕　刘卫东. 2010年中国30省区市区域间投入产出表〔M〕. 北京: 中国统计出版社, 2014.

〔16〕　孟凡鑫, 李芬, 刘晓曼等. 中国"一带一路"节点城市CO2排放特征分析〔J〕. 中国人口·资源与环境, 2019, 29（1）: 32-39.

〔17〕　潘安, 魏龙. 中国对外贸易隐含碳: 结构特征与影响因素〔J〕. 经济评论, 2016（4）: 16-29.

〔18〕　祁悦, 樊星, 杨晋希等. "一带一路"沿线国家开展国际气候合作的展望及建议〔J〕. 中国经贸导刊（理论版）, 2017（17）: 40-43.

〔19〕　肖德, 陈婉. "一带一路"沿线省份对外直接投资碳排放效应研究〔J〕. 湖北大学学报（哲学社会科学版）, 2018, 45（1）: 118-125.

〔20〕　许宪春, 李善同. 中国区域投入产出表的编制及分析: 1997年〔M〕. 北京: 清华大学出版社, 2008.

〔21〕　闫世刚, 徐广姝. "一带一路"下深化中国与周边国家能源合作策略探讨〔J〕. 对外经贸实务, 2017（12）: 8-11.

〔22〕　姚亮, 刘晶茹. 中国八大区域间碳排放转移研究〔J〕. 中国人口·资源与环境, 2010, 20（12）: 16-19.

〔23〕　赵玉焕, 李洁超. 基于技术异质性的中美贸易隐含碳问题研究〔J〕. 中国人口·资源与环境, 2013, 23（12）: 28-34.

〔24〕　赵玉焕, 王乾. 基于MRIO模型的中国区域间碳关联测度〔J〕. 北京理工大学学报（社会科学版）, 2016, 18（3）: 13-21.

〔25〕　周灵. 绿色"一带一路"建设背景下西部地区低碳经济发展路径——来自新疆的经验〔J〕. 经济问题探索, 2018（7）: 184-190.

中国及"一带一路"沿线典型国家贸易虚拟水分析 ①

第一节 引言

在"一带一路"全球开放性倡议的促进下,国际贸易深化发展,大量商品和服务的交换活动,隐含着商品生产过程中各个环节产生的直接和间接环境影响,即伴随着内嵌在商品和服务中隐含环境要素在全球多区域间的流动,其中包括虚拟水资源的国际流动。

我国水资源安全形势十分严峻,人均水资源占有量、人均可利用水量低,随着国家社会经济的发展,缺水矛盾逐渐凸显出来,水资源短缺成为我国西北和北方地区面临的最主要的生态环境和社会经济问题之一,维持水资源的可持续利用是可持续发展的必然选择。虚拟水是20世纪90年代中期提出的新概念,指生产商品和服务所需要的水资源数量。

目前,虚拟水贸易是国内外研究的热门话题,在商品交易或服务贸易发展的过程中,虚拟水以"无形"的形式寄存在其他的商品中,通过模型分析虚拟水贸易有助于识别各个地区的主要贸易部门,充分发挥各地区的产业优势,缓解水资源短缺的问题,为我国解决区域水安全问题提供新思路的同时,从全球尺度上进一步缓解水资源压力。

利用投入产出表与水资源的消耗关联,构建水资源投入产出模型测度各产业部门、区域和区域间的水足迹以及虚拟水贸易流量,是度量区域间

──────────────────────────────

① 该研究成果已发表在《中国工程科学》2019年第21期第4卷,92-99页。孟凡鑫,夏昕鸣,胡元超,杨志峰. 中国与"一带一路"沿线典型国家贸易虚拟水分析 [J]. 中国工程科学, 2019, 21(4): 92-99。

水资源转移消耗的重要手段。为了明确国际上水资源利用的责任，Arto I 等研究表明贸易使国际虚拟水发生了转移，欧盟27国是最大的虚拟水进口国，中国和印度是主要的虚拟水出口国。吴兆丹等利用多区域投入产出模型分析我国省区虚拟水流动的空间、部门及需求格局，中国大多数省区虚拟水流出均主要流向国内其他省区，多数省区的虚拟水流入也均主要源自国内其他省区。研究显示北京通过用水效率方面的改进和虚拟水贸易，成为虚拟水净进口地区，实现水资源安全合理配置。Okadera T 等通过评估中国辽宁省能源供应的水足迹，发现辽宁省能源供应取决于邻近省份的水资源，为保证未来区域能源安全，通过节水发电和部门间水资源分配实现有效管理水资源非常重要。

　　仅利用直接用水系数与综合利用完全用水系数、关联度等指标对产业用水特性进行分析所得的结果存在较大差异，评价部门用水特性时应力求全面。周姣和史安娜充分考虑新鲜水资源使用量和废水排出量，通过构造"价值型—实物型"混合投入产出表，准确得出各行业及区间区域贸易调水量，以及虚拟废水对生产地或国家环境带来的一些负面影响。

　　目前，针对中国与"一带一路"各地区的虚拟水贸易的研究不足，尤其是追踪中国省区与各国家的虚拟水贸易的研究较少，产品的生产和消费各个环节均消耗数量不等的水资源。因此，在现有的研究基础上，本章分别从生产者和消费者两大视角出发，把所有的虚拟水贸易依据产品的生产供应链及消费地进行分配，基于多区域投入产出方法，采用投入产出表链接方法，将中国区域间的投入产出表与世界地区间投入产出表进行链接，建立了"城市—国家—世界"多区域尺度的逐级嵌套模型，精准追踪"一带一路"沿线城市、国家及全球区域尺度上的产品和服务交流产生的虚拟水流动及转移，试图回答以下几个问题："一带一路"倡议对中国水资源安全是否有利？哪个区域是虚拟水最主要的来源地及目的地？何种行业水资源管理需要进一步加强？对"一带一路"倡议下中国积极参与虚拟水贸易、构建全球化的水资源安全新战略提供有力的科学依据，具有重要的战略意义。

第二节　研究方法及数据来源

　　本章基于链接后的MSIO表，建立了环境拓展的多级尺度嵌套的全球投入产出模型（EE-MSIO），具体链接技术及研究方法，参见第四章第二节模型构建，对于本研究的研究边界，具体参见第五章第二节研究范围。

本章中，水资源利用采用耗水量（绿水和蓝水，不包括灰水）的概念，主要从农业、工业、建筑业、服务业、居民生活五个方面分别进行推算，其中农业部门的绿水和蓝水，主要依据农作物和畜产品的产量及耗水系数进行推算，其中农作物和畜产品的产量数据分别来自《中国农业年鉴2011》和《中国统计年鉴2011》，中国分地区分农作物类型、分畜产品类型的绿水足迹、蓝水足迹系数参见MekonnenMM的报告。

工业分行业耗水量，主要依据取水量与废水量差值进行推算，分行业的取水结构主要参考第二次全国经济普查《中国经济普查年鉴（能源卷）2008》（国务院第二次全国经济普查领导小组办公室 编）。2010年全国各工业行业废水排放量数据，主要来自《中国环境统计年鉴2011》。建筑业和服务业耗水量数据，主要根据《水资源公报》取水量数据及文献中的耗水强度进行推算。

第三节 研究结果及政策建议

（一）中国与“一带一路”沿线典型国家进出口贸易虚拟水总体规模

基于上述模型和数据，首先对中国与“一带一路”沿线典型国家进出口贸易中的虚拟水总体规模进行评估，具体见表6.1。2010年，中国生产并向“一带一路”沿线典型国家出口的商品中虚拟水达到17879.18 Mt，占中国总出口虚拟水（128620.72 Mt）的14%，俄罗斯和韩国是中国虚拟水的主要出口国家；沿线典型国家生产并由中国进口的商品中虚拟水达到24210.33 Mt，占中国总进口虚拟水（214841.30 Mt）的11%，印度和印度尼西亚是中国的主要虚拟水进口国。

表6.1 中国对“一带一路”沿线典型国家贸易虚拟水的总体规模（Mt）

国家或区域	中国出口隐含	中国进口隐含	隐含净出口
俄罗斯	4561.99	5780.01	−1218.02

（续表）

国家或区域	中国出口隐含	中国进口隐含	隐含净出口
韩国	4421.77	396.88	4024.89
印度尼西亚	2306.44	6221.25	−3914.81
印度	4259.98	10997.37	−6737.39
中东欧	2329.01	814.83	1514.18
其他所有国家	110741.54	190630.97	−79889.43
"一带一路"典型国家合计	17879.18	24210.33	−6331.15
总计	128620.72	214841.30	−86220.58

在虚拟水平衡方面，整体来说，中国是虚拟水净进口国，并且对"一带一路"沿线典型国家总体也是虚拟水净进口国家，意味着中国在进行国际贸易时，国内生产消耗水资源小于消费隐含的虚拟水资源，属于虚拟水的"国内消费、国外承担"模式。但是相对韩国和中东欧国家，中国是虚拟水净出口国，由于出口的商品由中国本国国内生产并消耗相应的水资源，进口商品则由来源国国内生产并消耗相应的水资源，这意味着，中国在与韩国和中东欧进行贸易时，国内生产耗水量大于消费隐含的耗水量，属于虚拟水的"国内承担、国外消费"模式。

（二）中国与"一带一路"沿线典型国家进出口贸易虚拟水区域格局分析

在中国，沿海、内陆、东北、西北及西南地区的国内外出口贸易虚拟水依次减少，其中，出口到国内区域的虚拟水的比例分别占该区域总国内外出口虚拟水的44%、75%、75%、75%、79%，出口到"一带一路"沿线典型国家的虚拟水比例分别占该区域总国内外出口虚拟水的8%、3%、4%、4%、3%，其中沿海地区是西北、东北、内陆、西南地区虚拟水的主要国内出口地区；东北地区是沿海地区虚拟水的主要国内出口地区；俄罗斯和韩国是国内区域虚拟水的主要出口国家。

沿海、内陆、东北、西北及西南地区的国内外进口贸易虚拟水依次减少，水资源转移的结构并不平衡。其中，由国内区域进口的虚拟水比例分别占该区域总国内外进口虚拟水的57%、45%、53%、69%、60%，由"一带一路"

沿线典型国家进口的虚拟水比例分别占该区域总国内外出口虚拟水的5%、6%、5%、4%、4%,其中内陆地区是西北、东北和西南地区主要的虚拟水国内进口区域,东北地区是沿海和内陆地区的主要虚拟水国内进口区域,印度是国内每个区域主要的虚拟水进口国家。

在虚拟水平衡方面,整体上来说,内陆、东北、西南地区属于虚拟水净出口地区,这说明这些地区在与国内外区域进行贸易时,本地生产水资源消耗量大于消费隐含的水资源消耗量,属于虚拟水的"本地承担、外地消费"模式,沿海地区是最大的虚拟水净出口流出地区;西北地区和沿海地区属于虚拟水净进口地区,属于虚拟水的"本地消费、外地承担"模式,西北地区最大的虚拟水净进口地区是内陆地区,沿海地区最大的虚拟水净进口地区是东北地区。值得注意的是,整体上,中国这些地区,相对"一带一路"沿线典型国家来说,都属于虚拟水净进口地区。

(三)中国与"一带一路"沿线典型国家进出口贸易虚拟水产业结构分析

表6.2列出了中国对"一带一路"沿线典型国家贸易虚拟水的行业结构。其中,农林牧渔业的出口虚拟水达到总出口虚拟水的87.87%,而进口仅为5.52%,是最大的虚拟水净出口部门,俄罗斯和韩国是该部门主要的虚拟水出口国家。食品及烟草行业、建筑业、其他服务业是位于前三的虚拟水进口部门,净出口虚拟水分别为 -8017.10 Mt、-3092.80 Mt、-2626.42 Mt,部门虚拟水进口量占总进口虚拟水比例分别为33.16%、12.87%和10.90%,而相应的部门出口虚拟水不足1%,印度是食品部门和其他服务业的虚拟水净进口国家,俄罗斯是建筑部门的虚拟水净进口国家。

表6.2　中国对"一带一路"沿线典型国家的贸易虚拟水行业结构(Mt)

行业分类	出口虚拟水	进口虚拟水	净出口虚拟水
农林牧渔业	15711.11(87.87%)	1335.50(5.52%)	14375.61
采矿业	100.50(0.56%)	29.23(0.12%)	71.27
食品及烟草	10.49(0.06%)	8027.59(33.16%)	-8017.10
纺织及服装	106.88(0.60%)	1071.02(4.42%)	-964.13

（续表）

行业分类	出口虚拟水	进口虚拟水	净出口虚拟水
木材及家具	9.61（0.05%）	1242.65（5.13%）	−1233.04
造纸及印刷	32.23（0.18%）	203.29（0.84%）	−171.06
石油及炼焦	18.01（0.10%）	144.42（0.60%）	−126.41
化学工业	184.23（1.03%）	696.89（2.88%）	−512.66
非金属制品	38.04（0.21%）	25.72（0.11%）	12.32
金属及制品	157.81（0.88%）	144.97（0.60%）	12.84
设备制造业	28.30（0.16%）	1209.69（5.00%）	−1181.39
交运设备	18.84（0.11%）	932.34（3.85%）	−913.50
电气电子	102.41（0.57%）	1094.31（4.52%）	−991.91
其他制造业	19.10（0.11%）	168.40（0.70%）	−149.30
公用事业	1284.90（7.19%）	153.15（0.63%）	1131.76
建筑业	23.11（0.13%）	3115.91（12.87%）	−3092.80
交通	8.89（0.05%）	296.14（1.22%）	−287.25
批发和零售业	9.31（0.05%）	224.45（0.93%）	−215.14
住宿和餐饮业	2.21（0.01%）	1455.04（6.01%）	−1452.83
其他服务业	13.20（0.07%）	2639.63（10.90%）	−2626.42

注：括号中为各行业贸易虚拟水的比重。

（四）主要结论与政策启示

总体来说，中国在与"一带一路"沿线典型国家进行贸易时，国内生产耗水量小于国内消费虚拟水，属于虚拟水的"国内消费、国外承担"模式，是虚拟水净进口国，"一带一路"倡议对中国水资源安全结构起到了一定的补充作用。

从虚拟水最主要的来源地及目的地来看，俄罗斯和韩国是中国的主要虚拟水出口国，印度和印度尼西亚是中国的主要虚拟水进口国。但是相对韩国和中东欧国家,中国是虚拟水净出口国,属于虚拟水的"国内承担、国外消费"模式。在中国内部各大区域与"一带一路"沿线典型国家进行贸易时,整体上属于虚拟水净进口地区。但是中国五大区域除沿海地区外,相对韩国、中东欧属于虚拟水净出口地区,按照虚拟水的"本地承担、外地消费"模式。

中国沿海、内陆、东北、西北及西南地区的国内外出口贸易虚拟水依次减少,44%~79%的出口虚拟水主要流入到国内区域,其中沿海和东北地区是虚拟水主要流入地,3%~8%出口虚拟水流入到"一带一路"沿线典型国家,韩国和俄罗斯是主要虚拟水出口国家;57%~69%的进口虚拟水来自国内区域,内陆和东北地区是虚拟水主要进口地区,印度是主要虚拟水进口国家。

在贸易虚拟水行业结构中,农林牧渔业是最大的虚拟水净出口部门,俄罗斯和韩国是该部门主要的虚拟水出口国家。食品及烟草行业、建筑业、其他服务业是位于前三的虚拟水净进口部门,印度是食品及烟草行业和其他服务业的虚拟水净进口国,俄罗斯是建筑部门的虚拟水净进口国。对上述行业的水资源管理需要进一步加强,重视其波动情况,保障我国水资源安全。

张晓宇等发现虚拟水主要由发展中经济体流向发达经济体,国际贸易和分工的现状导致发达工业化国家对以中国为代表的新兴经济体水资源占用,将进一步加剧新兴经济体水资源短缺的现状。而中国在与"一带一路"沿线典型国家进行贸易时,整体来看,属于虚拟水净进口国,因此,深化"一带一路"倡议贸易合作对于我国水资源安全配置至关重要。在推进"一带一路"倡议的过程中,应注意与沿线国家积极沟通,加强在生态环保方面的合作,消除误解,增进互信,实现"一带一路"协同节水的管理目标。

相对韩国和中东欧国家,中国是虚拟水净出口国。由于农林牧渔业是最大的虚拟水净出口部门,食品及烟草行业、建筑业、其他服务业是位于前三的虚拟水净进口部门,意味着中国在"一带一路"贸易过程中继续获得贸易虚拟水的受益,因此,应加强食品及烟草行业、建筑业、其他服务业等虚拟水净进口部门的合作,促进中国在"一带一路"生产网络中产业结构的升级。

参考文献

［1］　ARTO I, ANDREONI V, RUEDA-CANTUCHE J M. Global use of water resources: A multiregional analysis of water use, water footprint and water trade balance［J］. Water Resources & Economics, 2016, 15: 1-14.

［2］　CHAPAGAIN A K, HOEKSTRA A Y. Virtual Water Trade: A Quantification of Virtual Water Flows Between Nations in Relation to International Crop Trade［J］. Journal of Organic Chemistry, 2002, 11（7）: 835−855.

［3］　MEKONNEN M M, HOEKSTRA A Y. The green, blue and grey water footprint of crops and derived crop products［R］. Delft: Value of Water Research Report Series No. 47, UNESCO-IHE, 2010.

［4］　MEKONNEN M M, HOEKSTRA A Y. The green, blue and grey water footprint of farm animals and animal products［R］. Delft: Value of Water Research Report Series No. 48, UNESCO-IHE, 2010.

［5］　OKADERA T, GENG Y, FUJITA T, et al. Evaluating the water footprint of the energy supply of Liaoning Province, China: A regional input−output analysis approach［J］. Energy Policy, 2015, 78（C）: 148-157.

［6］　RASHID M H. Economy-wide benefits from water-intensive industries in South Africa: Quasi-input-output analysis of the contribution of irrigation agriculture and cultivated plantations in the Crocodile River catchment［J］. Development Southern Africa, 2003, 20（2）: 171-195.

［7］　WANG Z, HUANG K, YANG S, et al. An input−output approach to evaluate the water footprint and virtual water trade of Beijing, China［J］. Journal of Cleaner Production, 2013, 42（3）: 172—179.

［8］　ZHAO X, LIU JG, LIU QY, et al. Physical and virtual water transfers for regional water stress alleviation in China［J］. Proceedings of the National Academy of Sciences, 2015, 112（4）: 1031-1035.

［9］　龙爱华, 徐中民, 张志强. 虚拟水理论方法与西北4省（区）虚拟水实证研究［J］. 地球科学进展, 2004, 19（4）: 577-584.

［10］　孟凡鑫, 苏美蓉, 胡元超等. 中国及"一带一路"沿线典型国家贸易隐含碳转移研究［J］. 中国人口·资源与环境, 2019, 29（4）: 18-26.

［11］　吴兆丹, 赵敏, Upmanu LALL. 基于多区域投入产出的我国省区虚拟水流动格局研究［J］. 河海大学学报（哲学社会科学版）, 2016, 18（6）: 62-69.

［12］ 张晓宇, 何燕, 吴明等. 世界水资源转移消耗及空间解构研究——基于国际水资源投入产出模型［J］. 中国人口·资源与环境, 2015（s2）: 89-93.

［13］ 周姣, 史安娜. 区域虚拟水贸易计算方法及实证［J］. 中国人口·资源与环境, 2008, 18（4）: 184-188.

第七章

贸易开放对"一带一路"沿线国家碳排放影响的实证研究 ①

第一节 引言

　　贸易开放与环境质量之间关系和影响的经济分析无疑已成为经济学家、政策制定者和公众关注的热点问题。自《贸易及关税总协定》（GATT）诞生以来，各国之间的贸易显著增加，促进了贸易自由化，这是否是其产生的主要合理解释？同样，关贸总协定重组为世界贸易组织（WTO）也极大地鼓励了全球贸易。最近建立的贸易便利化协定（TFA）预计每年将刺激全球贸易金额多达1万亿美元，发展中国家将获得最大回报。同时，TFA主要关注的是其长期的全球外部性效应。在此之前，亚当斯·史密斯和大卫·李嘉图分别在绝对优势理论和比较优势理论中，对全球贸易的优点进行了充分阐述，且表明发展中国家在接受自由经济贸易政策方面享有最大的利得回报。

　　中国从2001年正式加入世界贸易组织起，便积极参与国际竞争和全球合作。近年来，国际贸易一直是中国经济快速增长的主要推动力。联合国统计司发布的一份报告显示，2016年中国商品出口额达到21 345亿美元，占全球出口额的13.5%。同期，中国商品进口额达到15 899亿美元，但进口贸易结构与出口贸易结构存在明显差异。伴随这一转变而来的是，中国的大量进出口以牺牲自身能源消耗和环境质量为代价，其中隐含的二氧化碳排放日益增加，比如原油和铁矿石占当年中国商品进口的10.9%左右。在工业化的背景

下，国际贸易商品和服务产生的二氧化碳排放占2008年全球排放量的很大一部分，占约26%。此外，这种虚拟的碳以及国际贸易中体现的其他要素（比如水和材料），可能比其他经济指标（比如GDP或人口）增长得更快。为了研究贸易开放度与环境质量之间的关系，学者们已经开展了越来越多的实证研究，且这些研究的结果是不同的（发现有积极或消极的关系）。根据经济理论可以知道增加贸易将促进经济增长，且这种经济增长将通过向大气中排放废气进而对环境产生不利影响。然后我们期望受影响的国家实施更环保的生产技术，以提高环境质量。

2013年9月，中国国家主席在对哈萨克斯坦进行国事访问时提出了改善欧亚各国贸易联系的基础设施计划，即 "一带一路" 倡议（BRI）。"一带一路" 倡议反映了经济全球化的趋势，旨在把中国的发展机遇扩大到整个欧亚地区，实现共同繁荣。"一带一路" 建设全面实施后，有望改变中国国际贸易的区位、布局和产业结构，并相应地调整中国国际贸易中二氧化碳排放的特征。迄今为止，中国在增加全球排放方面占据了重要比例，事实上，中国已超越美国、印度和日本等国，成为全球最大的二氧化碳排放国。

美国能源情报署（Energy Information Administration）报告称，中国的二氧化碳排放量在2000—2009年间急剧增加了170%，而且仍在上升。二氧化碳排放量的急剧增加可归因于中国非常高的排放强度以及对煤炭生产的强烈依赖。2009年，中国约82%的电力生产使用传统技术，主要是燃煤。随着中国城市化进程的不断加快，建筑业在家庭消费排放中所占比例最高，其次是发电。虽然关于贸易与碳排放关系的研究汗牛充栋，但对 "一带一路" 沿线国家的贸易与碳排放关系进行系统研究的尚不多。这些国家在过去几年中被认为是新兴市场内世界经济增长的主要推动力，目前的研究预测它们将成为未来几年最主要的经济体之一。此外，以往的研究在考察 "一带一路" 建设对贸易、能源消费和经济增长的影响及其对环境质量的负面影响时，没有考虑到环境库兹涅茨曲线框架（EKC）的存在。EKC理论始于20世纪90年代初期的《北美自由贸易协定》（NAFTA）可能产生的影响以及Shafik等在《世界发展报告》（World Development Report）中的战略研究。尽管如此，作为世界环境与发展委员会宣布的《我们共同的未来》环境可持续性政策的一部分，经济增长在改善环境质量方面是必不可少的。

EKC理论因坚持 "经济活动增加无疑会损害环境的观点" 而闻名。它认为基于静态技术、品味和环境投资假设"随着收入的增加，对环境可持续性的需求将显著增加，可用的投资资源也将显著增加"。Beckerman认为"有明确的证据表明，虽然经济增长通常会导致发展初期环境恶化，但最终，在大多数国家，最好的——显然是唯一——实现安全环境的方法就是致富和经济发展"。EKC理论从未被证明适用于所有污染物或环境影响，最近的研究对EKC的概念提出了挑战。

在上述背景下，本章利用1991—2014年期间"一带一路"沿线国家的面板数据，研究贸易开放对碳排放的经济影响。本章研究的边际贡献主要体现在以下几个方面。首先，使用来自"一带一路"国家的面板数据，通过格兰杰因果关系方法，实证检验贸易和碳排放的因果关系。同样，为了进行稳健的分析，使用最合适和最近的长期面板操作方法，包括Pedroni提出的面板协整检验，并且还讨论了贸易开放与污染之间关系的复杂性，指出更多的贸易并不一定意味着更多的排放，更多的排放水平并不一定意味着更多的贸易。

第二节　研究方法及数据收集

本节描述贸易和环境关系实证分析的相关数据和框架。从世界银行2017年在线数据库（WDI）获取了"一带一路"沿线49个高排放国家的二氧化碳排放、实际人均GDP、贸易和能源消费等数据（涵盖1991—2014年），同时进一步将数据按地区和收入分组。文献中有几种衡量环境质量的要素，即二氧化硫，硝酸盐和二氧化碳等。由于二氧化碳的全球效应，所以在分析中使用二氧化碳。

表7.1　变量的定义

变量	定义	度量单位
CO_2	每吨的碳排放量	吨
Y	人均国内生产总值	当前美元
TR	进口+出口	当前美元
EC	能源消耗	千克（人均石油当量）

首先根据数据的可访问性选择并使用最大数量的观察值（表7.1），然后预先假定经济增长的主要力量是贸易和能源使用，因此将二氧化碳排放定义为与贸易和经济增长相关的能源消费的最终产品。因此将模型定义为：

$$CO_{2it} = f(Y_{it}, TR_{it}, EC_{it}) \tag{1}$$

将所有选定的变量改为自然对数，以最小化异方差问题，并通过变量的对数差来获得变量的增长率，从而计算方程（2）。利用它根据Dogan的工作来研究二氧化碳排放、经济增长、贸易开放和能源消耗之间的关系。

$$\ln CO_{2it} = \beta_0 + \beta_1 \ln Y_{it} + \beta_2 \ln TR_{it} + \beta_3 \ln EC_{it} + \varepsilon_{it} \tag{2}$$

其中$\ln CO_{2it}$表示CO_2排放的自然对数，$\ln Y_{it}$表示人均实际GDP的自然对数作为经济增长的代表，$\ln TR_{it}$表示贸易开放的自然对数，$\ln EC_{it}$显示能源消耗的自然对数。正态或随机误差项ε_{it}预计为正态分布。系数β_1、β_2和β_3分别对应于经济增长、贸易开放和能源消耗方面的二氧化碳排放弹性。如果$\beta_1<0$，则表明经济增长（Y_{it}）被环境污染（CO_{2it}）所取代；当$\beta_1>0$时，这两者是互补的。这意味着人均收入的增加会增加其后的能源消耗和环境污染。如果$\beta_2<0$，则贸易开放会恶化能源强度，这是因为改善环境的技术效应会反过来促进经济增长和能源需求的增加，进而导致潜在的二氧化碳排放量增加，从而在$\beta_2>0$时降低环境质量。如果$\beta_2<0$，则意味着能耗对碳排放的影响为负，否则为正。

至于预期的结果，β_1可能是正向的，这表明经济增长与二氧化碳的高排放有关。根据一些经济文献的研究，对于β_2可能会出现混合迹象（正面或负面）。根据Kohler的研究，这取决于各国的经济发展阶段。发达国家可能会出现负面迹象，因为发达国家会停止生产某些污染密集型产品，并从环境保护法律限制较少的国家进口这些产品。就发展中国家而言，可能会出现正向迹象，因为他们往往拥有污染严重的行业。本文预计$\beta_3 t$这一迹象将是积极的，因为更高的能源消耗水平将导致更大的经济活动和更多的二氧化碳排放量。

最后，根据EKC理论，实证检验了贸易开放与环境质量之间倒U型的关系。将贸易平方带入方程（2）中计算得到方程（3），利用该方程来验证模型中EKC假设的合理性。根据前述理论，将EKC模型定义如下：

$$\ln CO_{2it} = \beta_0 + \beta_1 \ln Y_{it} + \beta_2 \ln TR_{it} + \beta_3 \ln EC_{it} + \varepsilon_{it} \qquad (3)$$

模型右侧的第一项是截取参数，这在 i 国和 t 年之间有所不同。根据 Stern 的假设，尽管每吨排放量在任何特定贸易水平的国家之间可能有所不同，但在给定贸易水平下，所有国家的贸易开放系数都是恒定的。特定时间截距考虑了所有国家共同的时变遗漏变量和随机冲击。贸易开放的"转折点"，即排放量最大化，由以下因素决定：

$$\pi = exp(-\beta_2/2\beta_3) \qquad (4)$$

第三节　实证分析

面板数据的经济分析在横截面和时间序列数据方面具有许多优点。例如，使用面板数据可以通过结合各国的时间序列数据进行深入观察，并通过格兰杰因果关系检验得出更高的指数。此外，当使用面板数据时，可以控制在特定时期内变化的个体异质性的外部来源。由于贸易开放通常涉及多个国家，因此考虑跨部门依赖对跨国面板的影响非常重要。我们首先开始横截面依赖性测试。

在跨国面板分析中，横截面相关性的存在是由未被注意到的常见冲击或模型规格错误造成的，这些错误是误差项的一部分。面板内部的横截面相关性可以描述为弱或强，但忽略确定系列之间是否存在横截面相关性可能会导致偏倚结果和估计参数的标准误差不一致 Pesaran。因此，本章使用由他们开发的一个参数测试来确定面板内横截面依赖性的存在。CDLM 测试使用横截面残差之间的相关系数平方和。该测试是接近标准的正态分布，用于 T>N 或者 N>T。该测试的零和替代假设类似于 Breusch 和 Pagan 的 CDLM1。该测试使用以下公式计算：

$$CD_{LM} = \sqrt{\frac{2T}{N(N-1)}} \left(\sum_{i=1}^{N-1} \sum_{j=i+1}^{N} \hat{\rho}ij \right) \qquad (5)$$

其中 ρ_{ij} 是残差对相关的样本估计，其定义如下：

$$\rho_{ij} = \rho_{ji} = \frac{\sum_{t=1}^{T} \varepsilon_{it} \varepsilon_{jt}}{\left(\sum_{t=1}^{T} \varepsilon_{it}^2 \right)^{\frac{1}{2}} \left(\sum_{t=1}^{T} \varepsilon_{jt}^2 \right)^{\frac{1}{2}}} \qquad (6)$$

待检验的无效假设为：

$\hat{\rho}_{ij}=\rho_{ji}=corr$（$\varepsilon_{it}$, ε_{tj}）$=0$，$i \neq j$，待检验的替代假设为：$i \neq j$。

CDLM1adj测试是Breusch和Pagan开发的CDLM1测试的修改版本，该测试的公式如下：

$$CD_{LM1adj} = \frac{1}{CD_{LM1}}\left[\frac{(T-k)\rho_{ij}^2\mu T}{\sqrt{v_{ij}^2}}\right] \tag{7}$$

其中N（0，1）和CDLM1计算如下：

$$CD_{LM1} = T\sum_{i-1}^{Nli}\sum_{j=il1}^{N}\hat{\rho}_{ij}^2 \tag{8}$$

本试验采用了从OLS估计中获得的横截面残差之间的相关系数平方和，当N（横截面尺寸）为常数，T（面板的时间尺寸）接近无穷大且具有N（N-1）/2自由度时使用。下面是这个测试的无效假设和替代假设。H0横截面和H0之间没有关系，而横截面之间分别有关系。

（一）面板单元根测试

采用两种可选的单位根检验方法来检验面板数据中的平稳性，并减少估计中的不一致和无效检验统计问题，这包括Levin的Levin-Lin-Chu（LLC）统计和Pesaran的横截面增强Dickey-Fuller（CADF）统计。这种检验（CADF）使用标准的ADF回归，利用横截面均值及其首项差异，将横截面相关性对估计值的影响最小化。

在这方面，系列内非平稳性的零假设是根据另一种假设进行评估的，只有一部分的序列是完全静态的。另一方面，LLC通过合并各种截面对面板单元根进行测试，允许趋势和拦截系数在截面之间自由移动，并生成汇集的t-统计数据。LLC单位根检验评估了零假设，即面板中每个横截面之间都存在单位根，而其他假设是所有横截面都是固定的。通常此测试允许"固定效应、个别确定性趋势和不均匀连续相关误差"，为中等尺寸的面板提供有效的结果。为了最大限度地减少面板中横截面依赖性的影响，我们在进行LLC测试时对数据进行了降级。Bildirici等证实，与其他传统的面板单元根测试相比，LLC测试提供了更好的近似值，测试结果见下表。

表7.2　横截面依赖性试验结果

国家	变量	Breusch Pagan LM 检验	Pesaran LM 检验	Pesaran CD检验	国家	变量	Breusch Pagan LM 检验	Pesaran LM 检验	Pesaran CD 检验
"一带一路" 国家	$InCo0$	12926.99 [0.0000]*	242.3014 [0.0000]*	22.43205 [0.0000]*	东亚	$lnCO2_{it}$	14.16304 [0.0002]*	9.307678 [0.0000]*	3.763382 [0.0002]*
	lnY_{it}	24017.5 [0.0000]*	470.9839 [0.0000]*	154.6236 [0.0000]*		lnY_{it}	19.39835 [0.0000]*	13.0096 [0.0000]*	4.404355 [0.0000]*
	$lnTR_{it}$	24985.2 [0.0000]*	490.9374 [0.000]*	157.8545 [0.0000]*		$lnTR_{it}$	19.05034 [0.0000]*	12.76352 [0.0000]*	4.36467 [0.0000]*
	$lnEC_{it}$	7994.459 [0.0000]*	140.5943 [0.0000]*	25.11911 [0.0000]*		$lnEC_{it}$	8.797975 [0.0030]*	5.51400 [0.0000]*	2.966138 [0.0030]*
高收入国家	$lnCO2_{it}$	1185.95 [0.0000]*	63.66259 [0.0000]*	0.51182 [0.6088]	东南亚	$lnCO2_{it}$	320.0833 [0.0000]*	46.14955 [0.0000]*	13.74101 [0.0000]*
	lnY_{it}	2907.51 [0.0000]*	168.0475 [0.0000]*	53.86982 [0.0000]*		lnY_{it}	467.3207 [0.0000]*	68.86878 [0.0000]*	21.61196 [0.0000]*
	$lnTR_{it}$	2988.747 [0.0000]*	172.9732 [0.0000]*	54.61348 [0.0000]*		$lnTR_{it}$	473.4928 [0.0000]*	69.82115 [0.0000]*	21.75493 [0.0000]*
	$lnEC_{it}$	603.4995 [0.0000]*	28.34632 [0.0000]*	4.733538 [0.0000]*		$lnEC_{it}$	199.0443 [0.0000]*	27.47283 [0.0000]*	6.576347 [0.0000]*

（续表）

国家	变量	Breusch Pagan LM 检验	Pesaran LM 检验	Pesaran CD 检验	变量	Breusch Pagan LM 检验	Pesaran LM 检验	Pesaran CD 检验
中等收入国家						中亚		
	lnCO2$_{it}$	4183.259 [0.0000]*	151.3334 [0.0000]*	14.87076 [0.0000]*	lnCO2$_{it}$	58.28119 [0.0000]*	10.796 [0.0000]*	2.887605 [0.0039]*
	lnY$_{it}$	6642.774 [0.0000]*	247.8035 [0.0000]*	81.33934 [0.0000]*	lnY$_{it}$	203.1285 [0.0000]*	43.18485 [0.0000]*	14.23447 [0.0000]*
	lnTR$_{it}$	6853.511 [0.0000]*	256.0693 [0.0000]*	82.66953 [0.0000]*	lnTR$_{it}$	192.1679 [0.0000]*	40.73398 [0.0000]*	13.83394 [0.0000]*
	lnEC$_{it}$	2780.408 [0.0000]*	96.30902 [0.0000]*	17.34194 [0.0000]*	lnEC$_{it}$	66.53002 [0.0000]*	12.6405 [0.0000]*	1.926394 [0.0541]**
低收入国家						中东/非洲		
	lnCO2$_{it}$	143.0766 [0.0000]*	23.38349 [0.0000]*	7.67568 [0.0000]*	lnCO2$_{it}$	845.7949 [0.0000]*	84.4112 [0.0000]*	28.97283 [0.0000]*
	lnY$_{it}$	299.109 [0.0000]*	51.87097 [0.0000]*	17.26065 [0.0000]*	lnY$_{it}$	949.7495 [0.0000]*	95.36897 [0.0000]*	30.79186 [0.0000]*
	lnTR$_{it}$	294.9485 [0.0000]*	51.11136 [0.0000]*	17.14719 [0.0000]*	lnTR$_{it}$	1019.22 [0.0000]*	102.6918 [0.0000]*	31.91911 [0.0000]*
	lnEC$_{it}$	136.8153 [0.0000]*	22.24034 [0.0000]*	2.180673 [0.0292]	lnEC$_{it}$	348.0875 [0.0000]*	31.94823 [0.0000]*	13.19118 [0.0000]*

注：*，**，***分别代表1%，5%和10%统计水平上的显著性。

表7.3 横截面依赖性试验结果

国家	变量	Breusch Pagan LM	Pesaran LM	Pesaran CD
东欧				
	$lnCO2_{it}$	1504.469 [0.0000]*	72.10574 [0.0000]*	11.27312 [0.0000]*
	lnY_{it}	3668.432 [0.0000]*	189.1194 [0.0000]*	60.48589 [0.0000]*
	$lnTR_{it}$	3738.284 [0.0000]*	192.8966 [0.0000]*	61.09199 [0.0000]*
	$lnEC_{it}$	859.1319 [0.0000]*	37.20991 [0.0000]*	15.2598 [0.0000]*
南亚				
	$lnCO2_{it}$	212.7531 [0.0000]*	45.33697 [0.0000]*	14.5754 [0.0000]*
	lnY_{it}	231.7776 [0.0000]*	49.59099 [0.0000]*	15.2236 [0.0000]*
	$lnTR_{it}$	226.3707 [0.0000]*	48.38196 [0.0000]*	15.0439 [0.0000]*
	$lnEC_{it}$	189.8869 [0.0000]*	40.22394 [0.0000]*	13.74032 [0.0000]*

表7.4 面板单元根测试结果

Level 国家/变量	Level Intercept	Level Intercept and Trend	一阶差分 Intercept	一阶差分 Intercept and Trend
南亚 LLC test				
$lnCO2_{it}$	-0.593 [0.2765]	1.176 [0.8804]	-0.918 [0.1793]	0.411 [0.6596]
lnY_{it}	2.561 [0.9948]	0.649 [0.7421]	-3.997 [0.0000]*	-3.660 [0.0001]*
东欧 LLC test				
$lnCO2_{it}$	-3.860 [0.0001]*	-4.369 [0.0000]*	-7.445 [0.0000]*	-5.369 [0.0000]*
lnY_{it}	-1.451 [0.0733]**	-0.056 [0.4776]	-5.926 [0.0000]*	-4.695 [0.0000]*

注：*，**，***分别代表1%，5%和10%统计水平上的显著性。

Level			一阶差分	
国家/变量	Intercept	Intercept and Trend	Intercept	Intercept and trend
lnTR$_{it}$	0.055 [0.5222]	0.364 [0.6423]	-5.004 [0.0000]*	-3.867 [0.0001]*
lnEC$_{it}$	2.070 [0.9808]	0.829 [0.7965]	-4.522 [0.0008]*	-4.051 [0.0008]*
IPS test				
lnCO2$_{it}$	1.977 [0.976]	1.323 [0.9072]	-3.608 [0.0002]*	-2.466 [0.0068]*
lnY$_{it}$	4.853 [1.0000]	1.767 [0.9615]	-3.201 [0.0007]*	-1.984 [0.0236]**
lnTR$_{it}$	2.859 [0.9979]	0.638 [0.7384]	-4.143 [0.0000]*	-2.523 [0.0058]*
lnEC$_{it}$	3.682 [0.9999]	1.452 [0.9269]	-4.099 [0.0000]*	-3.277 [0.0005]*

（续表）

Level			一阶差分	
国家/变量	Intercept	Intercept and Trend	Intercept	Intercept and Trend
lnTR$_{it}$	-0.312 [0.3772]	0.642 [0.7396]	-9.548 [0.0000]*	-7.904 [0.0000]*
lnEC$_{it}$	-2.068 [0.0193]	-0.841 [0.2002]	-6.887 [0.0008]*	-6.131 [0.0000]*
IPS test				
lnCO2$_{it}$	-1.052 [0.1463]	-1.3546 [0.0878]***	-9.830 [0.0000]*	-8.648 [0.0000]*
lnY$_{it}$	3.198 [0.9993]	0.3268 [0.6281]	-6.630 [0.0000]*	-3.762 [0.0001]*
lnTR$_{it}$	4.540 [1.0000]	0.483 [0.6856]	-9.464 [0.0000]*	-6.914 [0.0000]*
lnEC$_{it}$	-2.970 [0.0015]*	-1.842 [0.0327]**	-8.839 [0.0000]*	-6.224 [0.0000]*

注：*，**，***分别代表1%，5%和10%统计水平上的显著性。

表7.5　面板单元根测试结果

"一带一路"国家

Panels/Variable	Level Intercept	Level Intercept and Trend	一阶差分 Intercept	一阶差分 Intercept and trend
LLC test				
$InCO2_{it}$	-3.422 [0.0003]*	-4.73 [0.0000]*	-11.91 [0.0000]*	-8.873 [0.0000]*
InY_{it}	0.894 [0.8145]	-1.680 [0.0464]	-10.616 [0.0000]*	-8.153 [0.0000]*
$InTR_{it}$	-0.906 [0.1823]	-1.401 [0.0805]***	-14.561 [0.0000]*	-11.23 [0.0000]*
$InEC_{it}$	-1.358 [0.0872]***	-1.285 [0.0993]	-9.154 [0.0000]*	-7.365 [0.0000]*
IPS test				
$InCO2_{it}$	0.857 [0.8044]	-1.475 [0.0700]***	-15.574 [0.0000]*	-12.97 [0.0000]*
InY_{it}	7.896 [1.0000]	0.296 [0.6165]	-11.242 [0.0000]*	-6.881 [0.0000]*
$InTR_{it}$	7.067 [1.0000]	-0.958 [0.1689]	-14.994 [0.0000]*	-10.83 [0.0000]*
$InEC_{it}$	-0.948 [0.1715]	-1.449 [0.0736]	-13.411 [0.0000]*	-9.508 [0.0000]*

中等收入国家

Panels/Variable	Level Intercept	Level Intercept and Trend	一阶差分 Intercept	一阶差分 Intercept and Trend
LLC test				
$InCO2_{it}$	-3.277 [0.0005]*	-4.2532 [0.0000]*	-8.146 [0.0000]*	-5.980 [0.0000]*
InY_{it}	0.286 [0.6129]	-1.2978 [0.0972]	-5.611 [0.0000]*	-3.536 [0.0002]*
$InTR_{it}$	-1.143 [0.1264]	-0.7078 [0.2395]	-10.484 [0.0000]*	-8.474 [0.0000]*
$InEC_{it}$	-1.737 [0.0411]*	-2.705 [0.0034]*	-7.536 [0.0000]*	-6.182 [0.0000]*
IPS test				
$InCO2_{it}$	1.417 [0.9218]	-1.599 [0.0549]***	-10.692 [0.0000]*	-8.243 [0.0000]*
InY_{it}	5.503 [1.0000]	0.682 [0.7525]	-7.2902 [0.0000]*	-3.83 [0.0001]*
$InTR_{it}$	4.952 [1.0000]	0.050 [0.5201]	-9.8593 [0.0000]*	-6.704 [0.0000]*
$InEC_{it}$	0.208 [0.5826]	-1.472 [0.0705]***	-9.8697 [0.0000]*	-6.598 [0.0000]*

（续表）

高收入国家

Panels/Variable	Level Intercept	Level Intercept and Trend	一阶差分 Intercept	一阶差分 Intercept and trend
LLC test				
$lnCO2_{it}$	-2.628 [0.0043]*	-0.613 [0.2697]	-7.7673 [0.0000]*	-5.677 [0.0000]*
lnY_{it}	-0.711 [0.2384]	-0.028 [0.4886]	-9.1453 [0.0000]*	-7.705 [0.0000]*
$lnTR_{it}$	0.016 [0.5067]	-1.804 [0.0356]**	-10.013 [0.0000]*	-8.107 [0.0000]*
$lnEC_{it}$	-0.347 [0.3642]	2.19 [0.9860]	-3.692 [0.0001]*	-2.561 [0.0052]*
IPS test				
$lnCO2_{it}$	-1.097 [0.1361]	-0.072 [0.4709]	-10.264 [0.0000]*	-9.075 [0.0000]*
lnY_{it}	3.740 [0.9999]	0.250 [0.6003]	-7.607 [0.0000]*	-5.051 [0.0000]*
$lnTR_{it}$	4.616 [1.0000]	-1.278 [0.1005]	-9.824 [0.0000]*	-7.54 [0.0000]*
$lnEC_{it}$	-2.158 [0.0154]**	0.155 [0.5620]	-7.532 [0.0000]*	-5.66 [0.0000]*

低收入国家

Panels/Variable	Level Intercept	Level Intercept and Trend	一阶差分 Intercept	一阶差分 Intercept and Trend
LLC test				
$lnCO2_{it}$	0.818 [0.7935]	-2.654 [0.004]*	-2.440 [0.0070]*	-1.356 [0.0874]***
lnY_{it}	3.022 [0.9987]	-2.406 [0.0081]*	-5.154 [0.0000]*	-4.908 [0.0000]*
$lnTR_{it}$	-0.642 [0.2602]	-0.909 [0.1815]	-2.933 [0.0017]*	-0.524 [0.3001]
$lnEC_{it}$	0.371 [0.6447]	-1.908 [0.0282]**	-5.003 [0.0000]*	-4.837 [0.0000]*
IPS test				
$lnCO2_{it}$	1.335 [0.9091]	-0.728 [0.2332]	-4.997 [0.0000]*	-4.645 [0.0000]*
lnY_{it}	4.849 [1.0000]	-0.950 [0.1709]	-4.118 [0.0000]*	-3.256 [0.0006]*
$lnTR_{it}$	1.854 [0.9682]	-0.821 [0.2056]	-5.579 [0.0000]*	-3.929 [0.0000]*
$lnEC_{it}$	0.518 [0.6981]	-1.303 [0.0961]	-5.026 [0.0000]*	-3.855 [0.0001]*

注：*，**，***分别代表1%，5%和10%统计水平上的显著性。

表 7.6 面板单元根测试结果

东亚

Level / 国家/变量	Level		一阶差分	
	Intercept	Intercept and Trend	Intercept	Intercept and trend
LLC test				
$lnCO2_{it}$	−0.583 [0.2798]	−0.911 [0.1810]	0.589 [0.7223]	2.221 [0.9869]
lnY_{it}	0.219 [0.5867]	−0.572 [0.2834]	−4.997 [0.0000]*	−4.757 [0.0000]*
$lnTR_{it}$	−0.176 [0.4301]	1.606 [0.9460]	−0.949 [0.1711]	0.135 [0.5539]
$lnEC_{it}$	−0.275 [0.3913]	−1.867 [0.0309]**	−0.160 [0.4361]	0.929 [0.8236]
IPS test				
$lnCO2_{it}$	0.973 [0.8348]	−0.157 [0.4374]	−0.988 [0.1615]	−0.096 [0.4617]
lnY_{it}	1.867 [0.9691]	−0.206 [0.4181]	−4.325 [0.0000]*	−3.260 [0.0006]*
$lnTR_{it}$	1.821 [0.9658]	0.178 [0.5708]	−3.069 [0.0011]*	−2.241 [0.0125]**
$lnEC_{it}$	1.148 [0.8746]	−0.792 [0.2141]	−0.676 [0.2493]	0.1583 [0.5629]

中亚

Level / 国家/变量	Level		一阶差分	
	Intercept	Intercept and Trend	Intercept	Intercept and trend
LLC test				
$lnCO2_{it}$	−0.550 [0.2910]	−4.112 [0.0000]*	−3.930 [0.0000]*	−2.862 [0.0021]*
lnY_{it}	1.840 [0.9672]	−2.474 [0.0060]*	−2.224 [0.0131]**	−1.418 [0.0781]***
$lnTR_{it}$	0.945 [0.8286]	−2.559 [0.0050]*	−2.121 [0.0169]**	−0.136 [0.4458]
$lnEC_{it}$	−1.739 [0.0410]**	−3.176 [0.0000]*	−4.514 [0.0000]*	−4.634 [0.0000]*
IPS test				
$lnCO2_{it}$	−0.6773 [0.2491]	−2.048 [0.0203]**	−5.2814 [0.0000]*	−4.896 [0.0000]*
lnY_{it}	3.1597 [0.9992]	−0.484 [0.3142]	−1.6623 [0.0482]**	−0.699 [0.2420]
$lnTR_{it}$	2.5833 [0.9951]	−1.649 [0.0495]**	−4.0211 [0.0000]*	−2.498 [0.0062]*
$lnEC_{it}$	−1.2297 [0.1094]	−2.578 [0.0050]*	−5.5153 [0.0000]*	−4.218 [0.0000]*

（续表）

东南亚

国家/变量	Level Intercept	Level Intercept and Trend	一阶差分 Intercept	一阶差分 Intercept and trend
LLC test				
$lnCO2_{it}$	-1.372 [0.0849]	-1.275 [0.1010]	-6.032 [0.0000]*	-5.276 [0.0000]*
lnY_{it}	0.239 [0.5948]	-0.249 [0.4014]	-4.757 [0.0000]*	-3.099 [0.0010]*
$lnTR_{it}$	-2.166 [0.0152]**	-0.5082 [0.3055]	-5.818 [0.0000]*	-4.035 [0.0000]*
$lnEC_{it}$	-1.609 [0.0537]	-0.006 [0.4974]	-4.419 [0.0000]*	-4.437 [0.0000]*
IPS test				
$lnCO2_{it}$	0.9029 [0.8167]	-1.070 [0.1423]	-5.894 [0.0000]*	-4.632 [0.0000]*
lnY_{it}	3.377 [0.9996]	0.533 [0.7030]	-4.461 [0.0000]*	-2.752 [0.0030]*
$lnTR_{it}$	0.926 [0.8229]	-1.513 [0.0651]	-5.538 [0.0000]*	-3.984 [0.0000]*
$lnEC_{it}$	0.103 [0.5411]	-0.577 [0.2817]	-5.279 [0.0000]*	-3.628 [0.0001]*

中东/非洲

国家/变量	Level Intercept	Level Intercept and Trend	一阶差分 Intercept	一阶差分 Intercept and trend
LLC test				
$lnCO2_{it}$	-1.4897 [0.0682]	0.987 [0.8383]	-6.606 [0.0000]*	-5.496 [0.0008]*
lnY_{it}	0.5102 [0.6951]	-1.314 [0.0943]***	-4.147 [0.0000]*	-2.494 [0.0063]*
$lnTR_{it}$	0.2622 [0.6034]	-1.823 [0.0341]**	7.9831 [0.0000]*	-6.599 [0.0000]*
$lnEC_{it}$	-0.7493 [0.2268]	2.522 [0.9942]	-1.0369 [0.1499]	1.185 [0.8820]
IPS test				
$lnCO2_{it}$	1.2603 [0.8962]	-1.101 [0.1353]	-9.206 [0.0000]*	-7.493 [0.0000]*
lnY_{it}	3.641 [0.9999]	-1.317 [0.0938]***	-6.062 [0.0000]*	-3.842 [0.0001]*
$lnTR_{it}$	3.911 [1.0000]	-0.868 [0.1927]	-7.318 [0.0000]*	-5.377 [0.0000]*
$lnEC_{it}$	-0.541 [0.2940]	0.296 [0.6143]	-5.659 [0.0000]*	-3.862 [0.0001]*

注：*，**，***分别代表1%，5%和10%统计水平上的显著性。

（二）面板协整检验

文献中已有多种面板协整检验方法，而时间序列分析中出现的面板协整检验方法是目前研究的热点。因此，使用七种不同的测试统计数据来测试异构面板中的协整关系。该测试进一步分为两个维度："内维数"和"维间统计量"，分别主要指面板协整统计量和分组平均面板协整统计量。两组的备选假设都用相同的零假设进行检验。这些测试纠正了潜在的内生序列引入的偏好。在应用协整检验时，首先估计下面的面板协整回归并存储残差。

$$X_{it} = \delta_{ai} + \alpha_i t + \beta_{1i} Y_{1it} + \beta_{ni} Y_{nit} + \pi_{it} \tag{9}$$

在49个国家中，通过从每个国家的原始数据中提取第一个差异来继续测试，并计算差异回归的残差，如下所示：

$$\Delta X_{it} = \theta_{1i} \Delta Y_{1it} + \theta_{ni} \Delta Y_{nit} + \varepsilon_{it} \tag{10}$$

测试的第三个序列是从差异的回归方程估计残差（$\hat{\varepsilon}_{it}$）和长期方差（$\hat{L}_{1li}^2$）。然后，测试通过使用来自面板协整回归方程的残差来估计适当的自回归模型，这是第四步。接着是使用适当的均值和方差调整开发的七个面板统计数据。所有七个测试都检验了没有协整的零假设。这是根据不同的替代假设计算的。Ho：$\rho_i = 1$ 对于所有 $I = 1, 2, 3 \cdots\cdots N$，"维度间"统计量的替代假设是：Ho：$\rho_i < 1$，其中共同的值 $\rho_i = \rho$ 是不需要的。同样，基于维度的统计数据的替代假设是 $\rho_i = \rho < 1$。这里假设一个共同的价值 $\rho_i = \rho$。但是，根据各种替代假设，所有七个面板测试统计数据均为负数。检验结果如下：

表7.7　Pedroni面板协整检验

国家	模型	Statistics	P-value	国家	Statistics	P-value
南亚	Within-Dimension			欧洲		
	Panel v-Statistic	0.7639	0.2225		2.1235	0.0169**
	Panel rho-Statistic	−0.1652	0.4344		−4.5134	0.0000*
	Panel PP-Statistic	−2.3762	0.0087*		−14.4007	0.0000*
	Panel ADF-Statistic	0.1720	0.5683		−2.7404	0.0031*
	Between-Dimension					
	Group rho-Statistic	0.7981	0.7876		−0.5679	0.2850
	Group PP-Statistic	−2.3869	0.0085*		−10.4489	0.0000*
	Group ADF-Statistic	−0.1839	0.4270		−3.3522	0.0004*

注：*，**，***分别代表1%，5%和10%统计水平上的显著性。

表7.8　Pedroni面板协整检验

国家	Model	Statistics	P–value	国家	Statistic	P–value
一带一路	Within–Dimension			东亚		
	Panel v–Statistic	2.7042	0.0034*		−0.0317	0.5127
	Panel rho–Statistic	−2.7354	0.0031*		0.3617	0.6412
	Panel PP–Statistic	−13.1135	0.0000*		−0.4789	0.3160
	Panel ADF–Statistic	−2.4385	0.0074*		1.09338	0.8629
	（Between–Dimension）					
	Group rho–Statistic	0.6731	0.7496		1.1567	0.8763
	Group PP–Statistic	−14.9132	0.0000*		−1.6612	0.0483**
	Group ADF–Statistic	−4.2855	0.0000*		−0.9266	0.1771
高收入国家	Within–Dimension			南亚		
	Panel v–Statistic	0.7829	0.2168		1.42062	0.0777***
	Panel rho–Statistic	−0.3463	0.3646		−1.3699	0.0853***
	Panel PP–Statistic	−2.2617	0.0119**		−3.5190	0.0002*
	Panel ADF–Statistic	−2.2013	0.0139**		−2.7878	0.0027*
	Between–Dimension					
	Group rho–Statistic	0.1584	0.5630		−0.2102	0.4167
	Group PP–Statistic	−4.0045	0.0000*		−3.8490	0.0001*
	Group ADF–Statistic	−2.5734	0.0050*		−3.2238	0.0006*
中等收入国家	Within–Dimension			中亚		
	Panel v–Statistic	2.5904	0.0048*		4.1609	0.0000*
	Panel rho–Statistic	−3.4590	0.0003*		−1.9285	0.0269**
	Panel PP–Statistic	−9.4382	0.0000*		−4.0065	0.0000*
	Panel ADF–Statistic	−1.3362	0.0907***		−2.0789	0.0188**
	Between–Dimension					
	Group rho–Statistic	0.112821	0.5449		−0.7573	0.2244
	Group PP–Statistic	−7.29825	0.0000*		−3.7749	0.0001*
	Group ADF–Statistic	−1.83946	0.0329**		−1.0116	0.1559
低收入国家	Within–Dimension			中东/非洲		
	Panel v–Statistic	3.9026	0.0000*		1.7696	0.0384**
	Panel rho–Statistic	−1.7520	0.0399**		−0.6903	0.2450
	Panel PP–Statistic	−3.9126	0.0000*		−2.8614	0.0021*
	Panel ADF–Statistic	−1.8888	0.0295**		−2.2537	0.0121**
	Between–Dimension					
	Group rho–Statistic	−0.6947	0.2436		0.3772	0.6470
	Group PP–Statistic	−5.3107	0.0000*		−3.8787	0.0001*
	Group ADF–Statistic	−2.3755	0.0088*		−1.7185	0.0429**

注：*，**，***代表1%，5%和10%统计水平上的显著性。

（三）面板协整估计

在本节中，采用面板协整方法来研究横截面依赖条件下变量之间的长期平衡。使用FMOLS方法估计长期模型。在存在内生性和非均质动力学的情况下，FMOLS不具有较大的样本量。同样，使用这种方法可以在小样本中生成一致且无偏倚的估计值。FMOLS系数估计量定义如下：

$$\hat{\beta}_{NT}^{\delta} = N^{-\frac{1}{2}} \sum_{i=1}^{N} \hat{V}_{11i}^{-1} \Big[\sum_{t=1}^{T} (y_{it} - \hat{y}_i)^2 \Big]^{-\frac{1}{2}} \Big[\sum_{t=1}^{T} (y_{it} - \bar{y}_i) \Big] X_{it}^{\delta} - T\hat{\epsilon}_i \qquad (11)$$

对于缺乏截距的标准模型和具有非均匀截距的固定效应模型，当T和N趋于无穷时，$\hat{V}_i$ 是 $\hat{\vartheta}_i$ 的下三角分解。

（四）面板因果关系检验

在估计了划线变量之间的长期关系之后，使用VECM面板模型，按照检验可持续贸易开放与环境质量之间的格兰杰因果关系。我们的VECM模型定义如下：

$$\begin{aligned} \Delta lnCO_{2it} = \delta_i + \sum_{j=1}^{n} \delta_{11ij} \Delta lnCO_{2i,t-j} + \sum_{j=1}^{n} \delta_{12ij} \Delta lnY_{i,t-j} + \\ \sum_{j=1}^{n} \delta_{13ij} \Delta lnTR_{i,t-j} + \sum_{j=1}^{n} \delta_{14ij} \Delta lnEC_{i,t-j} + \gamma_{1\vartheta i,t-1} + \epsilon_{it} \end{aligned} \qquad (12)$$

其中 γ_1 是 $\theta_{i,\ t1}$ 协整向量的调整系数，而 δ_{12ij}、δ_{13ij}、θ_{14ij} 是内生变量滞后值的短期系数，分别是经济增长、国际贸易和能源使用。通过使用Wald检验（F检验）测试方程中所有 $H_0 = \delta_{12ij} = 0$ 来得到短期因果关系。类似地，测试零假设方程 $H_0 = \gamma_{1i} = 0$ 中所有i和j的独立变量和因变量之间的长期因果关系。利用滞后长度为n（SIC=2）的多元格兰杰因果关系，估计并分析变量内两种因果关系的方向。检验结果如下：

表7.9　面板VECM格兰杰因果关系结果

因变量	自变量				
	$InCo2_{it}$	InY_{it}	$InTR_{it}$	$InEC_{it}$	ECT-1
	短期				长期
"一带一路"国家					
$InCo2_{it}$	0	1.2487 [0.5356]	2.9302 [0.2310]	17.3300 [0.0002] *	-0.0079 [0.0000] *
InY_{it}	1.6195 [0.4450]	0	0.3005 [0.8605]	18.6802 [0.0001] *	0.0011 [0.5428]
$InTR_{it}$	0.3517 [0.8387]	3.7997 [0.1496]	0	14.3249 [0.0008] *	0.0025 [0.2859]
$InEC_{it}$	13.3974 [0.0012] *	0.4795 [0.7868]	0.0925 [0.9548]	0	-0.0022 [0.0320] *
高收入国家					
$InCo2_{it}$	0	1.3830 [0.5008]	1.2084 [0.5465]	12.3981 [0.0020] *	-0.0094 [0.0008] *
InY_{it}	1.0366 [0.5955]	0	0.7134 [0.7000]	10.3203 [0.0057] *	-0.0082 [0.0120] *
$InTR_{it}$	0.8481 [0.6544]	0.0086 [0.9957]	0	3.5804 [0.1669]	0.0028 [0.5079]
$InEC_{it}$	4.3611 [0.1130]	1.1299 [0.5684]	2.3906 [0.3026]	0	0.0024 [0.2079]
中等收入国家					
$InCo2_{it}$	0	0.3361 [0.8453]	5.0801 [0.0789] ***	6.5886 [0.0371] **	-0.0031 [0.0000] *
InY_{it}	2.0913 [0.3514]	0	1.6337 [0.4418]	8.3475 [0.0154] **	0.0001 [0.9209]
$InTR_{it}$	0.1346 [0.9349]	7.0280 [0.0298] **	0	7.9989 [0.0183] **	-0.0002 [0.8139]
$InEC_{it}$	25.6053 [0.0000] *	1.7689 [0.4129]	0.7490 [0.6876]	0	-0.0010 [0.0065] *
低收入国家					
$InCo2_{it}$	0	1.4921 [0.4742]	7.2661 [0.0264] **	6.8192 [0.0331] **	-0.0536 [0.0000] *
InY_{it}	2.3161 [0.3141]	0	0.6581 [0.7196]	6.3442 [0.0419] **	-0.0149 [0.1480]

（续表）

因变量	自变量				
	$lnCo2_{it}$	lnY_{it}	$lnTR_{it}$	$lnEC_{it}$	ECT-1
	短期				长期
$lnTR_{it}$	2.9359 [0.2304]	0.4687 [0.7910]	0	4.3696 [0.1125]	−0.0163 [0.2986]
$lnEC_{it}$	1.4947 [0.4736]	0.8927 [0.6399]	1.6468 [0.4389]	0	−0.0281 [0.0002]*
东亚					
$lnCo2_{it}$	0	1.3295 [0.5144]	0.7680 [0.6811]	0.4543 [0.7968]	−0.0901 [0.2115]
lnY_{it}	5.6673 [0.0588]***	0	1.4974 [0.4730]	8.8903 [0.0117]	0.0173 [0.7982]
$lnTR_{it}$	7.3016 [0.0260]**	4.6727 [0.0967]***	0	6.0167 [0.0494]**	−0.1629 [0.0378]**
$lnEC_{it}$	1.6397 [0.4405]	8.5985 [0.0136]**	7.2096 [0.0272]**	0	−0.0811 [0.0004]*
南亚					
$lnCo2_{it}$	0	2.0055 [0.3669]	0.7635 [0.6827]	4.9328 [0.0849]***	0.0085 [0.1926]
lnY_{it}	0.9883 [0.6101]	0	0.7069 [0.7022]	0.6981 [0.7053]	0.0015 [0.8169]
$lnTR_{it}$	2.0244 [0.3634]	15.23863 [0.0005]*	0	0.9334 [0.6270]	0.0268 [0.0001]
$lnEC_{it}$	12.5851 [0.0018]*	2.7928 [0.2475]	0.9591 [0.6190]	0	0.0015 [0.6956]
中亚					
$lnCo2_{it}$	0	2.3240 [0.3129]	5.3926 [0.0675]	11.7651 [0.0028]*	0.0077 [0.7782]
lnY_{it}	3.4059 [0.1821]	0	0.7016 [0.7041]	3.5999 [0.1653]	0.0548 [0.0646]
$lnTR_{it}$	10.5200 [0.0052]*	5.6221 [0.0601]*	0	8.1708 [0.0168]*	−0.0897 [0.0325]**
$lnEC_{it}$	2.9591 [0.2277]	3.0529 [0.2173]	0.1795 [0.9142]	0	0.0104 [0.5874]

注：*，**，***分别代表1%，5%和10%统计水平上的显著性。

表7.10 面板VECM格兰杰因果关系结果

因变量	自变量				
	$InCo2_{it}$	InY_{it}	$InTR_{it}$	$InEC_{it}$	ECT–1
短期					长期
中东/非洲					
$InCo2_{it}$	0	4.7957 [0.0909] ***	6.3626 [0.0415] **	6.5713 [0.0374] **	0.0001 [0.9906]
InY_{it}	1.1447 [0.5642]	0	0.2670 [0.8750]	12.8194 [0.0016] *	0.0058 [0.6935]
$InTR_{it}$	0.0507 [0.9749]	4.8561 [0.0882] ***	0	3.1981 [0.2021]	0.0327 [0.1114]
$InEC_{it}$	1.3344 [0.5131]	1.2602 [0.5325]	2.1999 [0.3329]	0	0.0034 [0.7136]
南亚					
$InCo2_{it}$	0	0.5075 [0.7759]	2.4841 [0.2888]	1.5018 [0.4719]	0.0002 [0.5460]
InY_{it}	0.1256 [0.9391]	0	1.4524 [0.4837]	1.4525 [0.4837]	–0.0001 [0.9709]
$InTR_{it}$	1.0750 [0.5842]	7.7166 [0.0211]	0	3.0753 [0.2149]	0.0013 [0.0204]
$InEC_{it}$	1.3776 [0.5022]	2.7386 [0.2543]	2.8025 [0.2463]	0	0.0004 [0.0095]
欧洲					
$InCo2_{it}$	0	0.3553 [0.8372]	6.6823 [0.0354] **	4.1866 [0.1233]	–0.0169 [0.0046] *
InY_{it}	2.9953 [0.2237]	0	0.1447 [0.9302]	4.8213 [0.0898] ***	–0.0283 [0.0032] *
$InTR_{it}$	1.6183 [0.4452]	1.5161 [0.4686]	0	3.1959 [0.2023]	0.0115 [0.3078]
$InEC_{it}$	32.4836 [0.0000] *	3.2300 [0.1989]	5.8535 [0.0536] ***	0	0.0116 [0.0061]

注：*，**，***分别代表1%，5%和10%统计水平上的显著性。

第四节 研究结果及政策建议

（一）实证结果分析

本节讨论分析实证结果。表7.2、表7.3显示了使用Pesaran方法应用于相关和独立变量的横截面依赖性测试的结果。基于结果，通过拒绝所选变量的横截面依赖性测试的零假设来得出结论。随后，进行单位根检验以检查平稳性并使用LLC统计数据确定数据的综合特征，然后使用CADF检验统计数据。对于所有变量，这些测试的结果在表7.4、表7.5、表7.6中报告，表明二氧化碳排放量、贸易开放度、人均GDP和能源消耗在水平形式上是非平稳的。另一方面，在第一个差异中，所有变量都被整合，解释了碳排放、经济增长、贸易开放和能源消耗在每个面板中具有独特的整合顺序。该结果有助于使用面板协整技术检查每个面板中系列之间的长期关系。使用由开发的面板协整检验，从表7.7、表7.8中显示了面板协整检验的估计值。经验证据表明，在大多数情况下，对于两种测试都可以拒绝无协整的零假设。因此，我们总结说，有足够的证据证明潜在变量之间存在协整关系。

表7.13—表7.16报告了针对具体国家的FMOLS分析经济增长、能源消耗和贸易对环境质量影响的结果。对于高收入国家，国际贸易显著提高环境质量：波兰（1%）、卡塔尔（1%）、俄罗斯（1%）、以色列（1%）、捷克（10%）和科威特（5%）。也有国家的贸易显著减少了二氧化碳排放量：新加坡（1%）和匈牙利（1%）。同样，克罗地亚（10%）、波兰（1%）和俄罗斯（1%）等国家的经济增长与二氧化碳排放成反比。此外，科威特（5%）、卡塔尔（5%）、捷克（10%）、立陶宛（1%）、阿曼（1%）、塞浦路斯（5%）、新加坡（1%）和匈牙利（5%）均显示碳排放与经济增长之间的正相关关系。同样，能源消耗显著增加环境污染的国家有：克罗地亚（1%）、波兰（1%）、卡塔尔（1%）、俄罗斯（1%）、爱沙尼亚（1%）、拉脱维亚（1%）、立陶宛（1%）、斯洛文尼亚（1%）、塞浦路斯（1%）、科威特（1%）、斯洛伐克（1%）、捷克（1%）、阿曼（5%）、匈牙利（1%）和以色列（1%）。

在中等收入国家，我们发现与全球经济增长相伴的贸易对环境污染有正面影响的国家有：印度（1%）、印度尼西亚（10%）、越南（1%）、阿尔巴尼亚（1%）、土耳其（1%）、白俄罗斯（1%）、土库曼斯坦（5%）、亚美尼

表7.11　EKC结果

因变量					
	$lnCo2_{it}$				
	"一带一路"国家			南亚	
变量	系数	P-value	变量	系数	P-value
lnY_{it}	−1.1147	0.0000*	lnY_{it}	−1.4538	0.0000*
$lnTR_{it}$	1.5184	0.0000*	$lnTR_{it}$	2.555	0.0003*
$lnTR_{it}^2$	−0.0590	0.0000*	$lnTR_{it}^2$	−0.0814	0.1389
$lnEC_{it}$	1.0489	0.0000*	$lnEC_{it}$	0.8257	0.0000*
转折点	USD386314		转折点	USD8612713.642	
	高收入国家			中亚	
变量	系数	P-value	变量	系数	P-value
lnY_{it}	−1.2342	0.0000*	lnY_{it}	0.1865	0.0003*
$lnTR_{it}$	1.5347	0.0000*	$lnTR_{it}$	1.5288	0.0000*
$lnTR_{it}^2$	−0.0710	0.0000*	$lnTR_{it}^2$	−0.0639	0.0000*
$lnEC_{it}$	1.0448	0.0000*	$lnEC_{it}$	0.9160	0.0000*
转折点	USD57362.316		转折点	USD338856.956	
	中等收入国家			中东/非洲	
变量	系数	P-value	变量	系数	P-value
lnY_{it}	−1.0986	0.0000*	lnY_{it}	−1.1413	0.0000*
$lnTR_{it}$	1.11871	0.0001*	$lnTR_{it}$	1.4808	0.0293**
$lnTR_{it}^2$	−0.0647	0.9370	$lnTR_{it}^2$	−0.0633	0.6470
$lnEC_{it}$	0.9985	0.0000*	$lnEC_{it}$	0.9209	0.0000*
转折点	USD6212.84		转折点	USD227142.60	
	低收入国家			南亚	
变量	系数	P-value	变量	系数	P-value
lnY_{it}	0.3320	0.0799***	lnY_{it}	−1.4674	0.0000*
$lnTR_{it}$	−1.3137	0.0000*	$lnTR_{it}$	8.7983	0.0000*
$lnTR_{it}^2$	0.0785	0.0000*	$lnTR_{it}^2$	−0.3481	0.0000*
$lnEC_{it}$	−0.3756	0.0545**	$lnEC_{it}$	0.5951	0.0000*
转折点	USD4521.805		转折点	USD308909.7981	
	东亚			东欧	
变量	系数	P-value	变量	系数	P-value
lnY_{it}	−1.0646	0.0000*	lnY_{it}	−1.1622	0.0000*
$lnTR_{it}$	1.8589	0.0002*	$lnTR_{it}$	1.5937	0.0003*
$lnTR_{it}^2$	−0.1144	0.1164	$lnTR_{it}^2$	−0.0990	0.3096
$lnEC_{it}$	0.6946	0.0792***	$lnEC_{it}$	0.0617	0.0000*
转折点	USD3460.3423		转折点	USD3119.582	

注：*，**，***分别代表1%，5%和10%统计水平上的显著性。

亚（1%）、中国（1%）、哈萨克斯坦（1%）、马来西亚（1%）、摩尔多瓦（1%）、巴基斯坦（1%）、泰国（1%）、乌克兰（5%）、菲律宾（1%）和乌兹别克斯坦（1%）。但在约旦（1%），埃及（1%），斯里兰卡（1%）和马其顿（5%）显示出相反的显著关系。同样，经济增长显著增加二氧化碳排放量的国家有：印度（1%）、印度尼西亚（5%）、约旦（1%）、埃及（1%）、蒙古（5%）、斯里兰卡（1%）、哈萨克斯坦（1%）、马来西亚（1%）、摩尔多瓦（1%）、巴基斯坦（1%）、泰国（1%）和菲律宾（5%）。经济增长对环境污染的影响呈负相关且显著的国家有：中国（1%）、阿尔巴尼亚（1%）、土耳其（1%）、白俄罗斯（1%）、亚美尼亚（1%）、伊朗（1%）、越南（1%）、乌克兰（1%）、乌兹别克斯坦（10%）和罗马尼亚（1%）。此外，能源使用对二氧化碳排放在以下国家呈显著正相关关系：中国（1%）、约旦（1%）、伊朗（1%）、土耳其（1%）、泰国（1%）、哈萨克斯坦（1%）、马来西亚（1%）、土耳其（5%）、白俄罗斯（1%）、保加利亚（1%）、马其顿（1%）、亚美尼亚（1%）、埃及（1%）、印度（1%）、印度尼西亚（1%）、摩尔多瓦（1%）、巴基斯坦（1%）、菲律宾（1%）、斯里兰卡兰卡（1%）、越南（5%）、乌克兰（1%）、蒙古（1%）、乌兹别克斯坦（1%）和罗马尼亚（1%）。

　　贸易开放增加了环境污染的低收入国家有：也门（1%）、吉尔吉斯斯坦（1%）、尼泊尔（1%）、孟加拉国（10%）和柬埔寨（5%），塔吉克斯坦（1%）和柬埔寨（1%）。这些国家的经济增长显著增加了二氧化碳排放量。同样，尼泊尔（5%）和孟加拉国（5%）的经济增长与碳排放之间存在着显著的负相关关系。此外，结果表明，能源消耗增加了污染的国家有：也门（1%）、吉尔吉斯斯坦（1%）、塔吉克斯坦（5%）和孟加拉国（1%）。

　　最后，面板FMOLS的计算结果如表7.12—表7.16所示。报告结果显示，国际贸易显著增加了"一带一路"、中亚、东南亚、中东、南亚、高收入、中收入和低收入群体的环境污染。相反，东亚和欧洲的结果显示国际贸易与碳排放呈负相关关系。此外，经济增长和能源消耗在大多数小组中都显示出积极的显著关系，说明这些自变量通过增加这些区域的二氧化碳排放量来降低环境质量。同样，面板VECM Granger因果检验的输出如表7.9、表7.10所示。研究结果表明，"一带一路"国家、高收入国家、中收入国家、低收入国家和欧洲国家的贸易开放与二氧化碳排放之间存在长期因果关系。并且在短期内，贸易开放导致中低收入国家、中东、非洲和欧洲产生了二氧化碳排放。此外，我们的结果证实，在所有10个面板中，贸易开放与环境污染之间存在倒U型关系。这一结果意味着，该集团内的国家将其经济扩展到全球，在达到最高贸易水平后，二氧化碳排放量将先增加，然后开始下降。这些贸易转折点标志着排放量开始下降，见表7.11。

表7.12　FMOLS面板结果

因变量					
	$lnCo2_{it}$				
国家/变量	系数	P-value	国家/变量	系数	P-value
"一带一路"国家			南亚		
lnY_{it}	−0.2055	0.0000*	lnY_{it}	0.1306	0.0000*
$lnTR_{it}$	0.2240	0.0000*	$lnTR_{it}$	0.2368	0.0000*
$lnEC_{it}$	1.1648	0.0000*	$lnEC_{it}$	0.7464	0.0000*
高收入国家			中亚		
lnY_{it}	−0.5800	0.0000*	lnY_{it}	0.0576	0.0303**
$lnTR_{it}$	0.4623	0.0000*	$lnTR_{it}$	0.1174	0.0596***
$lnEC_{it}$	1.1857	0.0000*	$lnEC_{it}$	0.7558	0.0000*
中等收入国家			中东/非洲		
lnY_{it}	−0.0488	0.0000*	lnY_{it}	−0.0773	0.0002*
$lnTR_{it}$	0.0471	0.0124**	$lnTR_{it}$	0.3314	0.0000*
$lnEC_{it}$	1.2701	0.0000*	$lnEC_{it}$	0.6140	0.0000*
低收入国家			南亚		
lnY_{it}	0.0989	0.0000*	lnY_{it}	0.2209	0.0000*
$lnTR_{it}$	0.3090	0.0000*	$lnTR_{it}$	0.1861	0.0001*
$lnEC_{it}$	1.096	0.0000*	$lnEC_{it}$	1.2633	0.0000*
东亚			东欧		
lnY_{it}	0.3728	0.0000*	lnY_{it}	0.0666	0.0000*
$lnTR_{it}$	−0.1172	0.2625	$lnTR_{it}$	−0.1407	0.0000*
$lnEC_{it}$	0.6835	0.0000*	$lnEC_{it}$	1.1414	0.0000*

注：*，**，***分别代表1%，5%和10%统计水平上的显著性。

表7.13　FMOLS各国的具体结果

因变量					
$lnCo2_{it}$					
高收入国家					
国家/变量	系数	P-value	国家/变量	系数	P-value
克罗地亚			波兰		
lnY_{it}	−0.1162	0.0582***	lnY_{it}	−0.3813	0.0000*
$lnTR_{it}$	0.0405	0.5460	$lnTR_{it}$	0.2071	0.0001*
$lnEC_{it}$	1.5687	0.0000*	$lnEC_{it}$	1.3635	0.0000*
巴林			卡塔尔		
lnY_{it}	0.3356	0.5210	lnY_{it}	0.3886	0.0292
$lnTR_{it}$	0.2373	0.3409	$lnTR_{it}$	0.5333	0.0000*
$lnEC_{it}$	0.1165	0.4142	$lnEC_{it}$	0.2045	0.0003*
科威特			俄罗斯		
lnY_{it}	0.2244	0.0245**	lnY_{it}	−0.2944	0.0008*
$lnTR_{it}$	0.1308	0.0324**	$lnTR_{it}$	0.2983	0.0134**
$lnEC_{it}$	0.6085	0.0000*	$lnEC_{it}$	1.0516	0.0010*
以色列			沙特阿拉伯		
lnY_{it}	−0.0359	0.5556	lnY_{it}	0.1163	0.7247
$lnTR_{it}$	0.2070	0.0000*	$lnTR_{it}$	0.3632	0.2131
$lnEC_{it}$	1.4443	0.0000*	$lnEC_{it}$	0.5134	0.3509
爱沙尼亚			新加坡		
lnY_{it}	−0.0893	0.4775	lnY_{it}	2.3278	0.0008*
$lnTR_{it}$	0.0319	0.8118	$lnTR_{it}$	−1.5231	0.0007*
$lnEC_{it}$	1.1860	0.0001*	$lnEC_{it}$	−0.4304	0.2693
拉脱维亚			斯洛文尼亚		
lnY_{it}	0.1916	0.3537	lnY_{it}	−0.0626	0.6929
$lnTR_{it}$	0.3746	0.0511***	$lnTR_{it}$	0.0442	0.7069
$lnEC_{it}$	1.5531	0.0000*	$lnEC_{it}$	1.3933	0.0000*
捷克			斯洛伐克		
lnY_{it}	0.1797	0.0978***	lnY_{it}	−0.2082	0.0293**
$lnTR_{it}$	0.2262	0.0071*	$lnTR_{it}$	0.0923	0.1830
$lnEC_{it}$	1.0106	0.0000*	$lnEC_{it}$	1.2504	0.0000*
立陶宛			塞浦路斯		
lnY_{it}	0.5614	0.0000*	lnY_{it}	0.2776	0.0004*
$lnTR_{it}$	0.3933	0.0001*	$lnTR_{it}$	−0.0057	0.9047
$lnEC_{it}$	0.6499	0.0002*	$lnEC_{it}$	0.8096	0.0000*
阿曼			匈牙利		
lnY_{it}	1.0844	0.0002*	lnY_{it}	0.0799	0.0141**
$lnTR_{it}$	0.0818	0.4391	$lnTR_{it}$	−0.0660	0.0020*
$lnEC_{it}$	0.2165	0.6087	$lnEC_{it}$	1.6980	0.0000*

注：*，**，＊＊＊分别代表1%，5%和10%统计水平上的显著性。

表7.14　FMOLS各国的具体结果

因变量					
	$InCo2_{it}$				
中等收入国家					
国家/变量	系数	P-value	国家/变量	Coefficient	P-value
约旦			马其顿		
InY_{it}	0.0799	0.0141**	InY_{it}	0.1105	0.5008
$InTR_{it}$	−0.0660	0.0020*	$InTR_{it}$	−0.3296	0.0241
$InEC_{it}$	1.6980	0.0000*	$InEC_{it}$	0.9667	0.0145
阿尔巴尼亚			土耳其		
InY_{it}	−0.3277	0.0017*	InY_{it}	−0.4261	0.0000*
$InTR_{it}$	0.2003	0.0578***	$InTR_{it}$	0.5985	0.0000*
$InEC_{it}$	1.8733	0.0000*	$InEC_{it}$	0.1251	0.3988
白俄罗斯			土库曼斯坦		
InY_{it}	−0.2128	0.0037*	InY_{it}	0.0616	0.1218
$InTR_{it}$	0.1757	0.0326**	$InTR_{it}$	0.1642	0.0295**
$InEC_{it}$	1.0657	0.0000*	$InEC_{it}$	0.8983	0.0000*
保加利亚			亚美尼亚		
InY_{it}	0.1728	0.2346	InY_{it}	−0.0832	0.0042*
$InTR_{it}$	0.0681	0.5992	$InTR_{it}$	0.2646	0.0000*
$InEC_{it}$	1.3492	0.0000*	$InEC_{it}$	0.4695	0.0001*
中国			埃及		
InY_{it}	−0.4242	0.0000*	InY_{it}	0.4528	0.0000*
$InTR_{it}$	0.3439	0.0000*	$InTR_{it}$	−0.3482	0.0108**
$InEC_{it}$	1.2799	0.0000*	$InEC_{it}$	1.7304	0.0000*
伊朗			印度		
InY_{it}	−0.1977	0.0000*	InY_{it}	0.3154	0.0000*
$InTR_{it}$	0.1046	0.2107	$InTR_{it}$	0.2352	0.0000*
$InEC_{it}$	1.5475	0.0000*	$InEC_{it}$	1.6122	0.0000*
哈萨克斯坦			印度尼西亚		
InY_{it}	0.1653	0.0000*	InY_{it}	0.1373	0.0173**
$InTR_{it}$	0.219	0.0000*	$InTR_{it}$	0.1918	0.0627***
$InEC_{it}$	0.9915	0.0000*	$InEC_{it}$	1.0199	0.0065*
马来西亚			摩尔多瓦		
InY_{it}	0.2469	0.0002*	InY_{it}	0.2741	0.0197**
$InTR_{it}$	0.1257	0.0298**	$InTR_{it}$	0.2877	0.0012*
$InEC_{it}$	0.8419	0.0004*	$InEC_{it}$	1.9026	0.0000*
罗马尼亚			巴基斯坦		
InY_{it}	−0.1587	0.0026*	InY_{it}	0.7670	0.0000*
$InTR_{it}$	0.0534	0.1836	$InTR_{it}$	0.3516	0.0016*
$InEC_{it}$	1.5272	0.0000*	$InEC_{it}$	2.4736	0.0000*
泰国			菲律宾		
InY_{it}	0.3593	0.0000*	InY_{it}	0.1622	0.0496**
$InTR_{it}$	0.3340	0.0000*	$InTR_{it}$	0.3236	0.0001*
$InEC_{it}$	0.8893	0.0000*	$InEC_{it}$	0.8146	0.0054*

注：*，**，***分别代表1%，5%和10%统计水平上的显著性。

表7.15　FMOLS各国的具体结果

Dependent Variable					
$lnCo2_{it}$					
中等收入国家					
国家/变量	系数	P-value	国家/变量	系数	P-value
斯里兰卡			越南		
lnY_{it}	0.2422	0.0000*	lnY_{it}	−1.2662	0.0000*
$lnTR_{it}$	−0.2864	0.0008*	$lnTR_{it}$	1.2315	0.0000*
$lnEC_{it}$	2.3515	0.0000*	$lnEC_{it}$	0.7467	0.0000*
乌克兰			蒙古		
lnY_{it}	−0.1379	0.0003*	$lnY_{it}lnY_{it}$	0.2695	0.0119**
$lnTR_{it}$	0.0537	0.0399**	$lnTR_{it}$	0.0282	0.7964
$lnEC_{it}$	1.5542	0.0000*	$lnEC_{it}$	0.9589	0.0016*
乌兹别克斯坦					
lnY_{it}	−0.1684	0.0920***			
$lnTR_{it}$	0.2631	0.0002*			
$lnEC_{it}$	0.8876	0.0000*			

注：*，**，***分别代表1%，5%和10%统计水平上的显著性。

表7.16　各国的具体结果

因变量					
$lnCo2_{it}$					
低收入国家					
国家/变量	系数	P-value	国家/变量	系数	P-value
也门			吉尔吉斯斯坦		
lnY_{it}	0.0329	0.1929	lnY_{it}	0.0854	0.2192
$lnTR_{it}$	0.2650	0.0000*	$lnTR_{it}$	0.1571	0.0002*
$lnEC_{it}$	0.6059	0.0000*	$lnEC_{it}$	0.7550	0.0000*
塔吉克斯坦			尼泊尔		
lnY_{it}	0.3125	0.0000*	lnY_{it}	−0.7646	0.0206**
$lnTR_{it}$	−0.0074	0.7805	$lnTR_{it}$	1.2252	0.0001*
$lnEC_{it}$	1.0675	0.0000*	$lnEC_{it}$	1.6958	0.1078
孟加拉			柬埔寨		
lnY_{it}	−0.6773	0.0276**	lnY_{it}	0.7566	0.0000*
$lnTR_{it}$	0.3784	0.0539***	$lnTR_{it}$	0.1332	0.0168**
$lnEC_{it}$	2.2295	0.0024*	$lnEC_{it}$	0.0437	0.7674

注：*，**，***分别代表1%，5%和10%统计水平上的显著性。

（二）研究结论及政策建议

本章研究了国际贸易与环境质量之间的关系，利用来自"一带一路"地区49个高排放国家的面板数据，引入其他关键解释变量（如能源消耗和经济增长）模拟二氧化碳排放。进一步将这些国家分为区域和收入组别，以进行有力分析。这些研究的数据来自2017年世界发展指标，从1991—2014年，为期24年，考虑到各国参与世贸组织和数据的可获得性，采用目前的面板估计方法进行实证研究。面板单位根和横截面相关检验结果表明，所有变量均为I（1）的协整，且与横截面相关。同样，协整检验证实了CO_2排放、国际贸易、经济增长和能源消费之间存在协整的现实。此外，使用FMOLS方法的结果表明，国际贸易显著增加了大多数国家的二氧化碳排放量。在"一带一路"、高收入、中等收入、低收入、东南亚、中亚、中东/非洲和南亚等地区也出现了类似的结果，因此确认了Copeland等的结果，而东亚和欧洲在贸易开放与二氧化碳排放之间存在显著的负相关关系。"一带一路"高、中、低收入小组的成果，再次印证了发达国家向发展中经济体排放与消费相关污染的普遍观点。通过将污染环境的制造业活动迁移到这些地区，为污染避风港假说提供了支持。例如，发达国家的外国直接投资极大地促使中国成为世界上污染严重的工厂，之后再将大部分产品从中国出口回发达经济体。

VECM格兰杰因果关系结果显示，贸易开放对"一带一路"、高收入国家、中等收入国家、低收入国家和欧洲国家造成了长期的环境污染。在多边气候变化协议中观察到的早期贸易和环境政策未能产生预期的结果，例如2012年的多哈气候变化会议。从那时起，研究人员和环境经济学家在研究这个问题时采取了不同的方法。我们的结果证实了过去的各种研究结果。"一带一路"的政策含义要求有关部门采纳和实施"一带一路"项目中提出的改善环境质量的建议技术。例如：绿色投资原则——旨在确保环境友好、气候韧性和社会包容性；《"一带一路"生态环境合作规划》和《绿色"一带一路"建设指导意见》。然而，这需要投资方和接受方的共同努力。因此，各国应该为绿色投资创造一个良好稳定的环境。表7.11中EKC的研究结果表明，与中、高收入国家相比，低收入国家需要数年时间才能达到转折点，但从长期来看，低收入国家可能会从发达工业经济体那里受到显著的贸易影响。然而，最不发达国家对环境污染的贡献比工业化国家少。此外，可以得出结论，由于全球外部性效应，贸易开放导致的大气排放对环境质量产生了总体的负面影响。更高的转折点意味着本小组内的国家需要更少的时间达到阈值点，反之亦然。

尽管理论上预计发展中国家将减少它们的温室气体贸易量，但减轻跨界温室气体和其他负面溢出效应需要国际环境合作。根据 Beghin 等以技术分配为重点的合作，将通过促进效率提高和现代化来提高环境质量。因此，各国都认为将环境条款纳入贸易协定是保护全球环境最有效的办法。所以贸易协定促使各国政府提高处理与环境有关问题的能力，同样，减少对环境友好产品的贸易壁垒可能会以更低的成本增加获得绿色技术的机会。例如，《跨太平洋伙伴关系协定》(Trans-Pacific Partnership, TPP) 有望通过提供绿色产品、服务和投资，帮助发展中国家转向更清洁的产业，并转向低碳道路。必须减少煤炭使用，减少新建燃煤电厂，积极推进工业电气化和建筑清洁供暖，制定有效的碳定价，为依赖煤炭的国家提供有针对性的能源和经济转型支持。研究结果表明，随着各国逐渐采用环保生产技术，更多的贸易并不一定会导致碳排放，反之亦然。

总的来说，为了减少排放而不影响贸易额和经济增长，需要能源依赖国家增加能源供应投资和能源效率，并调整能源政策，以减少不必要的能源消耗。此外，通过政府间的协调努力，减少促进可再生能源发展的经济障碍，如为开发商提供足够的补贴，降低投资风险等，逐步扩大可再生能源市场。

尽管上述分析对这一主题提供了有价值的见解，但应该承认，制定有效的能源和贸易政策，在保持经济增长的同时减少二氧化碳排放，必须考虑变量，而不是研究中使用的变量。此外，这些分析是在国家尺度进行的，因此，平均排放量和国家间排放水平的变化很可能受到与国际贸易有关因素的影响，例如国际贸易的规模和有关国家的开放程度。今后这项工作的扩展应考虑到城市化、能源供应的安全、农村发展问题和其他环境变量。

参考文献

[1] ABDUL R, LIU X X, WAQAS A, ILHAN O, OBAID U R, SULEMAN S. Energy and ecological Sustainability: Challenges and panoramas in Belt and Road Initiative countries[J]. Sustainability, 2018, 10（8）: 2743.

[2] BALTAGI B H, DEMETRIADES P O, LAW S H. Financial Development and Openness: Evidence from Panel Data[J]. Journal of Development Economics, 2009, 89（2）: 285-296.

[3] BECKERMAN W. Sustainable Development': Is it a useful concept? [J]. Environmental Values, 1994, 3, 191-209.

[4] BILDIRICI M E, KAYIKCI F. Economic growth and electricity consumption in former Soviet Republics[J]. Energy Economics, 2012, 34（3）: 747-753.

[5] BOULATOFF C, JENKINS M. Long-term nexus between openness, income, and environmental quality[J]. International Advances in Economic Research, 2010, 16（4）: 410-418.

[6] BREUSCH T S, PAGAN A R. The Lagrange Multiplier Test and its Applications to Model Specification in Econometrics[J]. Review of Economic Studies, 1980,（1）: 239-253.

[7] COPELAND B R, TAYLOR M S. Trade, growth, and the environment[J]. Journal of Economic Literature, 2004, 42, 7-71.

[8] COPELAND B R, TAYLOR M S: Trade and the environment: Theory and evidence [M]. Princeton, NJ, USA: Princeton University Press, 2003.

[9] DOGAN E, TURKEKUL B. CO2 emissions, real output, energy consumption, trade, urbanization and financial development: testing the EKC hypothesis for the USA[J]. Environmental ence & Pollution Research, 2016, 23（2）: 1203-1213.

[10] FRANKEL J A, ROSE A K. Is trade good or bad for the environment? Sorting out the causality[J]. The Review of Economics and Statistics, 2005, 87, 85-91.

[11] GROSSMAN G M K, ALAN B. Environmental impacts of a North American free trade agreement[J]. National Bureau of Economic Research Working Paper Series, 1991, 3914.

[12] JOHN, BEGHIN, DAVID, et al. Trade Liberalization and the Environment in the Pacific Basin: Coordinated Approaches to Mexican Trade and Environment Policy[J]. Am. j. agr. econ, 1995.

[13] KOHLER M. CO2 emissions, energy consumption, income and foreign trade: A South

African perspective［J］. Energy Policy, 2013, 63（dec.）: 1042-1050.

［14］ LEVIN A, LIN C F. Unit root tests in panel data: Asymptotic and finite-sample integrated systems［J］. Econometrica, 1992, 61（4）: 783-820.

［15］ MELTZER J P. Trade liberalization and international co-operation: A legal analysis of the Trans-Pacific Partnership Agreement［J］. Edward Elgar, 2014, 1-32.

［16］ PAO H T, TSAI C M. CO2 emissions, energy consumption and economic growth in BRIC countries［J］. Energy Policy, 2010, 38（12）: 7850-7860.

［17］ PEDRONI P. Critical values for cointegration tests in heterogeneous panels with multiple regressors［J］. Oxford Bulletin of Economics and Stats, 1999, 61（S1）: 653-670.

［18］ PESARAN M H, ULLAH A, YAMAGATA T. A Bias-Adjusted LM Test of Error Cross Section Independence［J］. Econometrics Journal, 2008, 11（1）: 105-127.

［19］ PESARAN M H. A Simple Panel Unit Root Test in the Presence of Cross Section Dependence［J］. Journal of Applied Econometrics, 2007, 22（2）: 265-312.

［20］ PESARAN M H. General diagnostic tests for cross section dependence in panels［J］. 2004, 1-41.

［21］ SHAFIK N, BANDYOPADHYAY S. Economic growth and environmental quality: time series and cross-country evidence［J］. Policy Research Working Paper Series, 1992.

［22］ SINHA A, BHATTACHARYA J. Estimation of environmental Kuznets curve for SO2 emission: A case of Indian cities［J］. Ecological Indicators, 2017, 72, 881-894.

［23］ STERN D I. The environmental Kuznets curve after 25 years［J］. Journal of Bioeconomics, 2015, 19（1）: 1-22.

第八章

"一带一路"沿线国家的能源效率评估 ①

第一节　引言

　　中国提出了"一带一路"倡议（The Belt and Road Initiative，BRI），以促进能源基础设施发展和邻国经济合作。然而，与其他项目一样，BRI也带来了许多可能会恶化环境的问题。为此，本章测度了"一带一路"国家的能源效率水平及其驱动因素，并对其收敛性进行剖析。研究结果表明，能源效率低下是由结构性的因素导致。因此，BRI倡议应注重改善长期结构问题。

　　"一带一路"倡议目的是通过构建道路和基础设施网络，刺激和促进周边欧洲、亚洲和非洲国家的经济增长。到目前为止，这一倡议已将不同国家联系起来，加强了这些国家之间的合作，并促进了经济效益，使之成为一个备受全球关注的项目。目前，已有超过65个国家表达了支持BRI倡议的意愿。鉴于能源系统在区域经济发展中的重要作用，BRI的一个重点是改善能源供应并提升区域环境质量。在"一带一路"国际产业合作过程中，中国国内产业结构实现升级的同时，也将通过创造和使用先进技术促进经济增长，并带动这些周边欠发达国家的经济发展。但是，也存在中国的钢铁、煤炭、化工等产业转移到周边国家过程中可能会导致沿线国家环境质量恶化的担忧。这些争议可能会阻碍其他经济体参与这项倡议，从而失去BRI可能提供的经济增长机会。

　　解决这一争议首先应使"一带一路"沿线国家了解BRI项目的不利影响，

---

① 该研究成果发表在《*Energies*》2020年刊。SUN H, BLESS KOFIE, SONG X, KPORSU AK, FARHADT. Estimating Persistent and Transient Energg Efficiency in Belt and Road countries; A stochastic Frontier Analysis［J］. Energies. 2020, 13，3837.

澄清该倡议是否会扩大或缩小两国之间的能效差距,并为中国和伙伴国的决策者提供实际信息。遗憾的是,尽管这些问题很重要,但没有足够的数据进行实证检验,因为BRI才刚刚开始。因而,本章试图估计"一带一路"沿线国家的能源效率并分析其驱动因素。同时,分析了BRI沿线国家能源效率的收敛,并对未来政策方向提出了相应的建议。

随机前沿模型是衡量效率水平的常用方法之一。最近的研究重点是将生产力的效率分为两部分:持续部分和短暂部分。利用该模型,可以同时区分持续效率(PE)和瞬时效率(TE),从而估计总效率。PE可能会因公司生产过程中的结构性问题,管理能力不足和基础设施瓶颈而受到扭曲。因此,PE是一个长期的风险问题,如长期拒绝替代或更改过时的工具。相反,短期内可以处理的非系统性管理问题且会扭曲TE,因此,TE随时间而变化,是一个暂时性的问题,诸如供应商选择不合格、资源分配不优化、推迟过时或无效的设备更换、未知情况下的试错过程。

由于以上原因,区分这两种效率对于沿线国家的政策制定至关重要。因为在某些合作国家,BRI可能会改变长期和短期政策,因此各国必须了解自己的比较优势。在能源效率这方面,这些国家的政府可以在知情的情况下,决定在BRI下应采用何种能源政策工具,以及应采用何种强度的政策,以减少此类低效现象对能源消耗的影响。鉴于各国可能需要通过很长时间来提高能源效率,因此有必要评估随时间变化的短暂低效率。

在目前SFA模型中,很少有研究考虑区分持续性和短暂性,大多数研究从单一国家的角度提供证据,而从跨国的角度来看,学者们没有做过太多的实证工作来区分持续和瞬时的能源效率低下。因此,我们估计了"一带一路"国家的持续能源效率(PEE)和瞬时能源效率(TEE),另外,测量了各地区之间的能源效率趋同问题。希望本研究结果为促进"一带一路"区域合作提供政策参考。

第二节 能源效率评估方法

(一)随机能源需求函数

在估算能源效率时,采用了随机能源需求函数。使用Filippini等的模型,该模型与 Aigner 的原始模型一致，形式如下：

$$ED_t^c = f(K_t^c, P_t^c, GDP_t^c, PD_t^c, URB_t^c, SS_t^c, IS_{tN} UEDT_t^c : \beta) E^{v_t^c + u_t^c} \qquad (1)$$

其中预测变量"ED"是 t 年 c 国（c=1, 2···n）的总能源需求量（t=1, 2···n）；f（.）是随机边界的确定部分，取决于可用知识（K）、燃料价格（P）、国内生产总值（GDP）、人口密度（PD）、服务价值份额等因素。工业行业结构份额（IS）、服务业行业价值份额（SS）和潜在能源需求趋势（UEDT）。在Filippini 等模型中，UEDT 捕捉了技术进步对能源消耗的影响，因此，将代表UEDT 的时间趋势包括在内。β 是尚未估计的参数。上式中的最后一部分表示实际能源使用和前沿能源使用的差异，由两个独立部分组成。第一部分描述了输出中的随机变化，并捕获了数据中的噪声效应和误差，假设其对称相同，且正态分布。第二部分论述了能源利用效率低下的问题。因此，能量消耗的增加会导致能源消耗的浪费，从而降低能源效率，反之亦然。这是一个非负随机误差项，假设为半正态。

根据 Jondrow 等人的研究，计算了效率项"EE_c^t"（如式 2 所示），E_{ct}^F 是国家 c 在时间 t 的最小可行能源消耗；E_{ct} 是生产过程中实际消耗的能源量。因此，时间 t 的国家能源效率可写为：

$$EE_c^t = \frac{E_{ct}^F}{E_{ct}} = \exp(-u_c^t) = EE_{ct}^T \cdot EE_c^p \qquad (2)$$

其中，"EE_{ct}^T"表示瞬变部分，"EE_c^p"表示持续部分。在能源效率指数中，如果该国处于技术前沿，则"能源效率"指数等于 1，因此，在低于前沿的指数中，能源效率小于 1，表示能源效率低。

（二）能效的决定因素（EE_c^t）

根据其他有关能源效率决定因素的文献，假设能源价格、收入水平、经济结构和人口问题等因素在解释能源效率表现方面起着至关重要的作用。因此，在本章中，通过回归能源价格、收入、贸易、城市化、外商直接投资、工业部门增加值占国内生产总值的比重和地区性数据来了解能源效率的决定因素。将模型设定为：

$$EE_c^t = \theta_0 + \varphi P_c^t + \varphi PCI_c^t + \varphi Trad_c^t + \varphi URB_c^t + \varphi FDI_c^t + \varphi IS_c^t + D_c + \varepsilon_c^t \qquad (3)$$

不可观测的国家效应被认为是效率低下以外的其他因素。为了控制这些不可观测的国家效应，Greene使用了真正的随机或固定效应模型，将国家特定效应与效率低下分开。但是，在这样做的过程中，Greene只估计了短暂的时变效率，忽略了持续的效率。为了得到一个稳健的结果，将固定效应模型（FEM）、Greene的真实固定效应模型（GTFEM）和一致的真实固定效应模型（CTFEM）三个模型进行了对比。一个拒绝REM的豪斯曼试验通知了FEM的选择（结果见表8.1）。上述模型均不能同时考虑PE和TES，因此，采用Kumbhakar-Heshmati模型（KHM），该模型试图将误差项分成三个来将PEK与测试分开。在估计中，将不可观测的国家效应视为持续的低效，而假设第二个分量捕获时变（瞬时）低效，假设误差项的第三部分捕获数据中的噪声。

表8.1: Hausman检验

	Coefficients		（b-B）	sqrt(diag(V_b-V_B))
			Difference	（S.E.）
	（b）	（B）		
	Fixed	Random		
lnPrice	−0.0291709	−0.0216902	−0.0074808	0.0021584
lnGDP	0.2182486	0.1996262	0.0186224	0.0056526
LnPD	−0.2457844	−0.2122447	−0.0335397	0.0249577
Urb	0.0335078	0.0334881	0.0000198	0.0008436
Service	−0.0062335	−0.0058954	−0.0003381	0.0002055
Urb	0.002986	0.003174	−0.000188	0.0002495
Time Trend	−0.0107496	−0.0101098	−0.0006398	0.0006027

Chi2（7）=（b-B）'[（V_b-V_B）^（−1）]（b-B）=38.12

Prob>chi2 = 0.0000

（三）"一带一路"国家能效趋同的决定因素

到2030年实现"人人可持续能源"的目标和公平增长，使能源效率趋同成为近年来能源文献中的一个重要政策课题。因此，我们还估计了能量效率的 β-收敛性。能源效率的 β 趋同意味着能源效率较低的国家往往增长更快，他们试图赶上先进的国家。根据收敛假设，绝对或无条件 β-收敛规范如下：

$$\ln\left(\frac{EE_c^t}{EE_{c,t-1}}\right)=\alpha+\beta lnEE_{c,t-1}+\varepsilon_c^t \tag{4}$$

式中，"EE_c^t"表示国家（c）年（t）的能源效率。α 为常数项，$EE_{c,t-1}$ 为一阶滞后能量效率的倒数，β 为收敛速度。负 β 与零显著不同，意味着 β-收敛得到了证实。ε_c^t 是随机误差项。Adom 等人认为控制可能对能源效率收敛产生重大影响的因素非常重要。因此在本节中加入了经济结构、外国直接投资（FDI）和贸易等变量。

产业结构是决定一个国家能源强度水平的主要因素之一。只要适当调整行业结构，行业中的能源强度可以降低，而不会对经济增长产生不利影响。工业结构以工业部门（包括建筑业）增加值占国内生产总值的百分比计量，并从世界银行数据库中提取。然而，由于大多数"一带一路"国家都是发展中国家或新兴经济体，产业结构可能将对能源效率趋同产生负面影响。当更好的技术被引进并用于生产时，贸易提高了效率。进口各种高科技机械设备，极大地提高了效率。此外，目前出口市场的竞争性质促进了有效生产实践和投入的使用和应用。因此，将进出口总贸易作为经济开放度变量并分析其影响。

除了对上述因素进行控制外，还考虑以固定的效果捕捉未观察到的国家效应。因此，在方程（4）中加入了固定效应项 μ_c。最后，方程式（4）变为：

$$\ln\left(\frac{EE_c^t}{EE_{c,t-1}}\right)=\alpha+\beta lnEE_{c,t-1}+YInd_c^t+YFDI_c^t+YTrade_c^t+\mu_c+\varepsilon_c^t \tag{5}$$

其中，外商直接投资（简称"FDI"），产业结构代表（简称"Ind"），贸易代表（简称"Trade"）。

本文采用1990—2015年55个国家的不平衡面板数据集作为研究样本。样本国也没有能源价格指数数据，因此使用实际原油价格作为能源价格的代表。在这种情况下，假设"一带一路"国家受到全球原油能源共同趋势的影响。如前所述，使用时间趋势来代表潜在的能源需求趋势（UEDT）。虽然瞬时假设是理想的首选，因为它捕捉到了UEDT的任何可能的非线性，但在本研究中，选择了时间趋势，以估计更少的参数。本研究共使用了11个变量。表8.2给出了变量的描述统计。

表8.2 变量的描述统计

Variable	样本量	均值	标准误	最小值	最大值
lnED	1431	7.286	0.97	4.749	9.4
lnPrice	1431	3.91	0.555	2.951	4.798
lnGDP	1392	24.54	1.712	20.296	30.035
lnIncome	1390	8.0391	1.427061	4.552615	10.95005
Indus	1366	30.997	11.466	6.094	74.612
lnPD	1431	4.379	1.268	0.341	8.963
Service	1424	49.765	11.092	11.346	95.795
Urb	1431	56.085	20.845	8.854	100
FDI	1325	4.043	7.87	−43.463	198.074
Trade	1359	91.24435	53.30435	15.12628	441.6038

第三节 实证结果分析

（一）能源效率估计结果

基于FEM、GTFEM、CTFEM和KHM四个模型估计了持续、瞬态和总体平均能量效率。表8.3是四个模型不同能量效率估计的汇总统计。从模型的平均效率得分来看，瞬时效率和总效率较高。这表明GTFEM和CTFEM存在向下偏差。然而，两者之间的差异并不那么显著。平均而言，瞬时能源效率得分（0.922）远优于持续能源效率得分（0.322）。这表明，"一带一路"国家存在着持续的能源低效率。因为这种持续的能源效率低下，这些国家可以将技术进步与规模经济相结合来提高能源效率。当然，可以预期只有在政府政策和管理程序发生变化时，才会发生类似的变化。在这方面，BRI倡议的一些能源基础设施和政策改革将解决该地区的长期能源问题，因为BRI中持续效率各国得分较低可以归因于较难通过知识溢出使用先进技术，或无法替代过时和低效的设备，以及基础设施瓶颈。

这些国家的高瞬时效率表明，"一带一路"国家平均在短期内逐步向基准技术发展，其总平均能源效率分别为0.294和0.302，因此这些国家通过提高能源效率可节约总能源消耗量的69%~70%左右。

表8.3　持续、瞬态和总体能效的汇总统计

Variable	样本量	均值	标准误	最小值	最大值
Persistent					
FEM	1364	0.322	0.185	0.056	1
KH_TE_P	1364	0.322	0.185	0.055	1
Transient					
GTFEM	1363	0.913	0.033	0.623	0.980
CTFEM	1363	0.914	0.031	0.64	0.979
KH_TE_R	1364	0.939	0.016	0.778	0.98
Total					
FEM_GTFEM	1363	0.294	0.17	0.068	0.949
FEM_CTFEM	1363	0.294	0.17	0.069	0.948
KH_OTE	1364	0.302	0.174	0.052	0.957

利用图8-1中的总能源效率估计值，得出了BR国家估算的能源效率的时间线。可以发现，1994—1997年间，能源效率呈指数增长，1997年之后略有下降，但在2000—2003年开始上升。自2003年以来，它一直以渐进的速度下降。

图8-1　BR国家的能源效率预测趋势

（二）区域视角下的能源效率比较

表8.4显示了按六个区域分组的"一带一路"国家能源效率的平均汇总统计数据。在持续效率方面，欧洲和中亚地区以0.381分领先，表明如果持续效率得到改善，该地区可以节省约62%的总能源消耗。紧随其后的是拉丁美洲和加勒比地区，得分为0.361，这也意味着改善持续的低效能可以削减总能源消耗量的64%左右。其他地区：东亚和太平洋地区、撒哈拉以南非洲地区、南亚地区、中东和北非地区得分为0.324、0.257、0.239、0.207，节能潜力分别为61%、74%、76%和79%。

对于暂时性低效，平均而言，东亚和太平洋地区、南亚地区、中东和北非以及撒哈拉以南非洲地区的得分相同，如果只消除暂时性低效，则可能节省总能源消耗的6%—8.6%左右。其次是欧洲和中亚地区以及拉丁美洲和加勒比地区，当从图中去掉瞬时能源效率低下时，其节能能力为6.3%~9.2%。

提高欧洲和中亚的整体能源效率，可使该地区节省约占总能源消耗量64%~65%的能源。在拉丁美洲和加勒比地区，该地区有潜力节省大约66%的总能源需求。其余为东亚和太平洋地区、撒哈拉以南非洲地区、南亚、中东和北非地区，如果整体能源效率有所提高，可分别节约能源消费总量的70%、76%、78%和81%。

表8.4 区域能源效率得分

Regions	FEM	KH_TE_P	TFEM	CTFEM	KH_TE_R	TFEM_OTE	CTFEM_OTE	K_H_OTE
东欧及中亚	0.381	0.381	0.908	0.909	0.937	0.346	0.346	0.356
拉丁美洲和加勒比	0.361	0.361	0.909	0.910	0.937	0.328	0.328	0.338
东亚及太平洋国家	0.324	0.324	0.914	0.915	0.940	0.296	0.296	0.304
中东及北非	0.207	0.207	0.913	0.914	0.939	0.189	0.189	0.194
南亚	0.239	0.239	0.914	0.915	0.940	0.218	0.218	0.224
撒哈拉以南非洲	0.257	0.257	0.914	0.914	0.939	0.236	0.236	0.242

（三）能源效率的决定因素

在考察了各国的能效表现之后继续深入了解能效的决定因素。在这里，效率的组成部分被假定用一组解释变量来解释：能源价格、人均收入、经济结构、城市化、贸易和外国直接投资。结果如表8.5所示。

能源价格对能源总效率有相当大的负面影响，能源价格每上涨1%，能源效率将下降2.4%。这表明，提高能源价格不会刺激节能技术的使用。虽然其他研究表明能源价格与能源效率之间存在正相关关系，但我们的结果却恰恰相反。这一违反直觉的结果的一个可能的解释为政府对能源市场的持续干预。在"一带一路"的一些国家。如伊朗（71%）、埃及（48%）、阿拉伯联合酋长国（40%）、俄罗斯（22%）、阿塞拜疆（22%）、印度尼西亚（22%）和巴基斯坦（14%），政府经常补贴能源价格，这几乎没有激励人们投资于节能技术。对于其中的一些国家，投资节能设备的成本远高于支付能源价格可能上涨的不重要额外成本。我们的结果与Lin和Long、Atalla的结果相矛盾，但也证实了Adom等人的结果。

然而，另一方面，收入对能源效率有着显著的正向影响，收入每增加1%将使能源效率提高0.297%，这表明BR地区国家经济的增长将刺激能源效率的提高。在这方面，支持经济增长的政策可以成为提高能效的杠杆。Du等人也得到了类似的结果。

同样，代表经济结构影响的工业增加值份额系数对总能源效率也有积极影响。本研究表明，在工业部门经济比重较大的国家，到目前为止，能源效率有较小增幅（0.61%）。一些学者得出了类似的结论，工业部门的优化提升将足以提高能源效率。另一方面，城市化对整体能源效率产生了负面影响。城市人口每增长1%，整体能源效率将增长1.76%。Du等也证实了同样的结果。

贸易和外国直接投资均与总能源效率呈正相关，但前者本身具有显著意义。"一带一路"国家贸易和外国直接投资每增长1%将分别刺激能源效率增长0.46%和0.18%。对于FDI，Jiang等人和Du等获得了类似的结果。这表明，新知识、技术和能力的转移有助于提高外国直接投资高流入国家的能源效率。同样，贸易有助于提高能源效率。

表8.5 能效的决定因素

自变量	系数
lnPrice	−0.239***
	（0.0202）
lnIncome	0.297***
	（0.0134）
Indus	0.00612***
	（0.000983）
Urb	−0.0176***
	（0.000913）
Trade	0.00464***
	（0.000212）
FDI	0.00176
	（0.00127）
D1	0.467***
	（0.0263）
D2	−0.461***
	（0.0715）
D3	−0.0652**
	（0.0317）
D4	0.353***
	（0.0432）
D5	1.080***
	（0.158）
Constant	−2.687***
	（0.0840）
Observations	1，274
R−squared	0.600

注：***、** 和 * 分别代表1%，5%和10%统计水平上的显著性。

（四）能源效率趋同

最后，研究了"一带一路"国家在能源效率方面是否正在收敛或发散。因此，通过 β−收敛分析，研究了在收敛过程中某些影响因素是否得到控制的情况下，落后国家是否能够长期赶上发达经济体。基于k-h整体能效的 β-收敛结果见表8.6。首先，表示无条件收敛的集合回归，其 $\ln EE_{c,t-1}$（即收敛速度）系数为正且不显著。这意味着，一般而言，"一带一路"国家在能源效率方面没有趋同的趋势。换言之，从长远来看，落后国家根本赶不上发达经济体，这与Han等的观点相矛盾。世卫组织还研究了BR国家的能源融合，并与Adom等的观点相符。

在下一个模型中，解释了一些影响深远的未观察到的特定于国家的固定效应，如Adom等所述。ln的系数 $EE_{c,t-1}$ 为负且显著，这表明，BR国家之间的能源效率趋同取决于特定国家的固定效应，如技术水平。Stern和Adom等在非洲国家也发现了类似的结果。

最后，控制条件变量，如外国直接投资、经济结构和贸易。ln的系数 $EE_{c,t-1}$ 为负且显著，工业部门的价值份额与能源效率趋同负相关。然而，FDI和贸易对能源效率趋同具有积极但不显著的影响。这意味着，尽管工业部门导致能源效率的差异，但贸易和外国直接投资似乎产生了相反的结果。

表8.6 能效趋同

总体能效		
自变量 Unconditional Pooled OLS	固定效应模型（Conditional）	
	Without Controls	With Controls
lnEE$_{t-1}$	−0.000401	−0.182***	−0.188***
	(0.000512)	(0.0155)	(0.0151)
FDI			0.0000082
			(.0000303)
Indus			−0.000207***
			(5.83e−05)
Trade			0.0000183
			(.0000123)
Constant	−0.000353	−0.245***	−0.253***
	(0.000743)	(0.0208)	(0.0209)
Observations	1, 306	1, 306	1, 233
Number of ID	55	55	55

注：***、** 和*分别代表1%，5%和10%统计水平上的显著性。

第四节　研究结论与政策建议

从上述结果和讨论中可以明显看出，"一带一路"国家的能源效率低下问题本质上更具结构性和长期性，因此应采取旨在提高能源效率和国际经济合作的政策。在此前提下，"一带一路"倡议是一个理想的项目，将促进长期导向的政策。因此，该倡议有望促进节约能源、促进技术和知识转移的政策。由于我们的研究结果证实了经济增长与能源效率之间存在显著的正相关关系，因此欧洲和中亚地区成为能源效率最高的地区就不足为奇了；而能源效率最低的地区是南亚、中东和北非。通过"一带一路"项目开展区域合作，从而使技术和专业知识从发达国家转移到落后国家，进而可以提高这些国家之间的能源效率和效率融合。

尽管大多数"一带一路"国家技术落后，但它们通常拥有丰富的能源资源，包括石油和天然气。例如，中东是"一带一路"的一部分，拥有全球40%以上的原油和天然气。然而，该地区仍面临若干能源需求，这可归因于该地区不断增长的发展需求，这种不断增长的能源需求要求建立一个更可靠和高效的能源市场和基础设施。中国与中东产油国通过在"一带一路"倡议下的相互合作，可以提高能源效率和安全性。其原因是：第一，中国投资于油气管道、核电、液化天然气终端等能源项目，将创造一个更好、更节能的网络。因此，该项目将有助于降低与这些能源产品运输相关的风险。第二，对能源相关基础设施的投资可以通过产业升级提高"一带一路"国家的技术进步。第三，由于对液化天然气终端和天然气管道的开发投入巨大，将鼓励卡塔尔、伊朗、印度尼西亚和澳大利亚增加整个地区的天然气产量，作为煤炭和石油的清洁替代品。

中国将部分原制造厂转移到邻国，有助于增加"一带一路"不发达国家的经济增长机会。事实上，东亚经济增长奇迹表现为劳动力密集型产业从日本向邻国中国、新加坡、韩国转移。因此，跨国界产业转移并不一定是"一带一路"倡议下的不利政策，但重要的是，需要对接收国的环境绩效进行适当管理。"一带一路"能源倡议是一个长期项目，其目标是改善能源基础设施，鼓励行业技术创新，调节能源效率，并提高沿线国家技术和管理技能。因此，我们希望从长远来看，可持续能源效率会有所提高。然而，也应实施旨在消除暂时性低效率的政策。

参考文献

[1] ADOM P K, AMAKYE K, ABROKWA K K, et al. Estimate of Transient and Persistent Energy Efficiency in Africa: A Stochastic Frontier Approach [J] . Energy Conversion and Management, 2018, 166（JUN. ）: 556-568.

[2] ADOM P K, BEKOE W, AMUAKWA-MENSAH F, MENSAH J T, BOTCHWAY E. Carbon dioxide emissions, economic growth, industrial structure, and technical efficiency: Empirical evidence from Ghana, Senegal, and Morocco on the causal dynamics [J] . Energy, 2012, 47（1）: 314-325.

[3] AIGNER D, LOVELL C A K, SCHMIDT P. Formulation and estimation of stochastic frontier production function models [J] . Journal of Econometrics, 1977, 6（1）: 21-37.

[4] COLOMBI R, KUMBHAKAR S C, MARTINI G, et al. Closed-skew normality in stochastic frontiers with individual effects and long/short-run efficiency [J] . Journal of Productivity Analysis, 2014, 42（2）: 123-136.

[5] COLOMBI R, MARTINI G, VITTADINI G. Determinants of transient and persistent hospital efficiency: The case of Italy [J] . Health Economics, 2017, 26 Suppl 2: 5.

[6] FILIPPINI M, HUNT L C, ZORIC J. Impact of energy policy instruments on the estimated level of underlying energy efficiency in the EU residential sector [J] . Energy Policy, 2014, 69（69）: 73-81.

[7] FILIPPINI M, HUNT L C. Measuring persistent and transient energy efficiency in the US [J] . Energy Efficiency, 2016, 9（3）: 663-675.

[8] GREENE W. Reconsidering heterogeneity in panel data estimators of the stochastic frontier model [J] . Journal of Econometrics, 2005, 126（2）: 269-303.

[9] JAMES J, KNOX C A, SCHMIDT P, et al. On the estimation of technical inefficiency in the stochastic frontier production function model [J] . Journal of Econometrics, 1981, 19（2-3）: 233-238.

[10] KUMBHAKAR S C, HESHMATI A. Efficiency Measurement in Swedish Dairy Farms: An Application of Rotating Panel Data [J] . Am. J. Agric. Econ. 1995, 77, 660-674.

[11] KUMBHAKAR S C, LIEN G, HARDAKER J B. Technical efficiency in competing panel data models: a study of Norwegian grain farming [J] . Journal of Productivity Analysis, 2014, 41（2）: 321-337.

[12] MI ZF, PAN SY, YU H, WEI YM. Potential impacts of industrial structure on energy

consumption and CO2 emission: a case study of Beijing [J]. Journal of Cleaner Production, 2015, 103（sep. 15）: 455-462.

[13] FILIPPINI M, HUNT L C. US residential energy demand and energy efficiency: A stochastic demand frontier approach [J] . Energy Economics, 2012, 34（5）: 1484-1491.

[14] LIN B, LONG H. A stochastic frontier analysis of energy efficiency of China's chemical industry [J] . Journal of Cleaner Production, 2015, 87: 235-244.

[15] DU M, WANG B, ZHANG N. National research funding and energy efficiency: Evidence from the National Science Foundation of China [J] . Energy Policy, 2018, 120（SEP. ）: 335-346.

[16] JIANG L, FOLMER H, JI M, TANG J. Energy efficiency in the Chinese provinces: a fixed effects stochastic frontier spatial Durbin error panel analysis [J] . Annals of Regional Science, 2017.

[17] HAN L, HAN B, SHI X, et al. Energy efficiency convergence across countries in the context of China's Belt and Road initiative [J] . Applied Energy, 2018, 213: 112-122.

[18] STERN D I. Modeling international trends in energy efficiency [J] . Energy Economics, 2012, 34（6）: 2200-2208.

第三篇

绿色"一带一路"
与全球价值链

第九章

产业转移的环境效应与绿色全球价值链构建

第一节　引言

　　党的十八届三中全会明确提出："建立系统完整的生态文明制度体系，用制度保护生态环境。"党的十九大报告首次提出建设"富强民主文明和谐美丽"的社会主义现代化强国的目标。在经济新常态背景下，绿色低碳循环发展已成为建设"美丽中国"的必由之路。随着开放型经济的持续发展，我国承接国际产业转移带来的碳排放转移和碳泄漏也日益增多，国际贸易与对外投资结构转型已经成为降低碳排放的关键因素之一。对外贸易与投资结构转型已经成为我国经济结构调整和发展方式转变的一个重要组成部分，经济贸易结构调整与转型升级可以为今后的节能减排提供巨大空间。如何通过构建对外产业转移绿色化模式并在促进贸易结构转型的同时提高我国和"一带一路"沿线国家的环境质量，是各级政府、产业界和研究者共同面临的迫切问题，也是本章所要解决的核心问题。

　　2018年以来，各大媒体都在关注贸易摩擦和关税问题，但未引起重视的是，全球化正在经历重大的结构性变革。首先，虽然商品产量和贸易量的绝对值仍在增长，但几乎全部商品生产价值链的贸易强度（也即用于贸易的产出在总产出中的占比）都在下降。与以往相比，服务和数据流对全球经济的弥合作用大幅提升。此外，所有全球价值链的知识密集度都在增强。低技能劳动作为生产要素的重要性逐渐降低。目前全球仅有18%的商品贸易由劳动成本套利所驱动。另外，新技术的影响力与日俱增。在过去，数字技术最明显的作用是降低交易成本，在未来其影响将更复杂。在某些情景下，新技术或将削弱商品贸易，同时刺激服务贸易。

　　过去40年来，关税和非关税壁垒大体上是逐渐降低的。中国在全球价值链体系中发端于进口中间产品，然后出口组装产品。在过去的十多年，中国建立了较完善的本地价值链和垂直整合的行业格局，与此同时本土企业有能力不断进军新的细分市场。中国在新建先进工业产能的同时，也在稳步推进工业现代化进程，淘汰老旧工厂，建设具有先进技术的新工厂。但近期一轮又一轮的关税制裁为中美贸易的未来蒙上阴影。根据国际货币基金组织估算，如果贸易战全面爆发，到2020年为止，可能对中国GDP累计产生1.6%的负面影响，对美国GDP累计产生1.0%的负面影响。但加征关税可能会对具体的企业、价值链和地区产生较大冲击。加征关税或将推动劳动密集型产业价值链从中国向其他发展中国家加速转移。加征关税也会对美国企业造成影响，这是因为中国出口到美国的商品中有29%是用于生产成品的中间品。关税增加会抬高美国的生产成本，由此产生的影响会以物价上涨和美国制造商利润承压的形式体现出来。如果关税进一步增加，某些过度依赖出口的地方经济很可能受到明显冲击。

目前，中国正在积极开展本土供应链的研发。贸易强度的削弱反映了新兴经济体工业成熟度的提升。随着时间的推移，它们的生产和消费能力都将比肩发达经济体。商品贸易强度的降低并不意味着全球化的终结；恰恰相反，新技术正在改变全球价值链的成本，数字技术和数据流将逐步成为连接全球经济的纽带。根据世界银行的数据，跨境数据流正呈现爆发式增长，全世界目前有45.8%的数据存储在线上。全球手机用户的总数已超过人口总数。2005—2017年的跨境宽带使用量增长了148倍。基于数字技术的低成本即时沟通有利于降低交易成本，促成贸易流动。人工智能、数字平台、区块链、物联网等技术将进一步降低交易和物流成本。数字平台可以把价值链中的远距离参与方汇聚起来，提高跨境搜索和协调效率，让一些小企业也能参与其中。电子商务市场为消费者提供了更多选择、让商品定价和对比更加透明，从而产生大量跨境流动。根据阿里研究院预计，到2030年，电子商务预计仍将激发1.3—2.1万亿美元的贸易增量，将最终的贸易额提升6%~10%。

物联网可通过实时追踪物流信息来提高配送效率，采用人工智能技术后还可根据当前路况规划卡车驾驶路线。区块链物流解决方案也可以缩短过境时间并提高支付速度。随着自动化技术和先进的机器人技术在制造业逐渐普及，企业选择生产基地时将更加重视与消费市场的距离远近、获取资源和技术人才的便利度，以及基础设施的质量。服务流程也可以通过人工智能和虚拟代理来实现自动化。将机器学习技术嵌入这些虚拟助手之后，它们就可以完成越来越多的任务。发达国家企业的一部分客户支持服务已实现了自动化,取代了以往的离岸外包。根据麦肯锡的估计,到2030年为止,自动化、人工智能和增材制造技术最多会导致全球商品贸易额较基准情况减少10%。另外,发展中国家也可以采用这些技术来提高生产率,继续生产,将贸易持续下去。

自加入WTO以来,中国已越来越深地嵌入到全球分工网络中,目前不仅是世界第一大货物贸易国,更是在全球供应链网络中居于相当重要的地位,中间品进出口占有相当的比重。在当前我国经济转型升级和供给侧改革的大背景下,如何探索与构建符合国情的对外产业转移绿色化模式、构建绿色"一带一路"并推进低碳贸易发展模式,以实现环境保护与经济发展的协调统一,成为具有重大意义的现实问题,这既体现了对外产业转移绿色化问题的战略重要性与时代紧迫性,也决定其必然是一项复杂而艰巨的系统工程。厘清对外产业转移绿色化机制,有助于找到促进贸易与对外投资低碳转型的可行路径,并为制定科学的贸易转型升级政策和构建激励相容的碳排放约束体系、打造可持续发展的绿色"一带一路"奠定基础,因而具有重要的理论与实践意义。

第二节 国际产业转移与绿色协同发展理论

当前,国际产业转移蓬勃发展,全球价值链正在重构。本研究拟明确低碳贸易转型的路径,为打造绿色"一带一路"制定低碳贸易与投资政策体系提供支撑。碳转移已经成为影响我国碳排放的重要因素。随着中国经济的持续发展和承接国际产业转移的增多,发达国家通过产业转移带来的碳转移及碳泄漏问题日趋严重。党的十九大报告指出,我们要建设的现代化是人与自然和谐共生的现代化,既要创造更多物质财富和精神财富以满足人民日益增长的美好生活需要,也要提供更多优质生态产品以满足人民日益增长的优美生态环境需要。随着经济全球化的加速发展和我国对外直接投资的加速推进,构建绿色"一带一路"的压力也日趋增大。产业转移绿色化理论的相关成果可归纳为以下几方面。

（一）国际产业转移的环境效应

目前理论界关于产业转移对环境的影响是有争议的，较为主流的学术观点是污染天堂假说和波特假说。两种假说认为产业转移影响环境的最终效果是相反的。理论上存在对产业转移环境效应的争论是因为二者具有复杂的互动关系。因而迄今为止有关这两种假说的实证研究结果还远未得到一致的结论。事实上，由于环境规制的互动反馈和累积效应会受到多种因素的影响，尤其是企业微观动机的影响。产业转移环境效应往往具有不确定性，尤其是环境规制变量本身的内生性会干扰实证检验的稳健性。

外向型经济发展与环境关系的经典研究当数 Grossman 和 Krueger 在研究北美自由贸易协定的基础上提出的环境库兹涅茨曲线（EKCs）。EKCs 的倒 U 型关系表明在低收入阶段，规模效应占主导，在高收入阶段，技术效应和结构效应占主导。从根本上来说，结构效应和技术效应会抑制规模效应。污染产业转移中的环境效应是国际经济学的研究热点问题，导致污染产业转移的动因是发展中国家与发达国家的环境规制之间存在梯度级差。污染产业转移的实证研究主要采用净出口消费指数（NETXC），来衡量一国污染产业对其他国家或地区的净出口相对于本国该产业消费的比重，从而判断是否存在污染产业转移。另外，判定污染产业的标准还有：污染减排成本占总成本的比例、污染减排成本占产业增加值的比例、产业的综合污染排放水平等。

（二）产业转移的异质性贸易理论与实证研究

垂直专业化分工和国际分割生产背景下，中间投入品贸易额大幅增加。国际贸易理论长期以来注重从国家禀赋角度考察贸易动因，后来扩展至产业层面的理论分析。自从异质性企业贸易理论被提出以来，很多学者结合微观企业的组织边界等视角对贸易、FDI 和外包活动进行了全新的考察，得出了很多新颖而有趣的结论。国内部分研究结合中国制度情境考察了制度接近、制度风险和制度质量对外向 FDI 的影响。近来新新经济地理学从企业成本异质性差异视角分析了集聚经济的空间特性，这为分析产业转移环境微观互动机理提供了新的理论视角。

Toshihiro 等基于企业异质性视角构建了环境外包模型，并采用 Logit 计量模型验证了环境因素是日本企业外包的主要影响因素之一。新新经济地理学以规模经济和垄断竞争为假设条件，认为空间集聚的动力来自于本地关联效应、规模经济和外部性等因素，而扩散的动力来自于本地拥挤效应，但更重视居民和企业的个体异质性所导致的一般性空间行为。企业通过产品差异化战略、产业关联和知识溢出效应等因素得以生存和发展。存在成本差异的异质性企业分别布局在空间上相互分割的市场，并因此形成了区域生产成本和市场规模的空间异质性特征。随着区域经济一体化进程的发展，单位产品的贸易成本降低，提高了高集聚核心区内低成本企业的产品在远距离市场的价格竞争力。

在垄断竞争条件下，企业在选择区位时都要考虑成本和市场因素。在多数新经济地理学NEG的模型中并没有考察地区生产效率的差异，但是Antonio构建了一个两国三地区模型，包含了比较优势和经济地理因素，研究发现经济一体化可能会导致产业集聚的减弱甚至出现逆产业集聚。此外，Amiti等也对产业集聚与比较优势进行了研究。企业之间在环境治理成本和效率等方面存在的异质性直接决定了企业的市场竞争力状况，因而成为企业选择区位以及集聚经济异质性空间分布的重要微观因素。Ottaviano以企业异质性与集聚经济关系为切入点提出了两企业两区位的新新经济地理模型，并从企业成本、效率差异视角分析了异质性企业的区位选择机制及集聚经济的微观机理。内生比较劣势决定了高成本企业会规避低成本企业的竞争，多数高成本企业会选择迁移至低度竞争的边缘区，依靠贸易障碍（如运输成本和本地市场认可度等因素）来维持企业的本地市场份额。因此，企业之间效率差异和产品替代弹性是决定集聚经济宏观异质性的重要微观因素。王文治等基于微观数据从环境外包视角分析了中国制造业的贸易竞争力。以上研究对于今后从价值链视角深入分析国际产业转移环境效应奠定了重要基础。

诸多学者对污染转移进行了富有成效的研究，但是大多定位在产业层面。很明显，基于产业层面的污染转移研究隐含的前提条件是一国的出口全部在其国内生产完成，即该产业完全布局在其国内，这显然与国际垂直专业化导致各工序在全球价值链分割的现实不符。因此，在国际垂直专业化分工的背景下，仅从产业层面来研究污染转移存在明显不足，需要深入到工序层面和全球价值链层面。值得注意的是，从微观企业异质性视角分析碳转移的微观机制的文献比较少，而且当前理论研究尚未集中研究在具体国情下对外产业转移的绿色化实施机制，因而目前研究普遍难以揭示系统是如何涌现出碳转移宏观效应的。因此，虽然新经济地理理论可以给我们很多启示，但是特定国情下的价值链要素要加入分析框架，对该问题的深入解析可以找到宏观效应的微观传导机制及宏观涌现规律，尤其是"一带一路"产业转移中各种环境政策的着力点和交互作用机制研究，具有重要的理论价值和实践意义。

第三节　全球价值链的演化及其绿色重构

产业集群是实现区域包容性绿色发展的重要载体和产业组织模式。改革开放40多年来，我国东部沿海的江苏、浙江等先进省份的产业集群发展迅速，并为我国经济的发展做出了巨大贡献。但新时期东部的产业集群面临土地、水、电等各种要素短缺以及商务成本不断提高的困境，尤其是一再出现的"用工荒"提示中国的人口红利正在消失。在劳动力短缺的情况下，传统产业的资本报酬会逐步递减，因而必须寻找新的经济增长点以应对刘易斯拐点和未富先老社会的来临。充分发挥比较优势、提高全要素生产率，促进产业升级是目前实现经济可持续发展的唯一选择。随着区域综合比较优势的演化，我国产业集群中的某些大企业把生产制造等环节纷纷迁到越南、印度等"一带一路"国家，力图在国内发展总部经济，更好地服务于传统集群中的生产制造企业。在这个动态过程中，如何构建绿色"一带一路"迫在眉睫。

共建绿色"一带一路"旨在促进经济要素有序自由流动、资源高效配置和市场深度融合，推动沿线各国实现经济政策协调共进，开展更大范围、更高水平、更深层次的区域低碳化绿色合作，因而构建绿色化可持续发展的区域产业合作与协调机制至为关键。目前，我国正处于经济社会转型的关键期。国际与区际集群式产业转移的展开也标志着我国制造业结构调整和增长转型的全面加速。"一带一路"战略为平衡国内外区域发展提出了新的思路。

（一）全球价值链结构性演化

根据麦肯锡研究报告，1995—2007年，全球价值链迎来了普遍的贸易增长。近年来，几乎所有商品生产价值链的贸易强度都有所下降。2007—2017年，虽然贸易的绝对值仍在增长，但跨境转移的产出占比已从28.1%降低到22.5%。在最复杂、贸易属性最强的价值链中，贸易强度的下滑尤其明显。这很大程度上是由于中国等新兴经济体的国内市场获得了长足发展，"自产自销"的程度在不断提高。服务贸易在全球价值链中的重要性日益显现。过去10年间的全球服务贸易增速比商品贸易快60%，尤其是跨境电子商务发展迅猛。跨国企业向麾下遍及全球的子公司提供的各项资产也蕴含着巨大价值。这些资产主要包括五大类——软件、品牌、设计、运营流程，以及总部开发的各种知识产权。包括研发、工程、销售和营销、金融和人力资源等生产性服务行业对商品价值增值起到了重要的推动作用。

在各种类型的全球价值链中，劳动成本套利型贸易逐渐减少。在20世纪初期的全球价值链扩张阶段，劳动力成本曾经是企业选择生产所在地的重要决策因素，尤其是那些提供生产劳动密集型商品和服务的行业。但与人们的普遍认识相悖的是，目前仅有18%的商品贸易属于劳动成本套利型贸易。换言之，如今超过80%的全球商品贸易并不是从低工资国家流向高工资国家。除了工资成本之外，决策者选择生产所在地时还要考虑其他因素，包括能否在当地获取熟练劳动力或自然资源、是否邻近消费市场，以及基础设施质量等。未来的自动化和人工智能技术很可能会加剧这一趋势，将劳动密集型制造变为资本密集型制造。这一转变或将对低收入国家参与全球价值链产生重大影响。

全球价值链的知识密集度不断升高。无形资产对全球价值链的贡献越来越大。在所有价值链中，研发环节与无形资产（如品牌和知识产权）领域的资本化支出在营收中的占比与日俱增。随着知识和无形资产越来越受到重视，那些拥有大量高技能劳动力、具备强大的创新研发能力和知识产权保护到位的国家将获益良多。价值创造的环节正在向上游的研发和设计以及下游的分销、营销和售后服务转移。真正的商品活动产生的价值占比却在降低。同时，价值链的区域化属性增强，全球化属性减弱。随着运输和沟通成本的持续下降，加之全球价值链向中国等发展中国家扩张，长距离海洋贸易往来愈发普遍。但这一趋势正在逆转。该趋势在全球创新价值链中表现最明显，因为这一类价值链需要密切整合许多供应商，才能展开JIT（准时生产）排序。随着自动化技术的持续发展，企业选择生产基地之时更重视上市速度，而非劳动成本，所以在其他价值链上也会加速体现这一趋势。自动化技术的快速进步、要素成本的不断变化、风险的持续扩大、以及对速度和效率的要求提高等多种因素正在推动各种商品生产价值链走向区域化。

由技术发展而催生的新商品和新服务也将对贸易流动产生影响。技术发展也将推动产品和服务的演变，并在此过程中改变贸易流动。超高速5G无线网络也为新服务带来了新体验。未来的物联网可利用增强现实和虚拟现实技术进行远程维护，从而创造新的服务和数据流。面对价值链的变化，企业需要重新评估自己的全球运营战略。虽然企业可以倚仗新兴技术大幅提升其生产和物流效率，但它们需要主动开展整个供应链网络的端对端整合，才能挖掘全部潜力。在制造业等许多行业的价值链中，服务创造的价值越来越重要。因此，企业的整个商业模式都会从商品生产转向服务提供。另外，企业应尽量缩短产品上市周期、尽量靠近消费市场，同时与供应商建立更紧密的弹性联系。物流和生产技术的发展也可能改变供应链的现状，但如果要真正看到结果的优化，就需要进行价值链的端到端整合。因此，规模较大的企业或许需要帮助中小供应商升级和增加数字能力，以便充分实现价值创造。

过去40年是全球价值链迅速发展的黄金时期。以跨国企业为龙头的全球价值链，带动了发达与发展中国家经济的融合。它像一只"看不见的手"推动和造就了史无前例的经济全球化。价值链贸易已经成为全球范围内制造品贸易的主流。全球价值链改变了以传统比较优势为基础的贸易形态。以价值链为基础的贸易是同一商品上的国际劳动分工，不是不同产品的国际劳动分工。价值链贸易也挑战了新一新贸易理论认为只有大和高效率的企业才能出口的论断。中国的中小企业在沃尔玛价值链的带动下，占领美国低端产品市场，就是挑战新一新贸易理论的典型案例。在全球价值链上，组织和运作价值链的龙头企业，负责产品的研发、设计、品牌推广、市场营销；非龙头企业则按照龙头企业提供的产品方案和设计，负责零部件生产以及最终产品的组装。这种国际分工模式，为没有技术、品牌和市场营销优势的企业，进入国际市场提供了捷径，也推动了跨国公司的无工厂化。

（二）全球价值链的绿色重构

由于我国面临的生态环境问题日趋严重，因此生态文明建设已经成为当前我国经济社会绿色转型的重要抓手。中国经济基础历经改革开放四十多年的沉淀日益深厚，中国与"一带一路"沿线国家众多人口的各类需求缺口依然十分庞大，从全球价值链双环流的视角看，中国依然处于比较核心的节点位置，具有极强的经济韧性。全球价值链为中国企业参与国际分工提供了捷径，但也带来了相应的风险。未来跨国公司把非中国市场产能搬回本土或者朝第三国分散，中国应尽快提升产业供应链韧性，通过全面推进制度性开放，实现从世界工厂向世界市场的转换。在经济新常态下，中国产业发展新动力正在从全球价值链转向全球创新链。自我修复性是韧性经济的另一重要特征，嵌入价值链分工则是其完成修复的动力源泉，应当说我国企业的价值链分工地位还不是很稳固，同时也面临向创新链转型的压力。

在世界经济全球化背景下，全球价值链绿色化不断驱动国内产业链绿色低碳化升级。随着产业链的发展模式发生变化，产业链的碳排放强度不断降低，产业链低碳化升级趋势明显。在全球价值链治理模式下，产业链将会根据不同演进阶段中碳排放变化的趋势、产业链升级轨迹以及产业链治理模式的变化进行低碳化的升级。全球绿色价值链是应对可持续发展挑战的核心问题。大宗商品的全球绿色价值链对实现可持续发展目标尤为重要。食品、服装和制造业的原材料是全球价值链的"源头"。这些原材料的获取是地球资源压力的主要来源，并可能造成当地的水、土地、森林和渔业资源枯竭，全球近四分之一的温室气体排放都来自于此，且当前非法采伐或者非法生产这些商品的贸易增长迅速。一些大宗商品如林产品、大豆、棕榈油、棉花、海产品等在中国国际贸易中的份额并不大，但对地球资源环境有较大影响，因此构建大宗商品的全球绿色价值链意义深远。

在"气候变化南南合作基金"的框架下，创建"全球绿色价值链南南合作平台"，以支持大宗商品的绿色低碳生产，开展全球绿色价值链推广试点项目。全球价值链是中国在金砖国家和其他发展中国家进行贸易和投资的基本依托，处于中国开展南南合作的核心地位。因此，全球价值链绿色化及低碳投资是"气候变化南南合作基金"的组成部分，建议可以由发改委、财政部和商务部牵头，自然资源部、农业部、生态环保部、国家质检总局等共同参与，总结形成绿色农产品、林产品、汽车、化工和电力等绿色价值链的最佳实践。中国与许多的"一带一路"沿线国家合作建立了不少绿色电力项目。中国也和这些国家一起正在积极推进协同碳减排，中国的领导力对这些行动能否成功具有很大影响。中国可以通过综合试点并整合多种政策工具，逐步实现更多商品的可持续生产，这将成为全球绿色价值链的最佳实践。

（三）中国企业融入全球价值链的策略

依托全球价值链打入国际市场，是催生中国出口奇迹、成功实现出口带动经济增长战略的一个决定性因素。中国是过去30年全球价值链繁荣发展过程中最大的获益者。中国的改革开放政策，为中国企业加入全球价值链创造了必要的环境和激励机制。例如，中国独特的加工贸易制度，为全球价值链延伸到中国，提供了接近自由贸易的微观环境。通过融入以跨国公司为龙头的全球价值链，大批中国企业利用全球价值链在品牌、技术与产品革新，以及全球批发和零售网络的溢出效应，成功地将"中国制造"或者"中国组装"推向世界市场。

中国企业融入制造业全球价值链的广度和深度，决定了中国在全球价值链的中心地位。中国企业以价值链龙头企业合同供应商的身份，不仅参与了服装、鞋子、玩具和家具等传统劳动密集型产品的价值链，也参与了高科技产品的价值链，例如智能手机、笔记本电脑和数码相机等。在技术进步的推动下，中国企业从最初单纯为外国龙头企业组装最终产品，逐渐扩展到为国外上游企业提供附加值相对较高的中间产品。例如，中国已经成为世界最大的汽车零部件和内饰配件出口国，世界最大的活性药原料生产基地。中国企业为全球价值链提供组装服务、加工和制造零部件或者最终产品的规模，决定了中国企业融入全球价值链的深度。2018年开始的中美贸易战，就是对以中国为中心的全球价值链的第一次冲击。目前美国对价值2500亿美元的中国商品征收25%的关税。美国最大零售商沃尔玛从中国进口的许多商品，都在被征收25%关税产品的清单上。然而，突然暴发的新冠病毒肺炎疫情，又暴露了以中国为中心的全球价值链的新风险。为了阻断病毒的传染，中国企业进入了停工停产的状态，这直接导致依赖中国供应零部件的日本、韩国、美国和欧洲企业的停摆。

在当前情况下，我国嵌入全球价值链的企业要积极和国外合作企业进行国际产能协调，提升我国国际软实力的同时，有利于维护长期稳定的合作关系，从而增加全球价值链的韧性。另外，要积极对接"一带一路"倡议平台契机，打造中国新时代开放型经济建设2.0版。从"引进来"到"走出去"，中国的开放型经济正面临战略升级的大好时机。因此要扩大国外的生产制造能力，并学习借鉴日本当年的雁阵模式，再造一个"海外中国"。"一带一路"倡议的实施是我国制造业实现"海外中国"的重要机遇，目前，中国在"一带一路"沿线的产业融合程度和关联地位呈增长态势，我国应该大力增加对该区域的国际直接投资。然而，"一带一路"沿线的产业发展与融合水平存在极为明显的不平衡问题，因此应该采用有针对性的"一域一策"，比如可多鼓励企业在巴基斯坦、蒙古等我国周边友好区域加大海外投资，同时我国也有不少企业前期已经在这些区域布局了产业园区并渐成规模。对于东南亚地区，可以推进我国产能尽快实施区位转移，充分利用当地的资源优势和劳动力优势。对于日韩近邻，应尽快完成自由贸易区谈判，打造中日韩经济圈，促进区内直接投资。对于中亚和西亚地区，可以加大基础设施投资力度，尤其是推进电力和环保等设施建设。但是鉴于伊朗等国的疫情状况已较为严重，因此短期内可以加大对于非洲地区的投资作为替代，尤其应把中国的产能转移与其当地的工业化进程有机结合，在构建经济命运共同体的进程中筑牢中非友谊的坚实物质基础。

当前，中国经济正处于由高速度增长向高质量发展转型升级的关键期。疫情背景下增强中国在全球价值链中的经济韧性，不仅需要借助超大市场规模进一步深化产业内和产品内分工水平，也要平衡好区域产业专业化与多样化的动态关系，打造基于都市经济圈的区域产业有机融合体。同时，还应促进先进制造业与知识密集型生产性服务业之间的互动融合，围绕实体制造业集群打造优质高效的区域服务体系，提升外向型企业与国内企业间的协同度，降低各类制度成本，搭建产学研合作平台，促进创新型技术与知识在部门间的溢出。

参考文献

［1］ AMITI M. Location of Vertically Linked Industries: Agglomeration versus Comparative Advantage［J］. European Economic Review, 2005, 49（4）: 809-832.

［2］ ANTONIO RICCI L. Economic Geography and Comparative Advantage: Agglomeration versus Specialization［J］. European Economic Review, 1999, 43（2）: 357-377.

［3］ ANTRAS P. Incomplete Contracts and the Product Cycle［J］. American Economic Review, 2005, 95（4）: 1054-1073.

［4］ BALDWIN R, OKUBO T. Heterogeneous Firms, Agglomeration and Economic Geography: Spatial Selection and Sorting［J］. Journal of Economic Geography, 2006, 6（3）: 323-346.

［5］ COPELAND B R, TAYLOR M S. North-South Trade and the Environment［J］. The Quarterly Journal of Economics, 1994, 109: 755-787.

［6］ GROSSMAN G M, KUEGER A B. Environmental Impacts of a North American Free Trade Agreement［J］. CEPR Discussion Papers, 1991, 8（2）: 223-250.

［7］ GROSSMAN G, HELPMAN E. Outsourcing in a Global Economy［J］. Review of Economic Studies, 2005, 72（1）: 135-159.

［8］ HUMMELS D, ISHII J, YI K M. The Nature and Growth of Vertical Specialization in World Trade［J］. Journal of International Economics, 2001, 54（1）: 75-96.

［9］ MELITZ M J, OTTAVIANO G I. Market size, trade and productivity［J］. The review of economic studies, 2008, 75（1）: 295-316.

［10］ OTTAVIANO G I P. New New Economic Geography: Firm Heterogeneity and Agglomeration Economies［J］. Journal of Economic Geography, 2011,（11）: 231-240.

［11］ PORTER M E, KETELS C, DELGADO M. The microeconomic foundations of prosperity: findings from the business competitiveness index［J］. The Global Competitiveness Report, 2007—2008. 2007: 51-81.

［12］ TOSHIHIRO O, MATTHEW A C, Robert J R E. Environmental Outsourcing［J］. Discussion papers, 2010.

［13］ 陈迎, 潘家华, 谢来辉. 中国外贸进出口商品中的内含能源及其政策含义［J］. 经济研究, 2008,（7）: 11-25.

［14］ 何剑, 张梦婷. 资本约束下的经济韧性重塑: 基于全球价值链嵌入视角［J］. 世界经济研究, 2017,（8）: 109-121.

［15］ 刘志彪. 从全球价值链转向全球创新链: 新常态下中国产业发展新动力［J］. 学术月刊, 2015（2）, 5-14.

［16］ 王文治, 陆建明, 李菁. 环境外包与中国制造业的贸易竞争力——基于微观贸易数据的GMM估计［J］. 世界经济研究, 2013,（11）: 42-48.

［17］ 许和连, 邓玉萍. 外商直接投资导致了中国的环境污染吗?基于中国省际面板数据的空间计量研究［J］. 管理世界, 2012,（2）: 30-43.

［18］ 姚星, 蒲岳, 吴钢, 王博, 王磊. 中国在"一带一路"沿线的产业融合程度及地位: 行业比较、地区差异及关联因素［J］. 经济研究, 2019,（9）: 172-186.

第十章

中国企业OFDI影响因素及区位分异实证研究[①]

第一节 引言

经济全球化发展大潮中，对外直接投资已成为一国或区域经济参与国际分工和产业转型升级的重要载体与内容。近年来，随着我国经济进入新常态，尤其是在我国新近提出的"一带一路"倡议指引下，我国各类企业的对外直接投资（Outward Foreign Direct Investment，简称OFDI）规模不断扩大和深化，结构不断优化，区域分布也呈现多元化趋势。目前对外投资已遍及全球近190个国家和地区，2015年中国OFDI净额流量达1 456.7亿美元，首次列全球第二位。那么，我国对外直接投资的区位影响因素以及影响程度如何？这些影响因素是否存在较为明显的区位分异？深入分析研究这些问题无疑具有重要的理论与实践意义。

近年来，随着经济全球化的深入发展和"一带一路"倡议的推进，我国企业对外直接投资呈现明显上升趋势，对外直接投资区位选择影响因素的探讨已成为热点课题。本章选取中国对外直接投资的38个主要经济体的相关面板数据，对该问题进行了深入分析。研究表明：在六大因素中，东道国市场容量与中国OFDI呈显著的负相关关系，双边贸易额、东道国劳动力成本、教育水平以及双边汇率与中国OFDI呈显著的正相关关系，地理距离因素影响不显著。在区位分异方面，发达经济体东道国的市场容量、劳动力成本、教育水平对中国OFDI表现出显著的地区差异性影响，汇率水平则差异不大，且双边贸易额和地理距离对发展中经济体的影响并不显著。在此基础上，文

[①] 该研究成果已发表在《江苏大学学报（社会科学版）》2018年第20卷第5期，85-92页。孙华平等. 中国企业ＯＦＤＩ影响因素及区位分异实证研究［Ｒ］. 2015年度中国对外直接投资统计公报，2018（5）：85-92.

章进一步提出了相应的政策建议。

全球化的发展尤其是新兴市场的崛起，让不少学者开始将目光转向新兴市场经济体，对中国外商投资和对外直接投资的研究较为丰富。Buckley 等基于中国企业自 1984 年到 2001 年间对 49 个经济体 OFDI 的面板数据进行了区位因素的实证考察，发现中国企业 OFDI 的主要对象国具有市场容量大、文化较为相似和政治风险较高等特点。相较而言，东道国的资源禀赋以及专利拥有量等影响因素并不显著。项本武基于我国 2000—2007 年 OFDI 数据，采用 GMM 的估计方法分析，认为东道国市场容量、双边出口贸易额和两国汇率显著影响我国对外直接投资，而即期工资水平和前期投资等未有显著影响。杨媛从投资动机视角实证分析了中国对外直接投资的区位选择问题。余官胜等基于浙江省微观企业数据构建二值选择模型，重点研究了企业海外集群对于新晋企业 OFDI 区位选择的影响，分析发现无论在发达国家还是发展中国家东道国，企业海外集群吸引新晋企业对外直接投资的正向影响均保持不变。李轩对跨国公司对外直接投资区位选择理论研究进展进行了述评及展望。侯文平等从市场化进程和知识产权保护的制度视角分析中国 OFDI 的影响因素，得出市场化进程和知识产权保护对中国的对外直接投资有显著影响等结论。

我国对外直接投资的快速发展吸引了不少经济管理学者对其区位异质性问题进行理论和实证研究。Cheng 和 Ma 基于中国企业在 2003—2006 年期间对 90 个经济体 OFDI 的全部存量和流量数据，通过引力模型研究发现，地理距离和市场容量是影响中国企业对外直接投资区位的两大主要因素，中国企业偏好在距离较近和市场广阔的经济体进行直接投资。李猛等基于中国对 74 个东道国的 OFDI 面板数据和 GMM 方法分析了中国 OFDI 与东道国区位间的关系，发现东道国基础设施和技术水平并不会显著的导致中国 OFDI 提高。而宋维佳等基于中国对 51 个东道国的 OFDI 面板数据，探讨了中国企业对外直接投资区位选择的影响因素，发现东道国基础设施水平等因素具有显著影响。孙华平等提炼了不同区域企业跨国并购中文化整合的 4 种典型模式，并就其本土化经营模式提出了政策建议。

蒋冠宏和蒋殿春运用扩展的引力模型从战略资产获取和市场资源整合等角度出发，基于我国对 95 个经济体的 OFDI 数据，研究分析了我国 OFDI 的区位选择影响因素。Ramasamy 等基于中国上市公司 2006—2008 年 OFDI 数据，利用泊松回归模型研究认为，上市公司中国有企业的对外直接投资主要集中在资源丰富、政治稳定的经济体，相比之下民营企业的OFDI以市场寻求型投资为主。赵桂梅等运用扩展的C-H模型进行实证研究后认为，我国企业的对外投资应更加关注区位选择，转变OFDI高度集中于亚洲的现状，加快对发达经济体的对外直接投资，以获取更多的技术溢出效应。杨娇辉等基于国际资本流动的角度，使用相对制度质量等指标对中国OFDI区位分布的"制度风险偏好"之谜进行了解读。刘洪铎等探讨了双边贸易成本对中国OFDI的抑制效应。

综上所述，众多国内外学者对我国企业的OFDI区位选择因素及其异质性进行了实证分析，结论虽不尽相同，但影响因素主要包括规模因素、结构因素和制度因素等。规模因素包括市场容量、人口规模及经济发展水平等；结构因素包括空间距离、教育水平、人力资本及汇率等因素；制度因素包括市场化程度、知识产权和贸易规制方面。因此，在前人研究的基础上，本章基于面板数据探索我国企业OFDI区位选择的影响因素及区位差异化选择等问题，以期对我国企业对外投资行为能够起到科学指导作用，同时也为政府部门出台有关政策提供决策支持。

第二节　研究假设和数据来源

（一）研究假设

由国际投资的相关理论可知，影响OFDI及其区位分布的因素很多，但鉴于数据的可获取性和可计量性，本章重点选取了6个自变量来分析区位因素和区位分异，分别是东道国市场容量（GDP）、双边贸易（TRADE）、劳动力成本（PNI）、教育水平（EDU）、地理距离（DIS）和双边汇率水平（ER）。具体理论模型如下：

$$OFDI = f(GDP, TRADE, PNI, EDU, DIS, ER, i) \tag{1}$$

OFDI不但受到上述因素的影响，还受到其他因素影响，即为i。当然，历史地看，企业OFDI与各因素之间不仅仅是单向影响，长期内还是相互影响的。例如，OFDI会影响下期东道主国经济特征GDP、人均GDP和双边贸易量等。在本章中，主要分析OFDI的影响因素及其区位差异性，故模型设定如下：

$$OFDI_{it} = GDP_{it}^{\beta1} \cdot TRADE_{it}^{\beta2} \cdot PNI_{it}^{\beta3} \cdot EDU_{it}^{\beta4} \cdot DIS_{it}^{\beta5} \cdot ER_{it}^{\beta6} \qquad (2)$$

对各主要影响因素对我国企业 OFDI 的影响机理分析如下：

1. 市场容量

在国际生产折中理论中，市场容量被视为是影响企业对外直接投资的重要区位因素，往往指引着企业的投资方向。企业对外投资的主要动机之一就是获得市场份额和控制力。一国经济快速增长的同时必然带来市场容量的扩大，这给企业带来了机会，企业通过对外直接投资在该国获得较高的市场占有率，与此同时，更广阔的市场能够给企业带来规模经济和范围经济，有效地增加了企业的利润。众多学者在之前的研究中普遍使用 GDP 作为市场容量的替代变量，一般结论也表明东道国 GDP 和 OFDI 具有显著正相关的关系。因此假设：东道国市场规模对中国对外直接投资有显著影响且两者之间正相关。

2. 双边贸易额

在全球化浪潮中，企业国际化的模式与路径选择往往具有阶段性，通常会由简单出口开始，进而通过市场联系转向海外设立子公司，最后过渡到海外直接生产。我国企业在面对全球化时同样也会经历这个过程。双边贸易往来所建立的政府间、行业间、企业间甚至包括个人间的联系都能够为对外直接投资带来便利，先前贸易所带来的信息优势也可以为企业直接投资时所利用。可以认为，加强和东道国的贸易联系有利于企业的直接投资。因此假设：东道国双边贸易对中国对外直接投资有显著影响且两者之间有正相关关系。

3. 劳动力成本

劳动力成本是所有企业永远不可忽视的生产成本，它反映了该地区劳动力的要素禀赋水平，劳动密集型企业往往集中在低劳动力成本区域，低廉的劳动力成本可以让企业实现更高的利润，从而使得发展中经济体比发达经济体更具成本优势。就客观情形而言，中国企业多为劳动密集型发展模式，因而受劳动力成本因素影响较大。所以劳动力成本低可以使得对外直接投资实现更高的收益率。因此假设：东道国劳动力成本与中国企业 OFDI 之间有显著负相关关系。

4. 教育水平

教育水平的高低会影响劳动者的素质和东道国的人文环境。一般而言，由于劳动者受教育程度较高，企业雇佣的劳动者的素质普遍较高、学习知识能力较强，这有利于企业决策得到保质保量执行，促进了生产效率的提升。而良好的人文环境有利于企业形成自身的文化，调动员工工作积极性。综合来看，这些都会使得企业获利能力提升。因此假设：东道国教育水平对中国对外直接投资有显著影响且为正相关效应。

5. 地理距离

地理距离是较为直观的影响因素之一。普遍观点认为距离衡量成本，如典型的运输成本会因为到目的地距离的变长而增加。同时距离的增加也会带来一些不确定因素，如关税壁垒、安全隐患以及文化差异等等，这些都会带来较高的交易成本。除此之外，由于我国对外直接投资的企业有相当一部分属于制造业企业，与东道国地理距离的增加还会导致公司管理成本的增加和内部效率的下降。因此假设中国与东道国间的地理距离越长，则对中国对外直接投资有越明显的负向影响效应。

6. 汇率水平

在对外直接投资过程中，汇率不可避免地起着十分重要的作用。汇率的波动会带来投资的不确定性。在选取的2010—2014这五年间，人民币主要处于对美元的升值阶段，这进而影响到人民币对其他货币的兑换比。学者们关于汇率对OFDI的影响方向结论不一，本研究认为由于人民币升值使得我国企业对外购买力增强，无论是对外购置资本品还是雇佣劳动力或租赁土地等成本均会下降，因而促进了我国企业对外直接投资数量，不同区域货币的差异也一定程度上导致了区位的分布差异。因此假设：中国与东道国间的汇率水平对中国企业OFDI有显著影响且为正向效应。

（二）数据来源

鉴于数据获取的难度，选取的样本为2010年度至2014年度我国对外直接投资的38个主要经济体的面板数据，包括"一带一路"主要国家，涵盖世界各大洲和南北两类型国家及地区。选择这38个国家或地区的理由是他们与中国的经贸联系紧密，中国对其直接投资数额巨大。其中，我国对各经济体直接投资（OFDI）的流量数据取自《中国对外直接投资统计公报》（2011—2015）；双边贸易采用我国对各国出口贸易额，数据来源于《中国统计年鉴》（2011—2015）；东道国国内市场规模以各国GDP计，劳动力成本以各国人均国民收入计，教育水平以人文发展水平计，均来源于《国际统计年鉴》（2011—

2015），地理距离变量选取自国家动态地图网（http://www.webmap.cn），而各经济体与人民币汇率水平摘取自联合国 UNCATDSTAT 网站（2011—2015）（http://unctadstat.unctad.org/EN/），文章采用的是间接标价法。

第三节　中国企业 OFDI 影响因素及区位分异分析

为了更深入准确地研究待解决问题，选用了面板数据，主要原因是面板数据较为全面，能够体现出研究对象在时间和空间上的异质性，更准确地发现单独使用时间序列或横截面数据所无法检测的影响，从而使得样本数据得到更深入的研究，面对复杂模型时处理更加科学和严谨，包括尽可能去除多重共线性现象。本章研究有两个方面，一是 OFDI 区位选择影响因素分析，二是 OFDI 影响因素的区域分异分析。相应地，这里构建了两个模型供实证分析：

（一）OFDI 区位选择影响因素分析模型

$$\ln OFDI_{it} = \beta_0 + \beta_1 \ln GDP_{it} + \beta_2 \ln TRADE_{it} + \beta_3 \ln PNI_{it} + \beta_4 \ln EDU_{it} + \beta_5 \ln DIS_{it} + \beta_6 \ln ER_{it} + u_i + \varepsilon \tag{3}$$

其中，i 和 t 分别表示经济体和时间下标，it 即为 t 时期 i 经济体的相关数值。u_i 为个体效应且为常量，其他因素均归于随机扰动项中。

（二）OFDI 影响因素的区域分异分析模型

由于样本数限制，将 38 个经济体细分为多地区多类型的模型缺乏可行度，因此，依据国际货币基金组织（IMF）的标准，将 38 个经济体依照发达程度，总体上分为发达经济体和发展中经济体两个大类。与此同时，再引入虚拟变量 d，其中：

$$d = \begin{cases} 1 & \text{发达经济体} \\ 0 & \text{发展中经济体} \end{cases} \tag{4}$$

因此模型可被扩展为：

$$inOFDI_{it} = \beta_0 + \beta_{11}\ln GDP_{it} + \beta_{12}d\ln GDP_{it} + \beta_{21}\ln TRADE_{it} +$$
$$\beta_{22}d\ln TRADE_{it} + \beta_{31}\ln PNI_{it} + \beta_{32}d\ln PNI_{it} +$$
$$\beta_{41}\ln EDU_{it} + \beta_{42}d\ln EDU_{it} + \beta_{51}\ln DIS_{it} + \beta_{52}d\ln DIS_{it} + \quad (5)$$
$$\beta_{61}\ln ER_{it} + \beta_{62}d\ln ER_{it} + u_i + \varepsilon$$

（三）计量分析

1.区位因素选择分析

本章运用STATA计量软件，表10.1为描述性统计量。从下表可以看出，我国OFDI和东道国GDP及贸易等变量的标准差较大，反映出我国企业对外直接投资分布的区域具有极强的异质性。

表10.1 描述性统计量

Variable	Obs	Mean	Std. Dev.	Min	Max
year	190	2012	1.41795	2010	2014
id	190	19.5	10.99483	1	38
ofdi	190	1.17e+09	5.36e+09	7820000	3.85e+10
gdp	190	1.09e+12	2.74e+12	4.50e+09	1.67e+13
trade	190	2.50e+10	4.54e+10	9.02e+07	2.83e+11
pni	190	16960.13	19587.1	307	79630
edu	190	70.57316	18.52709	29.2	97
dis	190	7012.22	3994.448	956.28	16928.99
er	190	25598.43	71869.21	9.559132	422267.4

在STATA中采用广义最小二乘法（GLS方法）对我国OFDI的影响因素进行估计，具体分析结果见下表10.2。

表10.2 我国OFDI区位选择因素的回归结果

	C	lnGDP	dlnGDP	lnTRADE	dlnTRADE	lnPNI	dlnPNI
	7.616392 (3.51. 0.001)	0.1314196*** (1.78. 0.077)	-1.494828* (-6.46. 0.000)		1.403435* (5.72. 0.000)	-0.5562876* (-2.91. 0.004)	1.311264** (2.13. 0.035)
lnOFDI	lnEDU	dlnEDU	lnDIS	dlnDIS	lnER	dlnER	
	2.785603* (4.46. 0.000)	-5.33123** (-2.42. 0.017)		2.031451** (2.22. 0.028)	0.0924617* (2.82. 0.005)	0.4464364*** (1.78. 0.078)	
观察值=190		F值=20.25		prob>F=0.000		R平方=0.5308	

　　从表10.2显示出的结果来看，模型解释力较强。具体各个回归系数而言，lnGDP、lnTRADE、lnPNI、lnEDU和lnER这五个变量系数显著，只有lnDIS的P值为0.230，为统计不显著。这一现象表明，除了lnDIS之外的其余五个自变量都对我国对外直接投资额有较强的解释能力。

　　从上述回归结果可以发现，东道国市场容量GDP对我国对外直接投资主要是负向关系，与前文假设不符。市场容量较小反而更能吸引直接投资，说明市场规模小或资源待开发的一些国家（如非洲）是中国对外直接投资的热门选地。该结果与之前部分学者如项本武的研究结论相一致，但也有不同意见，如宋维佳等利用面板数据认为两者并无显著关系，而李猛和于津平的研究认为两者是正相关关系。就研究结果来分析呈负相关关系的原因，一是由于发达经济体为了保护本国优势产业，往往通过设立贸易壁垒的方式阻止我国企业进入其市场，相比之下发展中经济体对外来资本进入则较为开放。二是说明我国跨国企业竞争力有待提升，核心技术仍有不少空白，多数产品难以打入发达国家和地区的主流市场。

　　除了市场容量因素之外，劳动力成本因素和对外直接投资的关系也与预期假设不符，呈现出正相关关系，即东道国劳动力成本越高，我国对其直接投资就越大。通常来讲，劳动力成本反映了一个地区的劳动力资源禀赋水平，传统劳动力成本主要体现在支付的工资水平上，但随着经济和科技的发展，劳动者的技能、学习能力越来越受到企业的重视，技术工人、高学历工人逐渐受到重视。这一结果表明，我国海外投资企业不再以单一的劳动密集型企业为主，而更多的转向资本密集型和技术密集型相关产业。实证发现，教育水平因素和中国对外直接投资呈现正相关关系，这一结果同样与前文假设相一致。这不难理解，通常来讲，受教育程度越高的地区更能够带来外资的涌入。因为劳动者素养的提升导致企业的生产效率有所提高，相关企业文化也能够得到更好的推行，企业员工与资方能够保持较为和谐稳定的关系，最终给投资企业带来较高的回报。

　　双边贸易额对中国对外直接投资的影响与假设结果保持一致，呈现出正相关关系，投资国和被投资国贸易往来越频繁，投资量自然就会上升。二者关系紧密互为补充，前期贸易额的提升有助于加强两国经贸关系，扩大企业对东道国经贸及各相关产业的了解，带动中国企业广泛投资；中国企业的直接投资又会极大地促进两国贸易往来、商品流通、人员交流，反过来也促进了双边贸易额的增长。汇率水平因素同样对中国对外直接投资的影响与假设结果保持一致，呈现出正相关关系，人民币价值越高，越能拉动对外直接投资。显然这跟汇率与出口的关系相反，通常来说汇率下降有利于出口贸易。由于人民币近年来不断升值，让外国资产变得更加便宜了，再加上我国市场趋于饱和，这就使得对外投资变得有利可图。无论是土地、劳动力、机器设备或是其他生产要素，人民币的购买力都增强了，进而对外直接投资获得显著增长。

地理距离是唯一不显著的影响因素，这与大多数贸易文献中的显著影响形成鲜明对比，我们认为是入世后的新阶段我国企业的对外直接投资行为与对外出口行为机理不一样。对外出口时，企业往往选择先从附近的国家或地区企业进行交易，这有利于贸易成本的降低。而在我国现阶段，企业对外直接投资多数是资源寻求型或战略知识寻求型行为，因而距离变量的影响并不显著，反而有可能距离越远，知识的差异性和互补性越强，从而越有利于我国企业的对外直接投资。

2.影响因素区位分异分析

为研究便利，在这里采取了共同截距项，通过计算，各变量的相关系数矩阵见表10.3。

表10.3　相关系数矩阵

	lnOFDI	lnGDP	lnTRADE	lnPNI	lnEDU	lnDIS	lnER	dlnGDP	dlnTRADE	dlnPNI	dlnEDU	dlnDIS	dlnER
lnOFDI	1.0000												
lnGDP	0.1744	1.0000											
lnTRADE	0.3679	0.7986	1.0000										
lnPNI	0.3833	0.7373	0.6843	1.0000									
lnEDU	0.4334	0.6575	0.6784	0.9009	1.0000								
lnDIS	-0.2390	0.1933	-0.1858	0.0720	-0.1151	1.0000							
lnER	-0.0408	-0.3717	-0.2529	-0.5728	-0.4219	-0.5622	1.0000						
dlnGDP	0.4381	0.5760	0.6022	0.7864	0.6667	-0.0557	-0.4373	1.0000					
dlnTRADE	0.4625	0.5635	0.6106	0.7849	0.6672	-0.0762	-0.4311	0.9984	1.0000				
dlnPNI	0.4592	0.5472	0.5822	0.7928	0.6668	-0.0471	-0.4497	0.9969	0.9967	1.0000			
dlnEDU	0.4588	0.5507	0.5897	0.7891	0.6676	-0.0620	-0.4406	0.9980	0.9984	0.9993	1.0000		
dlnDIS	0.4405	0.5544	0.5704	0.7931	0.6646	0.0049	-0.4769	0.9934	0.9903	0.9963	0.9944	1.0000	
dlnER	0.3880	0.4615	0.5541	0.5924	0.5341	-0.3928	-0.1207	0.8101	0.8197	0.7941	0.8083	0.7468	1.0000

可见，由于增加了虚拟变量，模型不确定性增加，这会导致出现多重共线性、模型拟合不理想的状况。因此这里利用逐步回归的分析方法对模型进行估计，修正后的结果见表10.4。

表10.4　我国OFDI各影响因素的区位分异回归结果

	C	lnGDP	dlnGDP	lnTRADE	dlnTRADE	lnPNI	dlnPNI
lnOFDI	7.616392 (3.51. 0.001)	0.1314196*** (1.78. 0.077)	-1.494828* (-6.46. 0.000)		1.403435* (5.72. 0.000)	-0.5562876* (-2.91. 0.004)	1.311264** (2.13. 0.035)
	lnEDU	dlnEDU	lnDIS	dlnDIS	lnER	dlnER	
	2.785603* (4.46. 0.000)	-5.33123** (-2.42. 0.017)		2.031451** (2.22. 0.028)	0.0924617* (2.82. 0.005)	0.4464364*** (1.78. 0.078)	
观察值=190		F值=20.25		prob>F=0.000		R平方=0.5308	

注（1）括号中为t值与P值；（2）*、**、***分别代表在1%、5%、10%水平上显著。

向后逐步回归是从完整的复杂模型出发，逐步剔除不满足显著性原则的变量，得到最终模型。利用STATA软件对模型二使用向后逐步回归，基于10%的显著性水平，软件自动剔除掉lnTRADE和lnDIS两个变量。

从剔除掉两个变量的式中可以看到，各个系数均在10%的显著性水平上显著，且检验水平都相应提高了，方程总体上拟合效果不错，能够为结论提供支撑。这里做一个简单的数据整理能够得到不同区位下的回归模型。不难发现：在本章所选取的影响我国OFDI区位选择的四个因素中，东道国的市场容量GDP、劳动力成本PNI、教育水平EDU对中国对外直接投资显现出明显的地区分异，汇率水平ER差异不大，而双边贸易额TRADE和地理距离DIS对于发展中经济体的影响并不显著。综合考虑各方面因素，最终整理为下述方程：

发展中经济体：

$$\ln OFDI = 7.62 + 0.131\ln GPD - 0.556\ln PNI + 2.79\ln EDU + 0.09\ln ER \tag{6}$$

发达经济体：

$$\ln OFDE = 7.62 - 1.36\ln GDP + 1.40\ln TRADE + 0.75\ln PNI - 2.54\ln EDU + 2.03\ln DIS + 0.54\ln ER \tag{7}$$

从东道国市场容量角度分析，可知发展中经济体的劳动力成本（人均国民收入）每增加1%，我国对其直接投资上涨0.131%；对应发达经济体劳动力成本增加1%，我国对其直接投资下降1.36%，存在反向作用关系，进一步表明东道国市场容量对中国OFDI影响的区位分异。对于外资企业来说，发展中经济体市场容量的扩大意味着更为便利的基础设施和更大的市场需求，这有利于降低运输和交易成本，减轻外资企业的负担，加上巨大的购买力可以更快速地实现即产即销，并且更大的市场容量往往能够带来更多、更低廉的劳动力，形成良性循环。从实证结果看，发达经济体在市场容量上的表现相反，劳动力成本与我国对外直接投资呈负相关关系。可能有以下原因：发达经济体为了保护本国产业，往往通过设立关税壁垒的方式阻止我国企业进入其市场，即使在签订自贸协议后相关保护政策依然存在，某些优势产业甚至未出现在自贸协议中，不予开放。相比之下发展中经济体对外来资本进入则较为开放。另一个原因是我国对外投资的企业往往是依托国内市场做大做强的企业，其技术研发能力和市场管理经验以及面对全球化经济风险的管控能力都明显不足，在与其他跨国企业竞争时缺乏核心竞争力，而发达经济体当地企业丰富的本土经营经验和天然文化优势更是让我国企业难以打入发达经济体市场。

从东道国劳动力成本角度分析，从上面两式可知，发展中经济体的劳动力成本（人均国民收入）每下降1%，我国对其直接投资上涨0.556%，对应发达经济体劳动力成本增加1%，我国对其直接投资上涨0.75%，双方呈现完全相反的影响趋势，反映出劳动力成本对中国OFDI影响的区位分异。这比较符合经济发展的客观规律，发展中经济体由于经济水平较差，资本禀赋和技术禀赋匮乏，往往处于产业链的低端，它吸引的外来投资更多地以劳动密集型产业为主，劳动力的成本优势能够较为充分地发挥出来；发达经济体与之相反，人工成本较为昂贵，但其处于经济发展的高水平阶段，拥有高端产业集群和先进技术以及优秀的管理经验，高昂的劳动力成本可能会被这些优势抵消，同时发达地区往往拥有很多技术工人和研发人才，这些高级劳动力通常能够成为企业中坚，促进跨国公司的发展。而从上面两式发现，发达经济体劳动力成本影响系数绝对值要大于发展中经济体的绝对值（|0.75|>|-0.556|），从而总影响方向为正，符合前文分析结果，进一步验证前文分析结果。

最后来看，从东道国的教育水平角度分析，从上面两式可知，发展中经济体的教育水平（人文发展水平）每上升1%，我国对其直接投资上涨2.79%，对应发达经济体教育水平增加1%，我国对其直接投资下降2.54%，双方影响相反，影响程度差别较大，反映出教育水平对中国OFDI影响的区位分异。

东道国教育水平和对外直接投资呈现明显负相关关系，这个结果与传统结论相反，可能的原因在于发达经济体教育水平长期处于高位，其对经济的敏感度没有那么高，同时发达经济体内部从事低端制造业的从业者较少，从事外资所需的高级技术型和管理型工作的人才也属少数，相当一部分人处于低不成高不就的地位，这些从业者往往不被外资投入者看中。但发展中国家两者呈正相关关系，主要原因一方面在于发展中经济体教育起点低、基础教育欠缺，只要取得明显进步就能够发挥出对经济上的贡献。另一方面，发展中经济体无论是本国企业还是吸引的外资企业多数以劳动密集型产业为主，教育水平越高越节省企业的培训费用，有利于企业决策的推行，我国企业更偏好在这类国家和地区进行投资。

第四节　结论和建议

新常态背景下，中国经济增长和社会发展面临转型压力，尤其需要从依靠廉价劳动力比较优势和低附加值的世界代工厂模式向依托资本和技术密集型创新驱动的高附加值的角色转换。我国企业对外有方向性和目的性的直接投资，有助于国家"一带一路"倡议的推进，促进中国产业对外有序转移和国际产业能合作。本章选取了2010—2014年间的我国对外直接投资的38个主要经济体的面板数据作为样本，利用STATA软件，采用GLS估计方法，研究了影响我国企业OFDI的区位选择影响因素，并采用逐步回归法进一步研究了OFDI相关因素的区位分异问题。主要结论如下：第一，东道国市场规模容量与中国OFDI呈显著的负相关关系，而其他变量如东道国劳动力成本、东道国教育水平、双边贸易额及双边汇率与中国对外直接投资呈显著的正相关关系，而地理距离因素影响不显著。第二，区位分异方面，东道国的市场容量、劳动力成本、教育水平对中国对外直接投资显现出明显的地区分异，汇率水平差异不大，而双边贸易额和地理距离对于发展中经济体并不显著。结合上述实证结果，对我国未来的对外直接投资，提出以下相关建议：

第一，企业在对外直接投资之前应明确自身定位，量身定制符合自身投资动机的发展战略，进而科学地选择自身经营方式和投资目的地。教育水平较高的地区人力资本存量也较高，因而对于资源寻求型的企业而言，在进行区位选择的时候，并不能仅仅考虑劳动力成本较低的区域，应当积极寻求教育水平较高地区进行投资，这不但可以降低投资风险，还可以大幅度提升企业对外投资的效率。

第二，我国走出去的企业往往较少具备本行业的核心技术和研发能力，企业的品牌知名度较低，溢价能力也较弱，总体的核心竞争力偏低。单个企业适应外国经济社会环境的能力较差。因此，应大力鼓励企业在提升自身核心竞争力的基础上，积极进行抱团协作，采取集群式产业园区模式推进对外投资，特别是形成战略合力，进而对拥有更大市场容量的发达国家进行对外投资，有序引导企业对外直接投资行为，努力提升对外投资效率和回报率。

第三，从行业上看，我国当前走出去的企业较多为资源型企业，且多数中国企业对外直接投资对效率寻求的战略目标考虑较少。由于国内不少制造业行业面临产能过剩等现象，政府应该积极引导和鼓励我国的绿色型制造企业"走出去"，在经济全球化浪潮中参与国际分工，加快形成核心竞争力，不仅能够促进企业自身造血能力的提升和国内产业结构的优化调整，也有利于我国"一带一路"战略的顺利实施，并推进区域经济社会的可持续发展。

第四，在"一带一路"倡议的推动下，中国各类企业对外投资正处于极速扩张的发展阶段。然而多数企业并不具备对外直接投资的成功经验，尤其欠缺适应本土化的隐性知识，"一拥而上"盲目上马项目的案例较多，因而带来的环境负面效应也相应增多。企业应增强与我国政府和行业协会等平台合作，包括同投资目的地的中国企业合作，逐渐建立信息共享机制，拓宽企业获取东道国宏观经济、市场环境、政策导向和资源禀赋等信息的渠道，共同出击、联动发展。熟悉东道国各种规制和法规，减少对外直接投资的盲目性。

尽管得出不少有意义的结论，但限于数据可得性等原因，本研究还有一些不足：首先是需要对某些核心变量如GDP、距离等不显著的内在机制进行探究，是否是我国的OFDI在一些地方转一下，最终去的还是美国等发达经济体？另外，这些变量不显著的原因也许是背后的政策、制度或各类规制等变量起到了极其重要的影响，例如我国推出的"一带一路"倡议，高铁合作网络计划等均会深刻影响企业对外投资的战略选择。

参考文献

［ 1 ］ BUCKLEY P J, CLEGG L J, CROSS A R, LIU X, VOSS H, ZHENG P. The Determinants of Chinese Outward Foreign Direct Investment［ J ］. Journal of International Business Studies, 2007, 38（ 4 ）: 499-518.

［ 2 ］ KWOK H, LEONARD C, MA Z H. China's outward foreign direct investment［ J ］. Economic Journal, 2010, 91（ 361 ）: 75-87.

［ 3 ］ RAMASAMY B, YEUNG M, LAFORET S. China's Outward Foreign Direct Investment: Location Choice and Firm Ownership［ J ］. Journal of World Business, 2012, 47（ 1 ）: 17-25.

［ 4 ］ 国家商务部, 国家统计局, 国家外汇管理局. 2015 年度中国对外直接投资统计公报 ［ R ］. 北京: 中国统计出版社, 2016.

［ 5 ］ 侯文平, 岳咬兴. 中国对外直接投资的影响因素分析——基于制度的视角［ J ］. 投资研究, 2016,（ 2 ）: 108-117.

［ 6 ］ 蒋冠宏, 蒋殿春. 中国对外投资的区位选择: 基于投资引力模型的面板数据检验 ［ J ］. 世界经济, 2012,（ 9 ）: 21-40.

［ 7 ］ 李猛, 于津平. 东道国区位优势与中国对外直接投资的相关性研究——基于动态面板数据广义矩估计分析［ J ］. 世界经济研究, 2011,（ 6 ）: 63-67、74.

［ 8 ］ 李轩. 跨国公司对外直接投资区位选择理论研究进展述评及展望［ J ］. 东北师大学报（哲学社会科学版）, 2015,（ 2 ）: 64-71.

［ 9 ］ 刘洪铎, 曹翔, 李文宇. 双边贸易成本与对外直接投资: 抑制还是促进?——基于中国的经验证据［ J ］. 产业经济研究, 2016,（ 2 ）: 96-108.

［ 10 ］ 宋维佳, 许宏伟. 对外直接投资区位选择影响因素研究［ J ］. 财经问题研究, 2012,（ 10 ）: 44-50.

［ 11 ］ 孙华平, 黄茗玉. 企业跨国并购中的文化整合模式研究［ J ］. 求索, 2012,（ 11 ）: 236-238.

［ 12 ］ 项本武. 东道国特征与中国对外直接投资的实证研究［ J ］. 数量经济技术经济研究, 2009,（ 7 ）: 33-46.

［ 13 ］ 杨娇辉, 王伟, 谭娜. 破解中国对外直接投资区位分布的 "制度风险偏好" 之谜［ J ］. 世界经济, 2016,（ 11 ）: 4-27.

［ 14 ］ 杨媛. 从投资动机看中国对外直接投资的区位选择［ D ］. 济南: 山东大学, 2015.

［ 15 ］ 余官胜, 林俐. 企业海外集群与新晋企业对外直接投资区位选择——基于浙江省微观企业数据［ J ］. 地理研究, 2015, 34（ 2 ）: 364-372.

［ 16 ］ 赵桂梅, 陈丽珍, 孙华平. 我国 OFDI 逆向技术溢出效应的实证研究［ J ］. 统计与决策, 2016,（ 14 ）: 109-112.

第十一章 ————————————————————————

"一带一路"倡议下我国钢铁行业出口影响因素①

第一节　引言

　　目前全球经济复苏乏力，经济保持低速增长。目前我国正处于经济增长的新常态时期，经济发展放缓，经济结构不合理问题非常突出。为了发展国内经济，加快产业结构调整，我国政府提出了"一带一路"倡议。实施"一带一路"倡议，不仅能够促进我国同周边国家的经济发展，也为中国解决产能过剩问题带来前所未有的契机。

　　据资料显示，2015年我国钢材出口共计9 379万吨，位居世界第一，正式成为钢材净出口国家。然而尽管我国钢铁出口持续增长，但我国的钢铁业仍面临巨大问题，发展缓慢使许多钢铁企业面临倒闭。产能严重过剩、市场竞争激烈和国际钢价低迷等问题接踵而来。其中，产能过剩是我国钢铁工业长期发展的主要阻碍。我们要消除制造业的过剩产能，全面推动经济转型升级。因此，现阶段可以充分利用"一带一路"政策，促进中国钢铁在海外项目的发展，提高出口竞争力，外化过剩产能，为解决中国钢铁业面临的困境提供捷径。在我国经济研究领域，探讨"一带一路"背景下我国钢铁行业出口贸易发展，旨在缓解我国钢铁行业面临的产能过剩问题，此外通过结合"一带一路"和我国钢铁业出口贸易，不仅提供了更多市场选择，而且可以更有效地开拓"一带一路"国家的市场。

　　本章主要通过理论和实证两方面来研究"一带一路"倡议对我国钢铁出

———————————————————————————

① 本章由陈云香与汤彬彬共同合作完成。

口贸易的影响。在理论部分，本章阐述了现阶段中国钢铁行业和"一带一路"的发展现状，分析了我国钢铁行业融入"一带一路"倡议的必要性。在实证部分，本章首先分析近年来我国部分钢铁产品出口情况和"一带一路"部分国家的贸易数据。此外，本章还选取2017年我国向越南、日本等国家的钢铁产品出口数据建立回归模型，分析是否为"一带一路"相关国家、一国的国内生产总值和进口税率对我国钢铁产品出口量的影响情况。通过两方面的研究发现，我国钢铁向"一带一路"国家的出口量明显高于非"一带一路"国家，"一带一路"倡议为我国钢铁行业带来了投资机会，表现为"一带一路"国家和钢铁产品的出口量呈显著的正相关关系。本章最终还给出了一些建议来发展我国钢铁行业的出口贸易，希望能够对利用"一带一路"倡议解决钢铁行业产能过剩问题有所帮助。

第二节　我国钢铁行业融入"一带一路"的必要性

据有关资料显示，2019年一季度，钢铁产量再次创下新高，产量增加，社会库存和企业库存也在增加，从整体上看，钢铁产量的增速大于钢材消费的增速，钢铁行业供过于求的压力再次显现。此外铁矿石价格不断上升、企业利润降低以及国际贸易摩擦问题不断，为了解决这些问题，我们必须把握好"一带一路"倡议构想带来的伟大契机，拉动钢材的需求，输出产能、转移产能。

"一带一路"倡议的推动，必然使我国与其他国家的贸易往来增多，例如，我国与东盟十国达成了从产业园区建设到港口、铁路，再到机械建筑等许多基础设施项目。此外，中铁、中车等国内高铁领域的龙头企业在东盟博览会上将中国高铁推向了东盟市场，这都为我们钢铁行业输出产能带来了前所未有的机遇。

另一方面，我们也可以转移产能，即让我国钢铁企业"走出去"在国外建厂。随着可持续发展原则的推进和我国铁矿石数量的减少，企业开始从海外进口铁矿石。但铁矿石价格高涨，钢铁公司的利润受到影响。如果能够合作建厂，可以降低运输成本，更重要的是，它可以更接近矿物基地，加强对矿产资源的控制。此外，我国越来越重视环境保护，即使污染排放符合国家标准，由于钢铁工业总产量很大，其污染排放量仍然很大，更何况还有许多小企业污染排放不能完全达标。

　　我国钢材出口量在不断增加，问题也逐渐显露出来。我国钢铁价格较低，相比一些国家具有很强的竞争力，抢占了许多地区本地钢铁企业的市场份额，这引起了许多国外钢企的不满，他们为了保护本国钢铁工业企业的利益，与我国的贸易摩擦升级不断。据统计，2017年有20多个国家对中国相关钢材制品发起不公平贸易调查。由此可见，我国钢铁产品面临出口困境，而"一带一路"可以帮助我国缓解这一局面。此外，通过在其他国家设厂的方式可以降低我国企业在生产钢材制品时遭受反补贴反倾销调查的概率。

第三节　我国钢铁行业发展现状

　　我国钢铁行业发展较早，从19世纪70年代初，我国钢铁工业建设就开始了探索之旅。但不论是从速度还是质量上，发展都不被看好。20世纪90年代以来，随着中国经济快速发展，基础设施建设加快，房屋建筑项目投资大幅度增加，钢铁行业的产能也显著上升。图11-1显示了2007年到2018年期间我国钢铁产量及其增长率，从图中可以清楚地看到，钢铁产量一直保持着增长，2008年后的增长速度明显放缓。

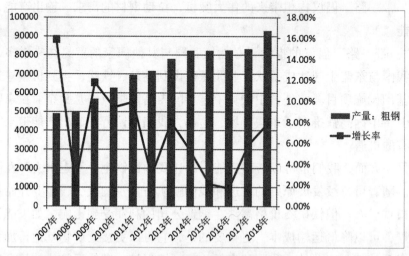

图11-1　2007—2018年我国钢铁产量及增速（单位：万吨、%）

据有关资料显示，2017年全球粗钢总产量达到16.91亿吨，同比增长
5.3%。中国的粗钢产量为8.317亿吨。此外，进口铁矿石价格从2018年11月
的65美元/吨开始上涨，并在12月中旬上涨至80美元/吨以上。此后一直保
持在80美元/吨之上。一旦铁矿石价格上涨，钢铁公司的利润就会直接受到
影响。根据中钢协的调查结果，在过去几个月中，四分之一的中国钢铁企业
遭受了损失。与此同时，在2019年第一季度，我国的粗钢产量再创历史新
高，占全球产量的52%。然而，产量增加，社会库存和企业库存也在增加，
钢铁生产的增长率将大于钢铁消费的增长率。钢铁行业供过于求的压力再次
出现，钢铁产能过剩危机仍然存在。

第四节　我国钢铁行业进出口情况

近年来我国进口钢材的数量一直很少。图11-2显示了这6年期间我国钢
铁的进出口情况。从图中不难发现我国钢铁的进口量一直较平稳，主要是因
为我国生产技术有限，钢材产品多为低级产品，因此需要进口有高附加值的
钢材品种。出口方面，我国钢铁的出口数量一直较高，经济危机过后，各国
经济逐渐复苏，主要经济制造业开始变得景气，此外新兴经济体对钢材的需
求也不断上升，另一方面，中国钢材的出口价格相较其他国家较低，所以我
国钢材的出口竞争力不断提高。

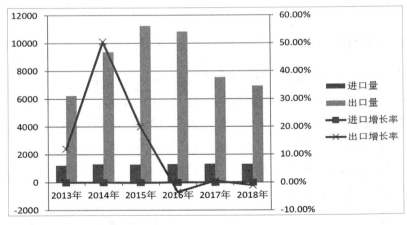

图11-2　2013—2018年我国钢铁进出口量及增速（单位：万吨、%）

从2017年我国钢铁的出口国别和地区上看（表11.1），超过四分之一的出口量来自东南亚七国，11.9%来自中东地区。近年来东南亚及中东地区经济迅速发展，他们对钢铁制品的需求量明显上升。"一带一路"建设的推进，我国也在鼓励企业"走出去"，鼓励开拓新兴市场。我国与东盟之间加强自贸区建设，与老挝合作"中老铁路项目"，预期以出口带动我国钢铁行业过剩的产能消耗。

表11.1　2017年我国钢铁出口流向占比

国家	占比（%）
东南亚七国	28.9%
中东九国	11.9%
欧盟七国	5.00%
南美洲六国	7.1%
韩国	13.8%
印度	4.1%
美国	3.7%
其他	25.5%

（一）我国钢铁产品对"一带一路"国家出口规模

从图11-3中可以看出，我国钢铁产品出口"一带一路"国家规模与对外出口总规模变化相似，2010年至2014年均保持增长趋势，受2008年经济危机的影响，2009年出口额有所下降。但随着全球经济的复苏，外部需求逐渐增加，中国贸易额恢复增长。自"一带一路"倡议构想提出后，中国对沿线国家的钢铁产品出口规模一直在扩大，由此可以看出，我国与"一带一路"国家的钢铁贸易联系越来越密切，成为中国对外贸易的重要市场。

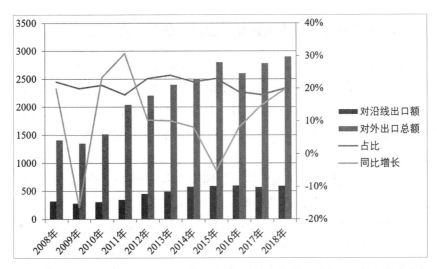

图11-3 我国钢铁产品对"一带一路"国家出口规模（单位：万美元、%）

（二）我国钢铁产品对"一带一路"国家出口商品结构

为了研究我国对"一带一路"国家出口钢铁产品的情况，本研究分析了中国对"一带一路"国家出口主要钢材产品占比情况。从表11.2明显可以看出，中国对"一带一路"国家出口的钢铁产品占比整体呈增长趋势，其中空心钢钻和其他合金钢条出口比重较高，占到中国出口钢铁产品总量的一半以上。显然"一带一路"沿线国家已经成为我国钢铁产品出口的主要市场。

表11.2 中国对"一带一路"国家出口主要钢材产品占比情况（单位：%）

	2012年	2013年	2014年	2015年	2016年	2017年
角材	31.02%	35.64%	37.28%	40.15%	47.99%	50.45%
型材	39.23%	40.12%	48.43%	51.09%	59.27%	60.62%
空心钢钻	58.88%	59.54%	66.03%	69.84%	67.79%	65.86%
其他合金钢条	57.88%	59.28%	60.07%	61.79%	60.02%	61.46%

（三）"一带一路"对中国钢铁行业出口贸易作用分析

本节利用中国和近年来与"一带一路"相关国家的钢铁贸易数据，分析中国的钢铁出口是否随着这些国家的增加而增加。通过贸易往来，拉动钢材需求，从根本上解决产能过剩问题。另一方面，分析"一带一路"国家的主要经济发展战略，研究这些国家是否能够为我们提供出口投资机会，从而找到解决产能过剩问题的途径。

"一带一路"倡议构想涉及沿线大量国家，本节选取了5个经济规模较大且比较稳定的"一带一路"沿线典型国家作为研究对象，同时选择5个非"一带一路"国家的贸易数据作为对比。从中国出口的钢种有很多种，一种为低附加值的铁或非合金钢型材或导向材料（海关编码为7216，以下简称为7216），另一种是无缝钢管和空心导轨型材，产品附加值高（海关编码为7304，以下简称7304）。表11.3显示了2017年从中国进口7216种钢材的典型国家的情况。从表中可以看出中国对俄罗斯、哈萨克斯坦和泰国等"一带一路"沿线国家出口总额相对较高。其中印度尼西亚最高为3 484.87万美元，占比高达33.8%。泰国和马来西亚的进口占比也都超过20%。而非"一带一路"国家，如美国、加拿大、英国等，从中国进口较少，仅占进口总额的0.21%。可以看出，在低附加值的钢铁产品中，"一带一路"国家的进口值明显高于非"一带一路"国家。

表11.3　2017年典型国家从我国进口7216类钢材产品情况（单位：万美元）

国家	从中国进口总额	总进口额	占比
俄罗斯	1 140.09	48 325.53	2.36%
哈萨克斯坦	289.08	20 682.68	1.39%
泰国	1 030.51	4 003.71	25.73%
印度尼西亚	3 484.87	10 308.46	33.80%
马来西亚	3 087.52	10 209.78	30.24%
日本	2 040.61	7 390.53	26.71%
美国	1 432.09	83 114.31	1.74%

（续表）

国家	从中国进口总额	总进口额	占比
加拿大	53.59	77 661.92	0.06%
澳大利亚	1 599.43	7 235.94	22.10%
英国	120.03	56 212.09	0.21%

表11.4为部分国家从我国进口附加值较高的钢材产品的情况，从表中可以看出泰国是总额较低的进口国家，日本进口的总额较少，因此占比最多，美国的进口额虽然多但是占总的进口额的比重较少。相比于表11.3附加值低的钢材产品，附加值较高的7 304类钢材产品情况较好，但依旧缺乏对发达国家的出口。通过两个表的对比，可见中国向"一带一路"国家出口钢材的情况要好于非"一带一路"国家，这说明此倡议的推进对我国钢材产品的出口是有积极影响的。

表11.4 2017年部分国家从我国进口7304类钢材产品情况（单位：万美元）

国家	从中国进口总额	总进口额	占比
俄罗斯	22 419.07	89 625.31	25.01%
哈萨克斯坦	14 508.12	64 733.20	22.41%
泰国	24 801.40	71 509.67	34.68%
印度尼西亚	25 152.30	99 512.28	25.27%
马来西亚	10 319.24	52 098.39	19.81%
日本	5 812.52	14 671.19	39.61%
美国	34 623.91	569 149.21	6.08%
加拿大	22 546.71	120 426.29	18.72%
澳大利亚	11 516.09	38 161.42	30.17%
英国	2 091.05	90 022.67	2.32%

（四）投资机会分析

在"一带一路"背景下，除了通过贸易出口钢材的方式，还可以进行对外直接投资。在为推动企业"走出去"，与国外进行产能合作，国务院印发了《关于推进国际产能和装备制造合作的指导意见》，明确提出把钢铁、铁路、建材等作为国际产能合作的重点项目。这些项目的出现使钢材需求大幅度上升，拉动我国的钢材出口，为解决我国产能过剩问题提供一个良好途径。

为了寻求投资机会，首先应该了解"一带一路"相关国家的经济发展现状。在沿线国家中，有法国和德国这样的发达国家，人均GDP较高，基础设施十分完善，工业发展也相当成熟，对于这类国家，我国钢铁的主要出口机会便是附加值较高的钢材产品。而对于像蒙古这样自身GDP较低且工业发展较差的国家，其较快的经济发展速度为我国钢铁行业提供了不错的投资机会。

在相关国家中还有许多像越南、马来西亚、印尼等经济发展较差、工业设施不完善的国家，它们便是我国开拓海外市场的目标。近年来，中国钢铁在海外设厂的数量逐渐增多，观察表11.5发现，到2017年底，我国对越南的投资合作较多，共有18家国内企业，而马来西亚和柬埔寨较少。

表11.5　我国钢铁企业对东盟部分国家投资合作情况（2017）

国家	境外企业总数	境外投资实体企业	境外办事处或贸易公司
越南	18	13	5
马来西亚	6	5	1
印尼	15	10	7
柬埔寨	5	2	2

据商务部的数据统计，中国钢铁企业对外投资的国家和地区多达28个，集中分布在东南亚地区。我国钢铁企业的海外投资对象主要分为两种类型：资源导向型和市场导向型。从表11.6可以看出，世界上的矿产资源主要集中在美洲、东欧、东南亚和非洲等部分地区。由于铁矿资源的运输成本较高，自然资源成为选择投资的首要因素。像美国、加拿大、澳大利亚这样的发达国家，虽然它们自身条件比较优秀，但是这些国家对资源的保护性较强，准

入门槛较高，再加上关税威胁，所以，这些国家并不是我们投资建厂的首选
国家。

表11.6 2017年全球铁矿资源的空间分布

国家	矿产资源基础储存量（亿吨）
俄罗斯	540
澳大利亚	430
乌克兰	610
巴西	250
哈萨克斯坦	130
印度	98
美国	150
委内瑞拉	60
加拿大	37
印度尼西亚	23
菲律宾	11

据世界钢铁协会统计，2017年，泰国净进口钢材1 260万吨，越南净进
口1 230万吨，其他东南亚国家中，印度尼西亚净进口钢材870万吨，菲律
宾净进口钢材730万吨，马来西亚净进口钢材600万吨。2017年以上东南亚
5国钢材净进口量达到4 690万吨，由此可见，东南亚区域内存在钢铁供需不
平衡问题。

东南亚国家经济基础普遍疲软，钢铁工业发展滞后。近年来，东南亚廉
价劳动力等因素吸引了大量的投资。目前，我国钢铁工业在技术、生产、规
划和建设方面积累了大量的经验。东南亚钢铁市场蓬勃发展，需要"中国经
验"的帮助，加上巨大的市场需求，双方可以充分实现双赢发展。

与此同时，我国钢铁企业和下游企业可以利用自身资金和技术优势，
利用有效的财务手段规避潜在风险，直接投资东南亚或与当地企业建立合
资企业。

目前，东南亚建筑业和基础设施建设供不应求，钢铁产业链中的钢铁生产能力仍然不足。这些都是我国钢铁企业产品和技术相对成熟的领域，为我国钢铁企业充分发挥自身优势、实现"一带一路"合作共赢提供了广阔的空间。所以，东南亚地区是我们在钢铁领域投资建厂的首选。

第五节　实证建模分析

本节试图通过实证分析，验证"一带一路"国家或地区是否对中国钢铁产品出口量的影响，因此，本文采用回归模型分析，这是一种广泛使用的统计分析方法，常用于确定两个或多个变量之间的定量关系。然而影响钢铁出口量的因素有多种，本节引用税率以及某国的国内生产总值作为变量建立回归模型进行验证。

以2017年我国向越南、日本、美国等31个国家和地区的钢铁产品出口量为因变量，建立回归模型，分析是否为"一带一路"国家或地区、各国国内生产总值和各国从中国进口的钢铁产品的进口税率对我国钢铁产品出口量的影响。文章建立以下回归模型：

$$Y = a + b_1 X_1 + b_2 X_2 + b_3 X_3 + e \qquad (1)$$

其中，Y表示2017年我国向各国或地区的出口钢材量，X_1表示各国或地区的国内生产总值，X_2表示是否为"一带一路"相关国家，若是则以1表示，不是则以0表示；X_3表示各国或地区从中国进口钢铁的进口税率；a、b分别表示截距项和各变量回归系数，e表示随机误差项结果如下：

表11.7　各变量描述统计

	N	极小值	极大值	平均值	标准差
Y	31	0	1 348.20	76.34	170.23
X1	31	2.78	7.25	4.83	0.83
X2	31	0	1.00	0.40	0.48
X3	31	0	35.00	4.32	5.12

表11.8 相关分析结果

	Y	X1	X2	X3
Y	1			
X1	0.431**	1		
X2	0.143*	0.200	1	
X3	0.106	0.156*	0.155*	1

注：**、*分别为1%、5%的显著水平。

从表11.8中的相关分析结果可以看出，每个国家或地区的GDP与钢铁产品出口量之间的相关系数为0.431。测试表明，在1%的显著水平上，每个国家或地区的国内生产总值，即国家或地区的经济发展与钢铁产品的出口量显著正相关。也就是说，国家的经济发展可以促进钢铁产品的出口增长。"一带一路"国家与钢材出口量之间的相关系数为0.143，验证已经通过显著水平。说明了"一带一路"相关国家与钢铁产品的出口量为正相关关系，而进口税率与钢铁产品出口量相关系数为0.106，未通过测试表明，从中国进口的钢铁产品的进口税与钢铁产品的出口量微弱相关。

为了更好解释变量之间的关系，进一步进行了回归分析，结果如下：

表11.9 回归结果

	回归系数	标准误差	T值	Sig	容差
（常量）	-388.432	83.415	-4.651	0.000	
LN X1	91.874	16.024	5.675	0.000	0.809
X2	46.16814	26.128	1.659	0.065	0.976
X3	1.651	2.530	0.620	0.530	0.878
R^2	0.998224		F		12.325
调整 R^2	0.980985		F-Sig		0.000

由表11.9回归结果可知，模型的判决系数为0.908224，调整后为0.980985，模型F验证统计量为12.336，F检验对应的显著性概率Sig值为0，通过了F假设检验，说明模型拟合较好。从模型回归结果可知，各国或各地

区的国内生产总值与钢铁产品的出口量为显著的正相关关系，回归系数为91.874，通过了 T 假设的显著性检验，即各国的国内生产总值越高，钢铁产品的出口量越高，是否为"一带一路"相关国家回归系数为48.571，通过了显著性检验，而进口税与钢铁产品出口量的相关系数为1.651，没有通过检验，则说明从中国进口钢铁产品的进口税对出口量的影响并不明显。

第六节 "一带一路"倡议下我国钢铁行业出口贸易发展对策

本章从理论和实证两个方面分析了"一带一路"倡议对我国钢铁工业出口贸易发展的影响。从理论上讲，我国的钢铁工业发展较早，是一个相对完整的支柱产业，占到全球产量的52%。但是，面对铁矿石价格的上挺，社会库存和企业库存的增加，钢铁行业的过剩危机再次出现。参与"一带一路"的国家中，有许多新兴发展中国家。加强与这些国家的投资合作，为中国解决产能过剩问题提供了巨大机遇。根据区域经济学理论，"一带一路"倡议的推进推动了该地区国民经济的发展。这符合中国"一带一路"倡议思想的初衷，即促进共同发展，实现共同繁荣。

本章实证研究发现，我国钢铁产品的出口更倾向于"一带一路"国家，"一带一路"国家也为我国钢铁行业的发展带来了投资机会，是否为"一带一路"国家和钢铁产品的出口量呈显著的正相关关系。

（一）政府方面

"一带一路"涉及65个国家和地区，在这些国家中大部分为新兴的发展中国家，所有"一带一路"国家总人口加起来占全球总人口的63%，经济总量合起来占全球的29%，经济和人口总量庞大。从上文的数据上看，当下我国钢铁出口在"一带一路"相关国家中只有越南、菲律宾、泰国等十余个国家，因此还可以去开拓市场，首先政府应该抓住"一带一路"倡议构想带来的机遇，开展差异化多边谈判，积极探讨并达成适应于双边和多边的法律制度、政治环境以及经济规则的新的投资贸易协定，寻求钢铁贸易摩擦争端的解决机制。其次，我国政府可以在东南亚地区建立钢铁行业的咨询机构，对钢铁交易信息进行专业评估分析，并反馈给钢铁企业。这样有利于钢铁企业在东南亚地区制定适当的营销策略，保持自身的竞争实力。此外，政府还要积极发挥其职能,利用政策不断鼓励出口,如出口退税制度等。

(二)企业方面

"一带一路"倡议合作具有高技术、高水平的特点,因此必然会带动高端钢铁制品需求的增加。非"一带一路"国家对高附加值的钢铁制品需求更大,为了迎合需求,我们要促进钢铁产业的转型,提高产品的附加值。这要求企业推动生产技术的创新升级,加强人才力度的培养从而促进我国钢铁企业的转型与升级。

另一方面,要积极响应"一带一路"倡议,开发新兴国家市场。"一带一路"倡议贯穿整个欧亚大陆,沿线的相关国家中大多数是新兴发展中国家,这些国家人口众多,有巨大的经济发展潜力。根据上述数据分析,我国仅与少数国家进行交易,如泰国、马来西亚和印度尼西亚。因此,除了维持与这些国家的贸易外,必须依靠"一带一路"平台寻求更多的新兴市场。

(三)侨胞侨商方面

我国与东南亚地区的钢铁贸易较多,由于环境习俗的不同,我国对东南亚地区的投资脚步略缓。目前,有许多生活在东南亚地区的华人和已经开设企业的侨商,可以以他们为媒介,帮助我国在东南亚地区展开投资合作。现阶段,我国对东南亚地区的钢铁投资大部分是一些钢铁项目,在投资时,通过华商识外商、借外商引外商方式,能够加快钢铁企业走出去进行产能合作,也可以通过他们与当地钢铁企业展开合作,这样既能够充分利用了当地的钢铁资源,又促进了钢铁业的发展。

参考文献

[1]　LCROMPTON P. Future Trends in Japanese Steel Industry [J]. Resource Policy, 2006,(26).

［2］ FARRELL J, SHAPIRO C. Horizontal Mergers: An Equilibrium Analysis［J］. American Economic Review, 2000（1）: 73-90.

［3］ LABSON S, GOODAY P, MANSON A. China Steel［J］. ABARE Research Report, 1995, 95. 4.

［4］ TANSEY, M. Price Control, Trade Protectionism and Political Business Cycles in the U. S Steel Industry［J］. Journal of Policy Modeling, 2007,（27）.

［5］ 杜博."一带一路"与中国钢铁出口贸易发展研究［D］. 北京:首都经济贸易大学硕士学位论文, 2017.

［6］ 金立群, 林毅夫."一带一路""引领中国［M］. 北京:中国文史出版社, 2015 : 6-1。

［7］ 倪中新, 卢星, 薛文骏."一带一路"战略能够化解我国过剩的钢铁产能吗——基于时变参数向量自回归模型平均的预测阴［J］. 国际贸易, 2016（3）: 161-174.

［8］ 秦兰兰."一带一路"背景下我国丝绸出口贸易潜力研究［D］. 杭州:浙江理工大学硕士学位论文, 2016.

［9］ 沈一冰. 2014年我国钢材出口分析及后期预判［J］. 钢联资讯, 2015, 2.

［10］ 王荆阳. 出口9378万吨高居世界第一中国首次成钢材净出口国［N］证券日报, 2015-02-05（B02）.

［11］ 赵明亮, 杨蕙馨."一带一路"战略下中国钢铁业过剩产能化解:贸易基础、投资机会与实现机制［J］. 华东师范大学学报（哲学社会科学版）, 2015（4）: 84-85.

第十二章

"一带一路"国家环境基础设施与跨国产业集群：治理的作用 ①

第一节 引言

产业集群促进了经济增长，同时也带来了环境污染。然而，集群的负面影响可以通过提供良好的治理及改善基础设施来抵消。各国在环境基础设施方面建立长期运营关系已成为必不可少的治理措施。本章收集了1981—2015年"一带一路"沿线64个国家1981—2015年的数据，通过实证分析，加深了我们对这些运营关系的理解。并通过广义矩估计（GMM），考察环境基础设施与"一带一路"国家的跨国集群之间的关系，二者总体呈现正相关关系。本章对规划、建设和评估环境基础设施和产业集群，衡量地方和国家层面的环境边界增长，提升"一带一路"沿线国家环境基础设施，扩大绿色投资等具有重要意义。

环境基础设施与跨国集群之间的关系可以表现为：跨国集群与良好治理一起推动环境基础设施建设，并促进区域发展，且发展中国家外国直接投资对东道国环境产生积极影响。虽然集群之间建立了更密切的关系，但是却在维持和改善环境质量等方面对环境基础设施提出了挑战。环境基础设施通过提供水、交通、通信、教育、卫生和能源，在实现发展方面发挥着至关重要的作用。而经济增长、生活与环境基础设施区位及设计对环境健康也有显著

---

① 研究成果已发表在《*Business Strategy and Development*》2019年第1卷第1期。SUN H, TARIQ G, KONG Y, KHAN MS, GENG Y. Nexus between environmental infrastructure and transnational cluster in one belt one road countries: Role of governance. Business Strategy and Development, 2018, 1–14.

影响。环境退化和高基础设施成本也促使政府采取必要措施来管理和规划。但目前在流域的规划、需求管理和增长战略等方面很少有合适的策略用于提高基础设施效率的可持续性和最大化。

环境基础设施有助于提升能源效率、规划环境管理、饮用水与废水管理方面提供了益处，它还在促进经济增长、保护环境健康和增进人民福祉方面发挥着至关重要的作用。为了保护环境免受环境退化的潜在影响并提高地方宜居性，许多政府正在综合资源回收等方面采用新的方法。位于特定地理区域的集团公司和合作机构，通过相互依赖，可以提供关联的服务或产品组合。集群内基础设施、技能和专业知识通过自然协作，有利于提高生产力，实现特定区域的可持续繁荣和发展。跨国集群对经济、社会和环境发展至关重要，满足国家基本需求、减轻贫困、加强社会互动和促进经济增长等解决国家面临的一些重大问题方面提供了有力工具。因此，一些发展机构通过改善环境基础设施，努力引进跨国集群，以改善人民生活。

集群也受到政府机构、公司合作和环境条件的影响。此外，集群和环境对彼此也有一些重大的影响。社会和环境部门协助公司整合目标开展业务，吸引集群和投资。因此，在当今的全球经济中，在相同的维度和限制下共同合作变得越来越重要。相关基础设施报告证明环境基础设施可以保护环境并支持正在发展中的区域，涵盖11个领域：GDP、CO_2、FDI、人口密度、工业增加值、温室气体排放、电力消耗、改善水源、水和卫生投资以及能源投资。而不同废物产生和水的消耗也对融资和投资战略产生了影响。本章研究还有助于我们高效地开发和监控技术，使我们对"一带一路"国家有最新的了解，同时还讨论了关于理解环境质量是如何随着时间的推移而变化，并证明了未来的期望和面临的压力。

此外，环境基础设施的可持续性也越来越受到关注，这得到了工程、人文、自然科学和社会科学等不同领域学者的共同关注。影响人类健康的一些主要负面后果是温室气体效应、资源枯竭、空气污染、全球变暖、酸化、水污染。因此，有必要在环境范围内规划、建设和发展基础设施，以吸引绿色集群来促进发展。然而，随着对"一带一路"国家的特别关注，我们发现：现有的环境基础设施与"一带一路"国家跨国集群之间的关系以及治理的知识体系中，缺乏经济学视角下的研究。实现这一目标对于促进经济发展、实现可持续的环境和经济增长、提高成员国的生活水平、发挥治理与外国直接投资的作用、加强环境基础设施建设，以及在衡量环境基础设施与跨国集群之间的关系、帮助我们援助当地和国际政策等方面都具有重要作用。

第二节 "一带一路"国家的跨国集群和环境基础设施

2013年，为了在成员国之间建立更多的贸易机会和投资联系，以及通过铁路、公路和航空实现金融一体化，中国提出了"一带一路"倡议。如"一带一路"的倡议中所提及的：在南亚国家，近期的所有经济成就在一定程度上都可以被认定为"一带一路"大胆而富有远见的成果。本章讨论"一带一路"国家中环境基础设施与跨国集群之间的关系，以及治理在改善环境基础设施方面的作用。"一带一路"是中国的重大发展倡议，旨在加强与欧洲、亚洲、非洲大陆及其邻近地区的经济合作，促进"一带一路"沿线国家之间的伙伴关系，在特定国家中实现多样化、均衡、独立、可持续发展，并建立综合的、多维度和多层次的关系。

过去二十年，经济政策发生了快速变化，新兴市场和发展中市场普遍采取更加开放的市场战略并迎接更具竞争性的挑战。贸易壁垒被拆除，投资流爆发式增长。对于金融和投资而言，环境基础设施变得越来越重要，超越了世界服务或商品贸易的重要性，预计回报率高且风险水平较低的投资主要集中在这些环境基础设施完善的经济体。因此，大部分投资都发生在发展中国家或中等收入国家。但关于集群和环境基础设施的积极影响的讨论一直受到污染争论的支配。随着世界经济受金融和投资的推动，全球环境状况逐渐恶化，森林砍伐、生物多样性的破坏和温室气体排放等环境问题快速蔓延。如果没有采取防治洪水、过量二氧化碳和废水等环境危害的防范措施，人类的生存环境将会更加恶劣。预防烟雾、污水处理对于丰富环境和生活的价值至关重要，这都是由环境基础设施所传递的专业知识。

20世纪70年代中期，美国和西欧等一些地区的中小企业在集群的帮助下聚集起来并迅速发展。如今一些世界级的典型产业集群是硅谷和第三意大利的集群。目前，由于跨国集群对地区创新能力具有影响的争论，学术研究有所增加。对政府与政策制定部门而言，使用环境指标有助于采用形成一种清晰易懂的方式来把握环境动态，有效动态监测随时间推移而产生的进展情况，并形成能清晰显示绩效的简化数据。

近年来，集群带来的环境基础设施影响经常被国际商业文献所强调。研究结果表明，随着清洁和高污染行业之间的生产转移，工厂的进入和退出使得制造业污染或行业内的工厂都有所减少。转移的边际成本随着距离的增加而迅速增加。

已有研究证据证明，生产率较高的企业排放强度较低，由于企业的进入和退出，国际贸易线性化和标准模型正在呈现出异质性。绿色基础设施（GI）可以在城市地区全面提供生态系统服务（ES），成为可持续城市规划及适应和抵御气候变化影响的关键要素。同时，如果不能对跨国集群进行良好治理的话，也难免加剧区域土地和空气污染。因此应该提升规制质量，促进能源效率持续改善，并促进循环经济发展，以利于环境质量稳步提高进而实现可持续发展。

（一）计量经济模型设定

根据搜集到的数据呈现出相应的结果，如图12-1和图12-2所示。本研究中，环境基础设施中的测度值分别为GDPPC、FDI、CO_2、工业增加值、电力投资和城市人口。跨国集群的测度值为人口密度、电力消耗、水资源投资、环境设施、治理措施等。在图12-1中，A1表明跨国集群对环境基础设施有负面影响。A2表示跨国集群和治理的协同效应。此外，与直接效应有关，通过三种方式可以影响环境基础设施：A3表示行业对环境基础设施的增值效应。跨国集群的决定因素是A4、A5、A6，它们分别代表二氧化碳、城市人口和电力投资对环境基础设施的影响，A7代表人均国内生产总值对环境基础设施的影响。

在图12-2中，A8表示环境基础设施对跨国集群的影响，A11表示环境基础设施和治理二者协同带来的影响，电力消耗、人口密度、水和卫生投资分别由A12、A9和A10表示；A1、A2、A3、A4、A5、A6、A7、A8、A9、A10、A11和A12是本章将关注的研究路线。

（二）环境基础设施模型

环境基础设施可为某一区域提供清洁水、卫生设施和电力等，一般而言，我们使用水资源作为环境基础设施的代表。在这项研究中，实施的方法是评估跨国集群与环境基础设施之间的关系以及借鉴经验和理论研究的治理

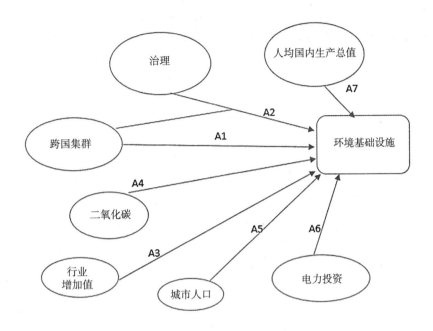

图 12-1　环境基础设施与集群之间的关系（一）

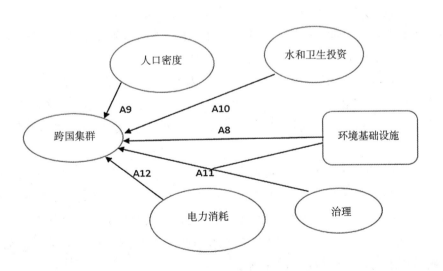

图 12-2　环境基础设施与集群之间的关系（二）

作用。图12-1涉及模拟跨国集群对环境基础设施的影响（A1），治理与集群的其他作用之间的相互作用（A2）。根据跨国集群对环境基础设施的影响，用公式1估算EI模型，调节集群对其他解释变量积累的相互作用。

公式1：

$$EI_{it} = a + a_1 \text{in} FDI_{it} + \delta(\text{in} FDI_{it} \cdot \text{in} GOVR_{it}) + a_2 \text{in} CO_{2it} + a_3 \text{in} IE_{it} + a_4 \text{in} GDPPC_{it} + a_5 \text{in} UP_{it} + a_6 \text{in} IVA_{it} + a_7 \text{in} GHG_{it} + \varepsilon_{it} \tag{1}$$

式中，EI_{it}表示环境基础设施，FDI_{it}是外国直接投资净流入，IE_{it}是私人参与的电力投资，也是控制变量，CO_2是二氧化碳排放量，$GDPPC_{it}$是指人均GDP增长率（占GDP的百分比），是控制变量，GHG_{it}是二氧化碳当中的温室气体排放量，IVA_{it}是行业增加值年增长百分比，UP_{it}是城市人口（占总人口的百分比），$GOVR_{it}$是产权和基于规则的治理，并且ε是残差值。下标的i和t分别代表国家和时间。这里的一些驱动因素与环境有关，一些措施与政府政策有关。

关于环境基础设施的衡量，在本章中，该研究集中于环境基础设施与"一带一路"经济的跨国集群之间的关系，一个国家很难独自生存并获益，一个项目多国参与是常态，政府以投资的形式提供援助和指导，同时改善经济、人民生活方式和环境基础设施。本部分理论假设如下：

H1：跨国集群与环境基础设施具有负相关关系。

H2：在良好治理的前提下，跨国集群有可能与环境基础设施呈正相关关系。

行业增加值是一个行业对一个国家整体GDP的贡献。生产税和雇员报酬包括行业增加值。如果不考虑和规划环境因素，加强工业化可能会带来许多问题。以前的理论认为，工厂进入和退出污染行业之间的生产转移导致制造业污染减少。随着行业间技术的升级，环境污染将会减少，这将支持以下的假设：

H3：行业增加值与环境基础设施呈负相关。对人类社会、生态系统和气候变化造成严重后果的海洋酸化是由于二氧化碳排放量的增加。West和Pearce等强调了二氧化碳对环境的影响。随着集群的增加，二氧化碳排放量也在增加。在方程式2中，与CO_2排放相关的系数显示了对环境基础设施的影响。以上讨论可以假设如下：

H4：预计二氧化碳与环境基础设施呈负相关，但与集群呈正相关。

城市化对环境基础设施产生负面影响，因为人们通过消耗水、能源和食物来改变环境，反过来环境又会对人们的健康产生负面影响。

H5：城市人口的增加会导致环境基础设施的减少。

能源是人类经济活动的基本需求。其中电力是环境基础设施的指标之一。

H6：能源资本投资的较大比例与环境基础设施正相关。

在不同的研究中，有不同的金融市场发展指标，如使用GDP作为金融市场发展的替代指标。各种指标用于捕捉金融市场的发展；商业银行资产占银行总资产、银行信贷、私营部门流动性和信贷负债的比例就是一些例子。

H7：由于集群可以提供额外的资本，因此预计由于环境基础设施的增加，东道国的经济增长率将会增加。

（三）集群模型

考虑到改善水源、人口密度、水和电的投资。我们设计如下公式：

公式2：

$$TC_{it} = a + a_1 \text{in}WS_{it} + \delta(\text{in}WS_{it} \cdot \text{in}GOVR_{it})a_2\text{in}PD_{it} + a_3\text{in}EPC_{it} + a_4\text{in}INV_{it} + \varepsilon_{it} \quad (2)$$

式中，TC_{it}是跨国集群，PD_{it}代表每平方公里土地的人口密度，EPC_{it}表示人均电力消耗（kwh），WS_{it}表示改善水源变量，$GOVR_{it}$指政府和私营部门的治理，是核心变量，INV_{it}指水、卫生和电力的投资，这是控制变量，ε_{it}是一个残差项。

环境基础设施为经济提供水设施和卫生设施，从而提高环境的宜居性。

H8：环境基础设施与跨国集群有正相关关系。

人口密度是每单位面积人口的衡量标准。在解释环境基础设施时，人口增长是一个重要因素，因为人口增加，投资也会增加。世界人口和社会需求的增加，提高了工业化和资源退出率。上述考虑可能推出以下假设：

H9：人口密度估计与跨国集群呈正相关。

对水和卫生以及电力的投资改善了环境基础设施，促进了国家的发展，从而带动了经济的增长。在给定的时间段内，投资与GDP的比率被描述为特定经济体中固定资本形成的盈余。以下假设均由上述论点给出：

H10：水和卫生设施以及电力资本投资的比例较大，与跨国集群呈正相关。在良好治理和政策的帮助下，环境基础设施可能与集群具有正相关关系。

H11：环境基础设施与治理、跨国集群呈正相关。

随着集群的增加和越来越多的公司出现，电力消耗也将更高。城市内部的电力消耗促进地方的治理，基础设施也受到高度关注。随着电力消耗的增加，工业生产出更多的产品，这将产生下一个假设：

H12：电力消耗与跨国集群呈正相关。

第三节　数据和估算方法

本章的目的是衡量"一带一路"国家内部的环境基础设施与集群之间的关系。

表12.1　各国的区域分组

东南亚	南亚	中西亚	中东和非洲	中欧和东欧
文莱	孟加拉国	阿富汗	巴林	阿尔巴尼亚
柬埔寨	不丹	亚美尼亚	埃及	白俄罗斯
印度尼西亚	印度	阿塞拜疆	伊拉克	波斯尼亚
老挝	马尔代夫	格鲁吉亚	以色列	捷克共和国
马来西亚	尼泊尔	伊朗	约旦	保加利亚
缅甸	巴基斯坦	哈萨克斯坦	科威特	克罗地亚
菲律宾	斯里兰卡	吉尔吉斯斯坦	黎巴嫩	爱沙尼亚
新加坡		蒙古	阿曼	匈牙利
泰国		塔吉克斯坦	也门	拉脱维亚
东帝汶		土库曼斯坦	卡塔尔	立陶宛
越南		乌兹别克斯坦	沙特阿拉伯	马其顿
中国			叙利亚	摩尔多瓦
			土耳其	黑山
			阿联酋	波兰

（续表）

东南亚	南亚	中西亚	中东和非洲	中欧和东欧
				罗马尼亚
				俄罗斯
				塞尔维亚
				斯洛伐克
				斯洛文尼亚
				乌克兰

该估算根据表12.1中列出的区域和1981—2015年期间64个国家的面板数据进行了分类。时间段、国家、计量经济模型和结果中变量的选择纯粹基于数据的可用性。数据来源，变量和描述见表12.2。FDI用作表示代理的跨国集群。为了获得国家人均GDP的增长率、环境基础设施和跨国集群，我们选取了二氧化碳、人口密度、电力消耗、工业增加值、温室气体、水和卫生投资、电力投资、城市人口、基于规则的治理和改善的水源等变量。

表12.2 描述和数据来源

变量	描述
GDPPC	人均GDP增长率（年度%）
CO_2	二氧化碳排放量（千吨）
UP	城市人口（占总人数的百分比）
FDI	外国直接投资，净流入（BOP，现价美元）
PD	人口密度（每平方公里土地面积人口）
IVA	工业，增加值（年增长率）
EPC	电力消耗（人均千瓦时）
WS	被改善的水源（百分比）
IW	私人参与的水和卫生投资（现价美元）
Gover	CPIA产权和基于规则的治理评级（1＝低，6＝高）
GHG	温室气体总排放量（相当于二氧化碳排放量）
IE	私人参与的能源投资（现价美元）

表12.3　使用FE和RE的EI决定因素的回归分析

变量	FE	RE
FDI	−0.1895919***	−0.2787014***
	（0.0131345）	（0.0112786）
FDI*GOVR	0.1947187***	0.2810502***
	（0.0129283）	（0.0111525）
GDPPC	0.0016226*	0.0014129*
	（0.0009182）	（0.0008714）
GHG	0.0070105***	0.000797
	（0.0026512）	（0.0009164）
Urban Pop	0.0044581*	−0.0000506
	（0.002405）	（0.0013437）
IVA	−0.0032889***	−0.0026685***
	（0.0008085）	（0.0008276）
IE	0.0074697***	0.0133525***
	（0.0010308）	（0.0009995）
CO_2	0.013921***	−0.0023425***
	（0.0025692）	（0.000865）
No. of Obs	2240	2240
R^2	0.72	0.67
Wald Chi^2（8）		1406.86
Hausman Test:		
Chi^2（8）		138.54
Prob>Chi^2		0.0000

注：因变量是改进的水资源。***表示1%，**表示5%，*表示10%显著性水平。

表12.4 使用FE和RE的群集决定因素的回归分析

变量	FE	RE
WS	17.29665***	16.33897***
	（3.071865）	（3.034958）
WS*GOVR	5.304706***	5.187765***
	（0.9274376）	（0.9290389）
PD	0.2673931	0.2716882**
	（0.2576266）	（0.4103226）
IW	0.076031*	0.0774144*
	（0.0401562）	（0.0402933）
EPC	−0.1798857	0.0468296
	（0.1455538）	（0.106019）
IE	0.1951174*	0.1909418**
	（0.0865987）	（0.086823）
No. of obs.	2240	2240
R^2	0.51	0.51
Wald Chi^2（6）		1203.40
Conf. Interval	95%	95
Hausman Test:		
Chi^2（6）		4.81
Prob>Chi^2		0.5689

注：FDI被视为跨国集群，它是因变量。***表示1%，**表示5%，*表示10%显著性。

在测试环境基础设施与面板数据的跨国集群之间的关系时，最初使用表12.3和表12.4中的固定效应和随机效应计算公式1和公式2。下面展示了这些估计的结果。由于对环境和集群变量的同时性和内生性的关注，因此也进行了 Durbin Watson Hausman 的内生性测试。

本章用实施不同方程组的方法来克服这些问题。方程组和计量经济模型结合了两个方程（EI和聚类模型），这两个方程一起被估计。在文献中，使用了四个系统估计器，它们是两阶段最小二乘（2SLS），似不相关回归（SUR），广义矩量法（GMM）和三阶段最小二乘法（3SLS）。如果没有偏差，那么GMM和3SLS的结果应该是一致的。由于GMM提高了大样本的效率，并且能解决了与内生性和异质性问题的相关性，因此本研究采用GMM进行了估计。

第四节　实证结果分析

表12.5列出了变量的描述性统计数据。

表12.5　变量的描述性统计

变量	均值	标准差	最小值	最大值
GDPPC	1.33	0.88	−3.79	4.52
CO_2	10.22	2.06	3.24	16.14
Gover	1.05	0.08	0.86	1.17
FDI	19.79	2.67	2.30	26.39
PD	4.30	1.29	0.11	8.96
IVA	1.73	0.96	−4.60	5.05
EPC	7.37	1.43	2.59	9.99
IW	19.68	0.84	18.02	21.66
IE	20.62	0.77	17.84	21.66
WS	4.47	0.03	4.42	4.54
GHG	10.92	1.89	3.67	16.33
UP	3.85	0.505	1.8525	4.605

使用Stata进行GMM回归分析可以得到表12.6和表12.7中的数据，CO_2和水资源投资被视为内生变量，温室气体和能源投资被视为工具变量，假设

多元回归的假设条件已经得到满足。决定系数（coefficient of determination，R^2）是反映模型拟合优度重要的统计量。由表12.6和表12.7可知，R^2的值为0.68和0.27，因此，模型 I 能解释因变量的变化的百分数为68%，模型 II 能解释因变量的变化的百分数为27%。

结果表明，自变量具有统计学意义，p 值 < 0.05，所以这个模型对我们的数据拟合得很好。非标准化系数表示，当所有其他变量恒定时，因变量随独立变量而变化的程度。从表12.6可知，第一栏显示 GDPPC 的系数为正，这意味着随着 GDPPC 的增加，环境基础设施每年都会增加，同样 FDI 系数为 –0.279，这意味着单独的外国直接投资对环境基础设施产生负面影响，但与政府和私营部门的治理交叉效应却对环境基础设施产生正向的影响，IVA 的系数为 –0.00256，CO_2 的系数为 –0.00145，都与环境基础设施呈负相关，因为环境基础设施减少会导致 CO_2 排放量增加，城市人口增加也与环境基础设施呈负相关，能源投资为0.013，与环境基础设施呈正相关。再从表12.7可知，EPC 的系数为0.267，IW 为0.0868，人口密度为0.316，水源投资系数也为正，进一步显示，水源投资与政府和私营部门的治理和因变量也具有正相关关系。在所有这些结果中，负值意味着因变量的值随着自变量的增加而减少，而正结果表示值的增加。

表12.6　使用广义矩估计（GMM）的考察 EI 决定因素的联立模型1981—2015年

变量	系数
FDI	–0.2790509***
	（0.0147119）
CO_2	–0.0014527***
	（0.000553）
IVA	–0.0025619***
	（0.000868）
Urban	–0.0005299
	（0.0013169）
GDPPC	0.0014607
	（0.0009473）

（续表）

变量	系数
FDI*Govr	0.2812135***
	（0.0144477）
IE	0.0133796***
（0.0019352）	
No. of observations	2240
R–Square	0.68
Wald Chi^2（7）	831.90
Conf. Interval	95%

注：改进水源被视为因变量。***表示1%，**表示5%，*表示10%显著性水平。

表12.6中显示的模型I的结果反映环境基础设施对集群的影响。在该表中，改进水源被用作环境基础设施的代表。结果表明，在政府和专家的良好治理的帮助下，环境基础设施与跨国集群具有正相关性，反之亦然。结果表明，在治理的帮助下，环境基础设施与集群之间存在双向关系。因此，环境基础设施可以通过集群、外国直接投资流入和治理的形式来改善。

从A1的结果直接来看，正如预测的一样，跨国集群对环境基础设施具有负面和显著的影响。这些结果也验证了内生理论。比较表12.3中FE和RE的结果可知，由于内生性和自相关，一些结果并不显著，因此我们设计了GMM模型使得变量显著。正如表12.6所示，外国直接投资对环境基础设施的影响是负面的。这一结果强烈表明外国直接投资与环境基础设施呈负相关关系。但是随着政府提供治理并实施规则和法规，跨国集群将与基础设施形成正相关关系。

在环境和集群联系的实证调查中，我们还评估了其他环境基础设施的决定因素。而一些变量直接通过集群通道A2促进基础设施的改善。在表12.6中，FDI的系数为负，但在提供治理后，FDI与基础设施呈正相关关系。这意味着随着经过管控的外国直接投资的提高，环境基础设施将会得到改善。最近的研究表明，国际贸易的标准模型具有强烈的异质性特征，同时预测贸易和外国直接投资的增加会导致工厂排放强度降低。这一结果表明，由于出口导向型投资，大多数外国公司更愿意在各地区分销产品。它可能通过跨国集群来刺激环境基础设施建设。

集群（A1）的直接影响以及集群和治理（A2）的联合效应是对环境基础设施的评估。通过测度潜在影响的方程，可以得出二氧化碳（A4）以及水、卫生和能源（A6）的投资对环境基础设施的影响。通过集群对环境的直接影响和集群决定因素的系数之间的整合，我们可以估计其影响效应。研究发现，二氧化碳与环境基础设施呈负相关（−0.0014）。在不对工业进行子行业细分时发现，在整个行业水平上二氧化碳排放与工业化之间存在正相关关系。二氧化碳增加，环境基础设施减少，反之亦然。二氧化碳的增加可能导致环境污染加重，因此更需要去控制环境中的二氧化碳含量。

行业增加值与环境基础设施呈负相关，这与已有研究结果一致，其他生产性企业的排放强度较小。气候变化需要各国人民采取行动。为了减少排放，需要个人、企业采取措施以便更有效利用资源和采用更清洁的新技术。主流经济学家普遍认为，在发展中国家没有必要在竞争市场中建立广而深度的工业基础，这是因为随着工业企业的增加，环境基础设施的减少，都会产生烟雾和其他类型的污染。只需行业改进其技术，就将会保护环境基础设施。

有趣的结果是，集群提供额外的资本使得增长率增加，因此环境基础设施也往往很高，这意味着他们具有互相加强的作用。根据之前的调查结果，GDPPC是环境基础设施主要的决定因素之一。集群质量在加强环境基础设施方面发挥着重要作用，这些结果与假设一致，而对水、卫生和能源的投资与环境基础设施正相关。

世界人口的增加导致社会需求的增加，进而引致了更精细化的生产，工业化程度的提高和资源退出率的上升。不幸的是，城市化和工业化的这种变化破坏了生态系统，并导致了环境基础设施的加速损耗，这与我们的假设一致。正如预期的那样，集群对环境基础设施（A1、A4和A5）具有显著的负面影响，反之亦然。它表明外国直接投资是集群的决定因素，表明了获利的可能性，最终影响了基础设施，并且在治理的帮助下，环境基础设施将得到改善。对水和卫生设施的投资（A6）改善了环境基础设施。行业增加值（A3）的结果为负但不显著，因此我们否定了行业增加值与基础设施呈负相关这一假设。

表12.7总结了环境基础设施对集群的影响。在这里，外国直接投资被视为跨国集群的因变量，因为从某种角度上来说，国内资本和外国直接投资是互补的。

表12.7　广义矩估计（GMM）回归（1981—2015年跨国集群决定因素）

变量	系数
IW	0.086823*（0.5185023）
EPC	0.2673339***
	（0.0435746）
PD	0.3161914***
	（0.0399989）
WS	21.46665***
	（3.201794）
WS*GOVR	3.161164***
	（1.206143）
No. of Obs.	2240
R−Square	0.27
Wald Chi^2（5）	455.18
Conf. Interval	95%

注：因变量是FDI。***表示1%，**表示5%，*表示10%显著性水平。

水资源投资（A10）与跨国集群呈正相关关系。为实现这一目标，需要额外的技术和财政资源。通过私人投资者的参与或通过外国投资者的参与或通过部署政府资源，财政资源可能会提升国家竞争力。吸引集群是一个很好的选择，因为私人投资者一般不能使用最先进的资源，此时外国投资者带来专利技术知识使得东道国和其他国家都因此获利。结果显示，其他因素如EPC（0.267）（A7）与群集正相关。各种各样的因素影响着"一带一路"国家的电力消耗，例如经济增长、人口变动和自然地理因素。随着人类集群效应的扩张，房屋制冷制热需要更高的能量，温室气体的排放也随之增加。大气中温室气体的增加正在影响环境、人类健康和经济增长，这些影响将变得越来越严重，为了减少这些影响，需要资源更有效利用并使用新的更清洁的技术，需要更多的投资来改善环境基础设施并减少温室气体排放。我们还发现人口密度对集群具有显著的正向影响，这是因为群体密度大集群也将更高。这一结果与已有研究一致，表明人口增长是解释环境基础设施变化的重要影响因素。环境基础设施与治理（A11）也与跨国集群正相关。

研究环境基础设施与区域间跨国集群之间的关联具有重要意义。为此，我们将国家分为东南亚、南亚、中亚和西亚以及中欧和东欧国家以进一步支持我们的结果。如表12.8所示，一些地区结果的显著性水平符合计量模型假设。部分结果与我们的假设不同，可能是由于这些地区的治理政策存在差异。

本分析的结果中具有一些重要而明确的政策意义。改善环境基础设施，完善治理政策和法规，有利于集群建设。各种循环的事实表明，集群有利于环境基础设施建设，而环境基础设施又促进了增长，这反过来又进一步促进集群发展。

表12.8 使用广义矩估计（GMM）分析区域情况1981—2015

变量	东南亚	南亚	中亚和西亚	中东和非洲	中欧和东欧
IW	0.3360616	0.2613943	0.5861068**	0.3377291	0 .0505914
	（0.3833406）	（0.4066822）	（0.2879598）	（0.3004642）	（0.2359665）
WS	30.95183***	6.689785	19.41768 ***	33.71318***	3.374345
	（7.920886）	（7.758064）	（5.490655）	（5.917017）	（4.339489）
WS*GOVR	−4.860494*	0 .17953	7.619125***	1.387937	8.389962***
	（2.907187）	（2.9133）	（2.186761）	（2.213114）	（1.666615）
PD	0.6203143 ***	1.482103***	−0.0504122	0.1066856	−0.1319805
	（0.1062987）	（0.2028537）	（0.0616647）	（0.0845689）	
					（0.1313197）
EPC	0.1574607	1.686752***	2.538583***	0.0842554	1.218634***
	（0.1065012）	（0.1733103）	（0.2332532）	（0.0870035）	（0.1484015）

EI 的决定因素

	东南亚	南亚	中亚和西亚	中东和非洲	中欧和东欧
FDI* GOVR	0.3101141***	0.272589***	0.2889186***	0.2485084	0.3294518***

（续表）

变量	东南亚	南亚	中亚和西亚	中东和非洲	中欧和东欧
	（0.0179352）	（0.0282121）	（0.0293827）	***	***
				（0.0484863）	（0.0182751）
FDI	−0.3071917***	−0.2678469***	−0.2871531	−0.2432054	−0.3260144
	（0.0180433）	（0.0290129）	***	***	***
			（0.0299145）	（0.0497979）	（0.0187489）
CO$_2$	−0.0016292	−0.0039048***	−0.0015809	−0.0008512	−0.0024058
	（0.0013945）	（0.0013346）	（0.0011343）	（0.0014208）	***
					（0.0007916）
IVA	−0.0026571	−0.0058565*	−0.0005687	0.0028582*	−0.0034094
	（0.0026073）	（0.0031539）	（0.0013639）	（0.0017693）	**
					（0.0013398）
UP	0.0056837*	−0.0010316	0.0011088	0.0056262	−0.0071897
	（0.0030323）	（0.004247）	（0.0039595）	（0.0079369）	**
					（0.0031454）
IE	0.0037425	0.0047693*	0.0252809***	0.0155839	0.0250209**
	（0.0028472）	（0.0034633）	（0.0018861）	***	*
				（0.0051993）	（0.0014676）
GDPPC	0.0013288	−0.0006632	0.0029335***	0.0001249	0.0019388*
	（0.0035072）	（0.0035621）	（0.0009456）	（0.0016852）	（0.0010778）

注：***表示1%，**表示5%，*表示10%显著性水平。

对于投资和集群的开放性，东道国政策制定者应该展现出可观的关键性的努力。综上所述，更高水平的跨国集群管制与环境基础设施相关。这些结果表明环境基础设施与跨国集群之间存在双向关系。

第五节 结论与启示

"一带一路"倡议的实施加强了文化、社会、旅游、教育及民间合作，包括学术界、青年、非政府组织和媒体组织之间的交流，旨在提高社会文化领域间的相互认识和理解。此外，通过交流经验、共享预警和灾害信息，向救灾和救援部门提供援助，提出自然灾害管理对策，合作应对全球和区域挑战。

通过对1981—2015年期间64个国家的数据进行多元回归分析，本章研究了环境基础设施与跨国集群之间的相关性。该研究填补了文献中关于环境基础设施与"一带一路"国家跨国集群之间相互关系的空白，创新性地提出了这种动态关联性，结果表明，良好治理的集群与更高的环境基础设施相匹配，反之亦然。因此，应加大集群的建设以获得环境基础设施的实质收益。一些变量的存在表明，在治理的帮助下，集群有助于环境基础设施建设，而环境基础设施建设进一步促进集群发展并吸引外来投资，反过来有利于环境基础设施的进一步发展。外国投资对集群发展很重要，并且有助于建设更高水平的环境基础设施，从而提高集群水平。

本章呈现的结果具有一些明确且重要的政策含义。为了加速国家的环境基础设施建设，吸引高水平的投资和集群发展，各国政策制定者任重而道远。要准确衡量污染区域的环境条件，需要使用客观方法。当局应采取积极的集群政策，以提高东道国的经济增长以及最大限度地加强环境基础设施的稳定建设。

此外，电力消耗、对水污染的治理投资等也是影响环境质量的关键因素。换句话说，不仅人均GDP对环境基础设施建设至关重要，而且治理、政策、法规和相应的投资也是影响的重要因素。集群与环境基础设施之间的动态关系决定了可通过集群流入和对该国的监管来刺激环境基础设施建设。此外，政府应该减少贸易壁垒，提供监管、维护和生成资源，维持良好的宏观经济环境。为了实现更好的发展，这些是任何国家都需要注意的基本因素。

参考文献

[1] AKINLO A E. Foreign direct investment and growth in Nigeria: An empirical investigation [J] . Journal of policy modeling, 2004, 26（5）: 627-639.

[2] ALFARO L, CHANDA A, KALEMLI-OZCAN S, et al. FDI and economic growth: the role of local financial markets [J] . Journal of international economics, 2002, 64（1）: 89-112.

[3] BLOOM N, GENAKOS C, MARTIN R, et al. Modern Management: Good for the Environment or Just Hot Air? [J] . The Economic Journal, 2010, 120（544）: 551-572.

[4] BORENSZTEIN E, DE GREGORIO J, LEE J W. How does foreign direct investment affect economic growth? [J] . Journal of international Economics, 1998, 45（1）: 115-135.

[5] COOKE P. Regional innovation systems, clusters, and the knowledge economy [J] . Industrial and corporate change, 2001, 10（4）: 945-974.

[6] COOKE P. Regional Innovation Systems: General Findings and Some New Evidence from Biotechnology Clusters [J] . The Journal of Technology Transfer, 2002, 27（1）: 133-145.

[7] DE SHERBININ A, SCHILLER A. Pulsipher A. The vulnerability of global cities to climate hazards [J] . Environment and Urbanization, 2007, 19（1）: 39-64.

[8] DOBBIE M J, DAIL D. Environmental indices [J] . Quarterly Review of Biology, 2012.

[9] DURLAUF S N, BLUME L E. The new Palgrave dictionary of economics [J] . economic journal, 2016, 111（467）: F576.

[10] FREEMAN R B. The large welfare state as a system [J] . The American Economic Review, 1995, 85（2）: 16-21.

[11] FUDGE C, ROWE J. Ecological modernization as a framework for sustainable development: a case study in Sweden [J] . Environment and Planning A, 2001, 33（9）: 1527-1546.

[12] GARCIA J C C, VON SPERLING E. Emissão de gases de efeito estufa no ciclo de vida do etanol: estimativa nas fases de agricultura e industrialização em Minas Gerais [J]. Engenharia Sanitária e Ambiental, 2010, 15（3）: 217-222.

[13] HAKIMI H. Trade liberalization, FDI inflows, environmental quality and economic growth: a comparative analysis between Tunisia and Morocco [J] . Renewable and Sustainable Energy Reviews, 2016, 1445-1456.

［14］ HEINK U, KOWARIK I. What are indicators? On the definition of indicators in ecology and environmental planning［J］. Ecological Indicators, 2010, 10（3）: 584-593.

［15］ IAMSIRAROJ S. The foreign direct investment-economic growth nexus［J］. International Review of Economics & Finance, 2016, 42: 116-133.

［16］ KUBAS A, ALTAS D, SEZEN J. Environmental sensitivity analysis in Turkey［J］. International Journal of Global Environmental Issues, 2016, 15（3）: 179-190.

［17］ LEVINSON A. A direct estimate of the technique effect: changes in the pollution intensity of US manufacturing, 1990—2008［J］. Journal of the Association of Environmental and Resource Economists, 2015, 2（1）: 43-56.

［18］ LEVINSON A. Technology, international trade, and pollution from US manufacturing ［J］. The American economic review, 2009, 99（5）: 2177-2192.

［19］ MELITZ M J, OTTAVIANO G I. Market size, trade, and productivity［J］. The review of economic studies, 2008, 75（1）: 295-316.

［20］ MELITZ M J. The impact of trade on intra - industry reallocations and aggregate industry productivity［J］. Econometrica, 2003, 71（6）: 1695-1725.

［21］ MÉON P G, SEKKAT K. Does the quality of institutions limit the MENA's integration in the world economy?［J］. The World Economy, 2004, 27（9）: 1475-1498.

［22］ MORGAN K, COOKE P. The associational economy: firms, regions, and innovation ［J］. Research Policy, 1998, 32（6）: 51-62.

［23］ NAUDÉ W A, KRUGELL W F. Investigating geography and institutions as determinants of foreign direct investment in Africa using panel data［J］. Applied economics, 2007, 39（10）: 1223-1233.

［24］ OBWONA M B. Determinants of FDI and their Impact on Economic Growth in Uganda［J］. African Development Review, 2001, 13（1）: 46-81.

［25］ OLAFSSON S, COOK D, DAVIDSDOTTIR B, et al. Measuring countries' environmental sustainability performance–A review and case study of Iceland［J］. Renewable and Sustainable Energy Reviews, 2014, 39: 934-948.

［26］ PAPANEK G F. Aid, foreign private investment, savings, and growth in less developed countries［J］. Journal of political Economy, 1973, 81（1）: 120-130.

［27］ PORTER M E, KETELS C, DELGADO M. The microeconomic foundations of prosperity: findings from the business competitiveness index［R］. The Global Competitiveness Report, 2007—2008, 2007: 51-81.

［28］ PORTER M E. The Competitive Advantage of Nations. London: Macmillan, 1990.

［29］ REINHART C M, TALVI E. Capital flows and saving in Latin America and Asia: a reinterpretation［J］. Journal of Development Economics, 1998, 57（1）: 45-66.

［30］ RENAUD F, MURTI R. Ecosystems and disaster risk reduction in the context of the Great East Japan Earthquake and Tsunami: a scoping study Report to the Keidanren Nature Conservation Fund［J］. Santa Fe Institute Retrieved May, 2013, volume 103（35）: 277-304（28）.

［31］ RISSEL C, CURAC N, GREENAWAY M. et al. Physical activity associated with public transport use-a review and modelling of potential benefits［J］. International journal of environmental research and public health, 2012, 9（7）: 2454-2478.

［32］ SCOTT-GREEN S, CLEGG J. The Determinants of New FDI Capital Flows into the EC: A Statistical Comparison of the USA and Japan［J］. JCMS: Journal of Common Market Studies, 1999, 37（4）: 597-616.

［33］ SHAHBAZ M, LEAN H H, SHABBIR M S. Environmental Kuznets curve hypothesis in Pakistan: cointegration and Granger causality［J］. Renewable and Sustainable Energy Reviews, 2012, 16（5）: 2947-2953.

［34］ SHAHBAZ M, LEAN H H. The dynamics of electricity consumption and economic growth: A revisit study of their causality in Pakistan［J］. Energy, 2012, 39（1）: 146-153.

［35］ SHAPIRO J S, WALKER R. Why is Pollution from U. S. Manufacturing Declining? The Roles of Trade, Regulation, Productivity, and Preferences［J］. Cowles Foundation Discussion Papers, 2017.

［36］ TZOULAS K, KORPELA, K, VENN S, et al. Promoting ecosystem and human health in urban areas using Green Infrastructure: A literature review［J］. Landscape and urban planning, 2007, 81（3）: 167-178.

［37］ WEST J M, PEARCE J, BENTHAM M, et al. Environmental issues and the geological storage of CO2: a discussion document［J］. European Environment, 2005, 15（4）: 250-259.

［38］ ZENG K, EASTIN J. Do developing countries invest up? The environmental effects of foreign direct investment from less—developed countries［J］. World Development, 2012, 40（11）: 2221-2233.

第四篇

推进绿色"一带一路"建设的政策、行动及建议

第十三章

全球推进绿色发展的主要政策及典型经验

第一节 引言

绿色发展是世界各国面对资源、能源和环境挑战进行的发展方式的重大变革，意味着在全球范围内彻底改变现有的整个经济体系的生产和消费模式，而不是简单地取代不可持续的生产和消费模式。特别是自2008年金融危机爆发后，各国意识到像美国这样超前消费的模式已不再适宜人类发展，联合国环境规划署（UNEP）率先提出"绿色经济倡议"（Green Economy Initiative），旨在通过绿色经济推动世界经济复苏，降低温室气体排放，缓解生态系统破坏和资源短缺。2009年，联合国环境署发布《全球绿色新政政策概要》，启动"全球绿色新政及绿色经济计划"，来自34个国家的部长签署了"绿色增长宣言"，宣布他们将："进一步努力实施绿色增长战略，作为应对危机及更长期的政策回应，认识到环保与增长可以相辅相成。"由此，美国、欧盟、日本、韩国等全球各国纷纷开展"绿色新政"实践，积极探索了多种体制机制及政策创新以促进绿色发展。在国际上，绿色发展开始逐渐成为经济转型的新亮点。

2011年，经济合作与发展组织（OECD）拟定并发布《迈向绿色增长》（Towards Green Growth），提出融经济、环境、社会、技术及发展于一体的绿色发展的全面综合框架和战略。2012年，"里约+20"全球可持续发展峰会宣言《我们希望的未来》中提出"绿色经济是可持续发展的一种重要工具"，通过绿色经济战略可以催生新的就业机会，促进清洁技术发展，并减少环境风险和贫困等，并发布了相应的体制框架与行动措施框架。近年来，国际社会和各国通过制定绿色发展相关战略规划，出台相关政策，加强国际合作，促进绿色创新和绿色投资，多维度多层次地推进绿色发展。

　　本章主要从宏观政策及具体实践等方面，梳理了全球各国（如美国、欧盟、日本、韩国、新加坡、印度等）践行绿色发展的典型做法及措施，总结了对我国推行绿色"一带一路"倡议有借鉴作用的先进经验及启示，以期为我国探索绿色"一带一路"的发展路径或模式，制定相关政策规划、开展相关行动等提供借鉴支撑。

第二节　全球推进绿色发展的主要政策及措施

　　美国、欧盟、日本、韩国等国家积极推进环境政策革新，实施"绿色新政"，敦促本国大力发展绿色经济、绿色科技、绿色新政，已成为生态现代化和绿色发展的代表性国家。它们或者作为新型绿色技术的地区肇始点来引领环境革新，如风能技术在荷兰获得支持，德国生产无氟冰箱；或者作为绿色技术或绿色技术产品的早期采用者来适应和接纳环境政策革新，如美国运用法律手段的强制性引入汽车催化净化设备；或者作为环境政策的新标准确立者来建立环境革新的领导者市场，试图通过发展绿色经济促进经济复苏，并在新一轮全球经济竞争中继续占据优势地位。实施有效的绿色增长战略，政府必须推动制度变革以统筹经济和环境政策的制定。美国、欧盟、日本、韩国等发达国家的绿色发展政策相对完善和成熟，可为我国和"一带一路"沿线国家绿色发展提供先进经验；此外，"一带一路"沿线的一些国家也开展了绿色发展的有益探索，如新加坡、柬埔寨、印度等，并取得了较好的成效。

（一）美国绿色发展的政策实践

　　美国是世界上最早开展环境保护的国家之一，在绿色经济发展方面，绿色金融、绿色保险、绿色能源等都得到了大力发展。早在1980年，美国颁布的《超级基金法案》（CERCLA）中就指出"谁污染、谁治理"，由企业引起的环境破坏及污染责任必须由企业自行承担治理责任，银行等金融机构在进行放贷时必须高度关注和评估放贷企业的环境破坏风险。国际金融危机爆发后，奥巴马政府推出了近8000亿美元的经济复兴计划（也称"长期增长计划"）来促进美国经济的增长，其中1/8用于清洁能源的直接投资及鼓励清洁能源发展的减税政策，重点包括发展高效电池、智能电网、碳储存和碳捕获、可再生能源等，以推动美国减少对石油和天然气等化石能源的依赖。同时，美国于2009年发布"经济复苏和再投资法案"，旨在提高和保持就业率，推动经济发展，用法律的手段强化和保障了绿色治理，为长期经济增长奠定基础。

美国政府加强对能源和环境领域的科研投入和总体部署，基本战略是利用科学技术的优势，扩大替代能源的使用，减少化石能源消耗和碳化物的排放。同时，美国政府还注重投资大学、实验室等研究机构，为绿色发展提供知识和技术支撑。此外，奥巴马希望通过投资新能源带动就业，从而提升本国的就业率。

汽车制造业是美国的重要产业，为了减少对成品油的依赖、保护环境和节约资源，美国推行了绿色汽车计划，计划10年投入约1500亿美元用于汽车行业节能性产品制造与替代开发。另外，美国还在建筑节能改造方面开展了很多有成效的探索，包括大规模改造政府办公楼等。

（二）欧盟绿色发展的政策实践

欧洲是推进绿色经济的先导者，其环境保护经过几十年的发展，取得了丰硕的成果。绿色经济发展模式是欧盟实施范围最广的经济模式，它将环境污染治理、环保产业发展、新能源开发利用和节能减排都纳入到绿色发展框架中。在欧盟的推进过程中，强调绿色发展多领域的协调与整合。2009年，正式启动欧盟区域范围内的整体绿色经济发展计划，计划将投资1050亿欧元支持绿色发展计划在各欧盟成员国的推行，包括用来帮助欧盟各国执行欧盟环保法规、研究创新改善废弃物的处理技术，预算分别为540亿和280亿欧元，以此来促进欧盟绿色就业和经济增长，使欧盟的绿色产业发展具有国际先进水平和全球竞争力。同时，欧盟发布"欧盟2020年战略——智慧、可持续和包容性经济"，推行监测绿色增长进展计划，旨在通过监测、监管等精细化管理，促进绿色增长变革和公共财政的宏观经济因素。2019年12月，欧盟新一届执委会推出《欧洲绿色新政》，提出欧盟将在2050年实现"碳中和"目标，希望通过兼顾经济发展与防止气候变暖，最大限度地减少交通运输排放、提升建筑能效、增加可再生能源利用、保护生物多样性，为2050年实现净零排放努力。《欧洲绿色新政》是一项改变食品生产、工业、运输、建筑和能源使用等诸多领域的全面计划。达到新政目标，欧盟将从法规、资金投入及高碳排放行业政策等多个层面进行机制创新和政策改革。一是在法规上，计划颁布《欧盟气候变化法》，利用法律工作对各成员国完成碳中和目标进行规制；二是在资金方面，拟建立"转型资金公平供给机制"，在高能耗高排放产业调整中，公平考虑成员国的经济发展利益。计划将在2021—2027年投入10000亿欧元，用于推动清洁能源使用。三是以能源、建筑、工业和交通行业作为重点，开展高碳排放行业政策调整和技术创新。在欧盟的绿色经济发展中，英国（脱欧前）、德国和法国发挥着主导作用。

1. 英国

英国的绿色发展主要包括三个方面：绿色能源、绿色制造和绿色生活方式，其中居于绿色增长首位的是绿色能源发展。英国于2009年颁布《英国低碳转型计划》和《英国可再生能源战略》两部法案，明确要求英国政府将碳排放管理规划放在政府预算框架内，标志着英国成为世界上第一个特别设立碳排放预算的国家。英国政府计划到2020年，其能源供应中可再生能源的供应比例要达到15%，包括对以煤炭为主的火电进行清洁生产和绿色制造，还要大力发展风电等其他清洁电力，以达到40%的电力来自绿色能源领域的目标。绿色制造主要是指英国政府通过支持研发新的绿色技术来推动绿色制造业的发展。为了确保英国在碳捕获、清洁煤等新技术领域始终处于优势地位，英国政府从政策和资金方面向低碳产业倾斜，并不断降低新生产汽车的二氧化碳排放标准，要求在2007年的基础上平均降低40%。政府积极发展绿色金融，建立"绿色投资银行"，该银行于2012年推出，其中30亿英镑的公共资金专门为低碳项目提供资金，这些低碳项目风险往往较大，或者其回报对于市场投资而言周期太长，这项举措为绿色发展提供充足的资金保障。最后是在全国范围内推行绿色低碳节能的生活方式，例如，用家庭补偿金来鼓励民众主动改造房屋中的落后耗能设备，安装清洁能源设备为替代。另外，还倡导绿色消费，鼓励人们购买绿色环保产品。

2. 德国

德国可谓是绿色发展的先锋，早在2002年发布了"国家可持续发展战略"，确定了21个不同部门的目标。至2010年，已实现近17%的电力来自可再生能源的目标，超过12.5%的目标值。德国将绿色增长战略作为国家环境创新的一大引擎，促进了具有国际竞争力的环境产品和服务部门的发展。从发展绿色经济的宏观战略上来看，德国的重点是发展可再生能源和工业的生态化转型。

德国的《可再生能源法》于2009年生效，其目标是使可再生能源电力在2020年达到总电力的30%。同年6月，德国又颁布了一份旨在促进德国生态工业政策发展、推动德国经济现代化的战略文件，它包含6个方面的内容：严格执行环保政策；制定各行业能源有效利用战略；扩大可再生能源使用范围；可持续利用生物质能；改革和创新汽车业，生产绿色汽车，以及采取措施进行环保教育和资格认证。

为了顺利走上绿色经济发展道路，实现经济的转轨，德国不仅重视加强与欧盟绿色经济政策的协调和对外国际合作，对内还增加国家在绿色经济发展方面的投入，大力推进环保技术创新，并鼓励私人在环保方面进行投资，希望通过筹集公众和私人资金来建立环保和创新基金，以补充国家的资金投入。全国政府机关由上而下调整采购政策，主要集中于对绿色环保产品，特别是能源利用率高的产品进行采购，以带动绿色产业的发展。

德国同时也是国际绿色信贷政府的主要发起国之一，经过多年的发展，德国绿色信贷政策体系健全完备，成效显著。具体表现在政府和各种政策性银行能够为环保、节能项目提供低管理成本的贴息贷款，政府在这个过程中通过制定贴息及相关的管理办法来规范绿色信贷行为，保证各类贷款项目都通过公开、透明的招标形式开展。

3. 法国

法国的绿色经济政策的重点是清洁能源和绿色交通。2007年，法国启动Grenelle环境论坛来应对全球变暖带来的环境和经济挑战，该论坛积极致力于发展可持续经济，并使其具有竞争力。在能源领域，法国除了继续保持在核电能源中的领先地位外，还大力发展可再生能源，于2008年公布了一系列旨在发展可再生能源的计划。该计划包括50项措施，涵盖生物能源、风能、地热能、太阳能以及水力发电等多个领域，预计到2020年使可再生能源占能源消费量的23%。除了大力发展可再生能源外，法国政府投入巨资用于研发清洁能源汽车和"低碳汽车"，通过节能减排措施推动产业发展。同时，由于核能一直是法国能源政策的支柱，也是法国绿色经济的一个重点，法律强调将把开发核能与发展可再生能源放在同等重要的地位，新可再生能源计划的实施将大量增加就业岗位。

4. 荷兰

在荷兰，企业、科研机构、大学和政府联合起草了刺激创新、提高经济竞争力的一系列"创新协议"。这些协议设定了部门研究议程，参与方承诺将投入财务和人力资本来进行研发，同时描述了措施、计划、交易和目标。政府在9大部门实施此类协议：农业、园艺、高新科技、能源、物流、创意产业、生命科学和健康、化学品和水资源。以能源部门为例，协议关注风能、生物能、智能电网、绿色气体、太阳能和能效。"顶级知识和创新联盟"负责制定研究议程，建立参与主体之间的合作，传播开发创新产品、服务和技术的知识。荷兰政府联合资助"顶级知识和创新联盟"的创新活动，同时为企业每欧元的投资提供0.25欧元的补贴。

（三）日本绿色发展的政策实践

日本高度重视减排，主导建设低碳社会。20世纪70年代，日本因排烟和排水的严重污染引发了大范围的疾病，且受地理环境等自然条件制约，全球气候变暖对日本的影响远大于世界其他发达国家。2007年6月，日本内阁会议审议通过《21世纪环境立国战略》，这个战略报告系统阐述了日本中长期环境政策的发展目标，即建立低碳社会，并宣布在建立低碳社会的基础上，建立与环境保护相协调的美丽家园。同年，日本发布《环境与循环型社会白皮书》，该报告指出日本政府必须对全球变暖具有强烈的危机感，需要立即制定相关政策予以应对，同时还强调要促进绿色技术开发创新，促使日本支柱产业——汽车制造业进入电动驱动阶段，大量投资研究高性能蓄电池，并把当前已经取得的成果和技术运用到生产生活的各个方面。2008年，日本政府通过"低碳社会行动计划"，提出提高家用太阳能的效率，计划在未来几年内使其发电系统的成本降低一半，并争取到2030年，使风能、太阳能、水能、生物质能和地热能等的发电量达到日本总用电量的20%。2009年，日本政府公布了《绿色经济和社会变革》政策草案，旨在强调通过启动补贴节能家电的环保点数制度来削减温室气体排放，并在社会上大力倡导绿色消费行为，使其成为社会主流消费意识。

日本推出了"绿色创新计划"，并提出一系列与绿色创新相关的国家战略项目，旨在实现50兆日元环境相关市场，创造140万个新的环境相关工作。另外，日本政府还制定了两个具体的实施措施来推动环保和能源技术发展。一是能源限制和再利用措施。如日本的《建筑循环利用法》要求无论是公共部门还是私人在改建房屋时，有义务对所有建筑材料进行循环利用，由此也促进日本发明了混凝土再利用的世界领先技术。二是对节约能源的家庭和企业提供补助金。

此外，日本还实施了绿色发展的综合战略。该战略的四大重点政策领域是"绿色"、"生活"、"农业"和"中小企业"。该战略旨在通过应对能源约束及老龄化社会的问题，构建适应性的社会经济，向世界示范典型解决方案；在个人和企业家的推动下，以当地农业为支撑，提高当地社区的能力，帮助其从新的增长模式中获取利益。

（四）韩国绿色发展的政策实践

全球金融危机后，韩国提出了国家绿色增长计划，发布了绿色增长战略规划和"五年计划"（2009—2013），为绿色增长提供了一个全面的政策框架。根据该计划，政府将把年度GDP的约2%用于绿色增长计划和项目。韩国政府采用绿色增长战略，通过开发利用先进技术来提高经济竞争力。同时，韩国还发布了"绿色技术路线图"，提出到2020年，成为世界第七大经济体的目标，在该"绿色技术路线图"的指导下，政府大力投资针对27项重点技术的创新和部署项目。韩国近期更侧重将"创意经济"作为绿色增长的愿景。

韩国在建立持久的绿色增长项目过程中，强有力的高层领导对推动绿色增长起到了重要作用。在韩国，总统办公室的高层领导人及绿色增长总统委员会的部委代表在整个政府内部发出了明确指示，绿色增长规划和实施是一项重中之重。韩国总统李明博指出，"韩国未来面临的一个挑战是，认识到我们正步入新的发展阶段，不再允许我们'照常'活动，而不顾及我们的经济活动对环境及后代造成的代价……我们迫切需要从根本上改变我们的经济战略"。自2013年以来，新一届的韩国政府继续支持绿色增长，重点强调将"创意经济"作为实现绿色增长的愿景。

（五）"一带一路"沿线国家绿色发展的政策实践

1. 新加坡

新加坡在2002年约翰内斯堡召开的可持续发展世界首脑会议上首次发布了绿色规划，此后每3年进行一次更新。绿色规划的建立基于对新加坡国家生活水平和资源安全的担忧，其将确保清洁、绿色形象作为吸引投资的一种手段。绿色规划中包含了法规标准、定价制度、示范项目、消费者行为转变项目、信息管理及其他政策。

绿色规划涉及空气质量、气候变化、水、废物、自然保护及公众健康等问题。新加坡政府在实现其环境目标中投入了大量资源，且实现了2012年大多数的目标。2009年，可持续发展部际委员会发布了长期《可持续新加坡蓝图》，其中列明了到2030年实现的严格的可持续发展目标。其中包括宏伟的能效、用水量、空气质量、公共交通、流域及绿色建筑目标。新加坡取得成功的关键在于使用了针对每个环境目标的综合政策措施。

2. 柬埔寨

柬埔寨发布了国家绿色增长路线图，明确指出："绿色增长旨在通过实施满足全民需求的政策来统一制定发展和环境目标，其中包括满足最弱势群体的需求，创造就业，增加环境和人口对不良影响的适应性，进而维持长期经济增长及人类和环境福祉。该路线图也旨在建立一个提高女性地位，实现男女平等的社会。"

3. 圭亚那

南非国家圭亚那制定了全球首个国家级低碳发展战略（LCDS），推动该国环境和经济向可持续发展转型。该战略的重点关注领域是投资低碳经济基础设施；投资高潜力低碳部门；提高土著人民和林业社区群体获取服务和新经济机遇的能力；改善广大圭亚那人民的社会服务和经济机遇；投资气候变化适应基础设施。为减轻气候变化影响，圭亚那利用企业级地理信息系统（GIS），探索建立国家碳核算系统和森林可持续管理，为其提供科学度量和分析自然资源的有效工具。

4. 印度

2001—2009年，世界银行在印度干旱地区投资1.004亿美元，启动了卡纳塔克邦流域（Sujala）开发项目，用于流域管理和减贫。该项目采用了系统方法，重点关注土壤和水资源保护、可持续资源利用，并通过参与式规划和实施方法来改善当地生计、促进男女平等及提高社区能力。

监测评估是该项目的一个重要方面。该项目由印度空间研究组织（Antrix）负责开展，其将遥感数据与实地监测技术相结合，包括入户调查、专题小组讨论、参与式观测、专题研究和案例研究。项目组在项目前、期间、结束时及项目后期测量了定量和定性指标。此外，项目组还建立了包含大量数据的系统数据库，为监测项目不同层面的进展提供了一系列可靠、及时的信息，此外，项目组还撰写了相关报告，为项目经理和受益人提供综合数据。

（六）其他国家

1. 墨西哥

费利佩·卡尔德龙总统在推进建立国家气候变化行动计划和立法的过程中扮演了重要的角色。自然灾害经历（如，墨西哥南部洪涝导致公众提高了对行动的呼声，对相关问题的政治敏感性也因此增加）加强了费利佩·卡尔德龙总统对环境和应对气候变化做出的强有力的个人和政治承诺。

2009年，墨西哥政府发布了专门气候变化计划（PECC），其中制定了一项广泛计划来实现长期气候变化目标（即到2050年，在2000年基础上实现50%的减排），以及中期、部门气候变化适应和减缓目标。充分的部门排放和经济活动数据推动了潜在减排措施和技术的快速分析。其中使用了各种工具，包括长期能源替代规划系统（LEAP）、可计算一般均衡（CGE）、边际减排成本曲线（MACC）、输入—输出模型（I-O）及成本效益分析。这些工具的使用有助于处理许多不同方面，通过利用每种工具的特定优点及克服局限性，帮助提高结果的可靠性。

2. 埃塞俄比亚

埃塞俄比亚的主要绿色增长框架侧重于，气候变化适应和温室气体减缓如何有助于促进实现其到2025年成为中等收入国家的经济社会目标。其中考虑了经济发展、减贫、广泛经济部门气候变化减缓和适应之间的协同效益。农业、能源和水资源是重要部门。在农业领域的效益包括提高生产力，提高食品安全，创造就业，（通过多样化作物）确保出口收入稳定。在能源和水资源领域，主要效益包括扩大能源获取和安全，降低经济社会脆弱性。与此同时，埃塞俄比亚权衡管理决策，以提高农村贫困人口的生活水平，如森林保护与增加农业生产土地之间的权衡。权衡之后的潜在解决方案包括提高农业生产力，为森林保护提供经济激励。

埃塞俄比亚使用了广泛的分析框架来评估绿色增长效益。例如，埃塞俄比亚使用了综合评估模型来评估宏观经济影响，如因农业和能源部门气候变化影响造成的GDP损失。此外，使用经济成本效益比率、生物多样性和减贫效益定性评估等多重标准来评估每种方案的成本效益。为了评估特定部门的效益，还使用了相对基本的电子表格分析方法。

3. 摩洛哥

摩洛哥国家可再生能源发展和能效局（ADEREE）发起了"Jiha Tinou 计划"试点项目（2012—2014 年），其长期目标是："减少能源依赖性，增加地方政府层面可再生能源的使用，以促进国家 2020 年能源目标的实现"。基于以往参与可再生能源发展的经验等标准，通过招标程序选定了三个市参与试点项目。中央政府在"加强权力下放"的同时，发起了"先进区域化"进程，其为将资源权限转移到地方政府层面提供了法律框架，允许区域和地区建立对可再生能源和能效项目的所有权。尽管仍处于实施的早期阶段，该试点项目促进了能源因素在地区、城市规划中的主流化，市政与国际合作伙伴之间的积极交流，以及用于评估量化当地影响的定量目标和路线图的建立。

4. 哥斯达黎加

哥斯达黎加政府推出了环境服务支付机制（PES），以解决私人林地森林砍伐率居高不下的问题。环境服务支付机制有别于基本的补贴概念，其承认，并为环境服务及林业相关经济活动提供木材商业价值以外的补偿。环境服务支付机制由国家、国际、公私部门提供融资来源。从国家层面来看，自1993 年发起以来，哥斯达黎加通过燃油税和水价等两个主要机制提供了 1.7亿多美元的国家预算。这些资金由财政部筹集，然后由其转移给负责管理环境服务支付机制的国家林业融资基金。哥斯达黎加政府也推出了风险减缓机制——环境服务证书（CSA），旨在从国家和国际层面获取私营部门的资源，以支付环境服务支付机制下的项目。通过替代 FONAFIFO 与买方之间的双边合同，环境服务证书将减少交易成本，提供更大的灵活性。

第三节　值得借鉴的先进经验及其对绿色"一带一路"建设的启示

总结归纳各国推行绿色发展的主要内容和措施，主要包括：通过调整经济增长和环境目标，将环境改善目标与经济改革政策联系起来；落实绿色发展政策框架，制定污染定价和资源有效利用激励等一揽子计划；解除绿色发展的社会影响，解决分配影响，促进改革和包容性发展；建立规范、科学、统一的标准体系和评价体系等，对绿色发展进行科学规范引导监管，对绿色发展绩效进行评估和监测。

凝练值得借鉴的先进经验及其对绿色"一带一路"建设的启示，主要包括以下七个方面。

（一）将绿色发展上升为国家战略

各国正努力将绿色发展融入本国经济社会发展战略。绿色发展政策不仅仅是资源和环境保护部门的政策，而且涉及整个经济发展体系，因此，将绿色发展政策纳入到国家经济政策全局，使之成为主流经济政策的有机组成部分，是推进绿色发展的首要政策安排。国际社会一直朝该方向努力，不少国家制定了绿色发展国家战略。美国于2009年制定了绿色经济复兴计划，从节能增效、开发新能源、应对气候变化等多方面展开。国际金融危机爆发后，政府推出近8 000亿美元的经济复兴计划，其中1/8用于清洁能源的直接投资及鼓励清洁能源发展的减税政策，重点包括发展高效电池、智能电网、碳储存和碳捕获、可再生能源等。2009年，欧盟启动了整体绿色经济发展计划，投资1 050亿欧元支持绿色发展计划在各欧盟成员国的推行，用来帮助各国执行欧盟环保法规、研发和推广新能源、新材料、新产品和废弃物处理等技术。2007年，日本审议通过《21世纪环境立国战略》，确定中长期环境政策发展目标——建立低碳社会。同年发布《环境与循环型社会白皮书》，强调绿色技术开发创新，促使日本汽车制造业进入电动驱动阶段。2009年，日本政府公布《绿色经济和社会变革》草案，通过实行削减温室气体排放等措施，强化日本的"绿色经济"。众多国家的绿色发展战略也取得了很大的成果。以美国为例，其在绿色金融、绿色保险、绿色能源等方面都得到了大力发展。2009—2015年，美国绿色经济复兴计划每年提供90万份工作，创造了约2%~3%的美国GDP，并使得美国太阳能发电和风电分别比2008年增长了8倍和3倍。该计划对于新技术的支撑使得光伏系统的成本从2008年的4.1美元/瓦降低到2014年的2美元/瓦。

中国政府为促进绿色转型发展，在绿色消费、绿色科技、绿色金融、绿色财政等领域制定并出台了一系列的政策与法规。2006年，国务院颁布《国家中长期科学和技术发展规划纲要（2006—2020年）》，特别指出把发展能源、水资源和环境保护技术放在优先位置，在重点行业和重点城市建立循环经济的技术发展模式。2008年颁布《节约能源法》，2009年颁布《循环经济促进法》。中国在其"十二五"（2011—2015年）规划中做出了绿色增长承诺。并确定了"绿色发展"的六大战略领域：气候变化、资源节约和管理、循环经济、环境保护、生态系统的保护与恢复、水资源保护和资源灾害预防，分别设置了对应发展目标（例如，到2015年，单位GDP碳排放减少17%，NOx排放减少10%）。同时提供了详细的行动计划指导，如能效计划示范和推广项目被认为可以降低能源消耗，同时增加新的就业机会。2014年，国务院颁布了《能源发展战略行动计划（2014—2020年）》，指出能源发展坚持"节约、清洁、安全"的战略方针。2020年，中国非化石能源占一次能源消费比重达到15%，天然气比重达到10%以上。2012年，中国银监会印发《绿色信贷指引》。这些法律法规在不同层面上为促进经济发展绿色转型提供了良好的制度环境。

（二）为推进绿色发展提供机构保障和综合协调机制

绿色发展涉及多个部门，包括经济、环境能源等。各国在落实绿色发展战略时，建立了完善的管理机制用以提高政策实施的有效性，包括独立协调机构和完整监管体制两类的实现。

一是成立专门协调机构，以保障资源环境政策能够纳入主流经济政策，实现跨部门的协调。美国的绿色经济复兴计划涉及政府的15个部级行政机构和41个独立行政机构，不仅涉及政府内部多部门的协调，还会影响相关的企业和个人。美国于2009年通过设置独立协调机构和专门官员来均衡各方力量，保证可持续战略目标的实现。专门的协调机构——联邦环境执行官办公室负责监督主管部门执行情况，协调环保署与其他部门间的环境事务和冲突。由环境质量委员会和管理与预算办公室承担该规划跨部门指导委员会的职能。在韩国，总统办公室的高层领导人及绿色增长总统委员会的部委代表在整个政府内部发出了明确指示，绿色增长规划和实施是重中之重，需统筹各部门积极参与落实。

二是完善绿色发展监管体制。2009年，日本公布了《绿色经济与社会变革》草案。在对企业执行国家节能环保标准的监督管理方面，日本有一套完整的"四级管理"模式：首相→经济产业省→其下属的资源能源厅→各县的经济产业局。以首相为首的国家节能领导机构负责宏观节能政策的制订；经济产业省及其下属的资源能源厅和各县的经济产业局为节能的指挥机关，具体负责节能和新能源开发等工作，起草、制订涉及节能的详细法规方案。受政府委托的近30家节能中心，负责对企业的节能情况进行检查评估，提出整改建议，并负责能源管理员资格考试等工作。在政府的引导下，日本企业纷纷将节能视为企业核心竞争力的表现，重视节能技术的开发。

三是加强法律保障。为确保绿色发展的顺利落实，不少国家通过绿色执法和绿色司法等法律途径强制实施。丹麦建立了自然诉讼委员会、环境诉讼委员会、能源申诉委员会等独立部门的诉讼委员会；瑞典建立了由地区环境法庭、高等环境法庭和最高法院组成的环境法庭体系。

中国政府为了保障绿色发展政策能够成为主流经济政策，实现跨部门协调发展，组织建立了多种协调机构和相应机制。例如，2007年，国务院成立以温家宝总理为组长的国家应对气候变化及节能减排工作领导小组，作为国家应对气候变化和节能减排工作的议事协调机构。特别是十八大之后，中央和国务院加强了对绿色发展的协调力度，中央财经领导小组办公室专门牵头生态文明体制改革，并在2015年由中央审议通过了生态文明体制改革总体方案和相关配套方案。此外，自2007年贵州成立全国第一个环保法庭以来，中国各地环保法庭先后诞生，审理了无数起环保案件，确保环境违法行为得到追责惩治。

（三）推进公众参与，争取公众对绿色发展的支持

世界各国都很重视绿色发展宣传和推广，尤其是通过广泛深入的校园绿色教育和户外绿色教育实践，培养国民绿色发展的意识和行为，进而为绿色发展营造良好的社会氛围。世界经济合作与发展组织（OEDC）在环境方面有比较完善的立法，能够确保公众及时获得信息，并且其表达意见的权力也将得到尊重。OECD的34个国家的政府正在努力地发展一个网络，用来收集公众言论。并且，所有的国家都在用不同的方式参与。例如，法国专门成立了一个咨询委员会。此外，为了保障公众参与，还需要具备大量的公众开支资金。例如，韩国利用国民预算的2%来和民众进行沟通，并通过一些公共宣传项目让韩国公众能够参与到环境、绿色标准的制定当中。欧洲一直非常努力地保证信息公开和公众参与，主要经验包括：利用环境影响评估，来鼓励公众参与决策；环境保护组织在宣传、鼓励公众参与，提供信息方面起到了关键作用；重视强化企业的社会责任。瑞典教育大纲大都包含环境保护、绿色发展、可持续发展等内容，相关管理部门还颁布《环境学校的特性》、《绿色学校奖条例》等办法来引导学校的绿色建设。挪威相关部门为教师编写《消费教育资源手册》，内容涉及详细的绿色消费教学指导性建议，为教

师有效开展绿色消费教学起到了重要作用。韩国于2009年设立了绿色教育事业团，负责制定环境和绿色成长的教育课程、编排教科书、培训教师，并设立绿色教育资源中心。次年，韩国中小学开设了绿色成长相关科目，并设立了绿色成长研究学校、气候保护实验学校、环境体验学校等。通过教育学生了解绿色成长、亲身体验绿色成长、具体实施绿色成长，使学生从小养成不浪费资源、能源的好习惯。

中国在公众参与和政府信息公开方面取得了比较明显的进展，包括制定了相关的法律法规和制度为公众参与环境决策提供了法律保障。我国《环境保护法》三审稿已经确立了公益诉讼的主体范围，但目前规定的范围过窄，如果仅仅限定为几个团体才有资格提起诉讼，对地域辽阔、人口众多的中国而言，显然数量太少。应该确立至少每个省有一个，最好能够使每个城市都有资格提起环境公益诉讼。

（四）全球积极推动完善绿色发展制度体系

国际上在推进绿色发展时主要围绕价格制度展开，包括绿色投资、碳税、资源税等。而中国则是建立了系统完整的生态文明制度体系，强调从源头、过程、后果的全过程控制，突出自然资源资产产权制度、生态文明绩效评价考核和责任追究制度。新的制度体系框架中有十多项细分制度涉及资源环境及生态产品的价格、税费、补偿、交易等，这将利于把生态优势转换为经济优势，真正实现"绿水青山就是金山银山"。例如，自然资本定价制度尝试用意愿支付法、市场价值法、固有价值法等给自然资本定价，哥斯达黎加政府已经开始为森林资源和水资源建立资产账户并积极推动对自然资本和生态系统服务的评估。绿色发展评价考核机制是对各级党委政府在绿色发展或转型发展方面应当履行的职责进行考核，以调动各级党委政府加快绿色转型发展的积极性。此外，还有以问责制度为重点的绿色发展监管制度，具体包括党政同责制度、环境损害责任终身追究制度、领导干部自然资源资产和环境保护责任离任审计制度、生态环境损害评估和赔偿制度、环境公益诉讼制度、环境污染监管执法制度等。

为了确保绿色发展的顺利推进，发达国家出台了一系列配套的财税政策，促进减排理念从"谁污染，谁付费"到"谁环保，谁受益"的转向。目前已有30多个发达国家和17个发展中国家实施了保购电价激励清洁能源发展的政策。比如瑞典实施了约70项以市场为基础的手段。20世纪90年代早期到21世纪初，瑞典先后开征二氧化碳税、二氧化硫税、氮氧化物税、天然沙砾税、垃圾填埋税等环境税和绿色税收改革。丹麦政府为实现绿色发展，征收名目繁多的绿色税，包括普通能源税、污染排放税、垃圾税及自来水税、杀虫剂税、车用燃油税、氯化溶剂税、生长促进剂税、镍镉电池税、特定零售商品包装税、一次性使用餐具税等。

（五）不断加强绿色技术创新

全球绿色技术创新步伐加快。绿色技术是有利于资源节约、环境治理、生态保护的新技术。北欧国家重视技术创新与推广，充分利用其比较优势，选择不同领域进行重点技术突破。如，瑞典重点选择发展环境技术，丹麦重点选择发展能源技术等。绿色技术创新需要制度的保障，它是指在全社会制定或形成的一切有利于鼓励、推动和保障绿色技术创新的各种引导性、规范性和约束性规定及准则的总和。官产学研合作创新制度更加完善。世界上许多国家和地区积极推动官产学研合作，如美国的新一代汽车合作计划、环境技术出口技术，英国的法拉第合作伙伴计划等。日本以搞活经济为目标，服务于企业技术合作战略，通过以技术突破为目标的官产学研合作来发现和确定研发课题，促进研究成果的社会转化，采用公开招聘制和任期制选拔和吸引人才。美国颁布的《国家制造业创新网络：一个初步设计方案》，意味着美国的"官产学研"结合进入了新阶段，加快了绿色技术创新的步伐。绿色技术创新管理制度更加健全。为适应全球绿色新趋势，各国纷纷加强绿色技术创新管理制度建设。绿色管理制度更加强调人性化和柔性化管理，实现组织结构扁平化，减少管理层级，把内耗降到最低，把效率提到最高。军民两用技术推广制度更加系统。部分军用技术"绿化"为民用技术，不断加强统筹协调机制和政策法规体系建设，打造军民融合开放共享的格局，实现军民领域技术、信息、人才、产品、标准等要素的全方位融合，提高军民融合公共服务水平，为绿色技术创新注入新的能量和活力，推动军民融合向更广范围、更高层次、更深程度发展。

（六）建立全球绿色发展合作新体制

气候变化是人类面临的长期挑战，是一个复杂的系统性问题。低碳发展成为保护地球、实现全球可持续发展的必经之路。巴黎气候会议成为应对气候变化国际合作的新起点。2015年，巴黎气候大会上达成了历史上首个关于气候变化全球性协定——《巴黎协定》，该协定规定要"将全球平均气温升幅与前工业化时期相比控制在2℃以内"，并且协议设立了一个自下而上的各国设立目标的机制，即各国的自主贡献。2016年，杭州G20峰会前，中国率先批准《巴黎协定》，为全球应对气候变化作出了重要的表率作用。截至2017年4月底，已有68个"一带一路"沿线国家（除叙利亚）签署了《巴黎协定》，其中47个国家已经通过国内程序正式批准，66个国家（除乌兹别克斯坦、叙利亚和巴勒斯坦）已经制定并提交了各自的国家自主贡献（NDC），向国际社会做出了减缓和适应气候变化的承诺。其中，超过四分之三的"一带一路"沿线国家提出了温室气体减排量化目标。

绿色消费市场的兴起使得环保产品与绿色食品受宠。全球环境产品每年的贸易额已近1万亿美元，预计到2020年将增加至近3万亿美元。近年来，世界各国大力推动绿色发展，把发展环境产品与服务作为新的经济增长点以及提高国际竞争力的重要途径。中国与美、欧等14个世贸组织成员在2014年7月正式启动了世贸组织《环境产品协定》谈判，以亚太经合组织（APEC）2012年达成的54项环境产品清单为基础，进一步扩大谈判成员和产品范围，实现环境产品贸易自由化。谈判成果将按照最惠国待遇原则实施，惠及所有世贸组织成员。《环境产品协定》致力于将一系列与环境产品相关的关税削减至零，促进从风力发电到水处理，再到空气污染控制等设备的全球贸易，创造更多的绿色就业岗位。

全球区域合作秉持开放的区域合作精神，致力于维护全球自由贸易体系和开放型世界经济，是国际合作以及全球治理新模式的积极探索。北欧理事会、北欧部长委员会是北欧国家开展绿色合作的重要机构。北欧理事会是北欧各国议会与政府间的合作组织，其主要职能是建立各类专门机构及执行北欧各国共同计划和项目，在促进各国经济合作与发展、提高居民生活水平和社会福利等方面发挥重要作用。北欧部长委员会是北欧各国绿色合作的重要平台，推动北欧地区实现绿色发展。在北欧各国绿色合作过程中，形成了以绿色立国、绿色发展、绿色保障、绿色幸福为特色的"北欧模式"。中国提出"一带一路"的顶层倡议构思，期望通过"一带一路"的战略规划促进海上和路上两条丝绸之路区域（包括东盟、南亚、西亚、北非和欧洲五个区域）

的绿色发展，这对于促进"一带一路"沿线国家乃至全球绿色发展合作机制的建立具有重要的推动作用，同时也应充分考虑不同国家的差异和国际合作的复杂性等挑战，不断探索创新型合作机制。

（七）建设全球绿色发展的统计监测体系

全球绿色发展统计监测体系向数据全球共享方向发展。推动绿色发展很重要的一点在于数据的及时统计共享。一方面，数据共享有利于及时评估绿色发展的效果；另一方面，数据共享也有利于进行相互的比较与学习。现阶段，全球资源环境数据的共享主要通过国际组织搜集各个国家的数据，比如联合国气候变化框架公约搜集各个国家的温室气体排放数据、OECD、UNEP、WB等国际组织搜集数据，全球气象组织建立全球气象数据共享体系。在数据共享做得最为突出的是美国启动的国家级分布式的最活跃的数据档案中心群（DAACs）。美国国家级科学数据共享主要分为两个阶段：第一阶段的主要任务是数据整合并提供共享；第二阶段的主要任务是全面铺开和政策协调。国家主要的任务是统筹规划数据共享机制和数据共享体系，数据共享工作预算和投资保障以及数据共享政策法规的制定、完善和监察。在这些政策的引导下，美国的科学数据共享实现了"完全与开放"目标。欧盟发布了"欧盟2020年战略——智慧、可持续和包容性经济"，提出了监测绿色增长进展计划，旨在监测促进绿色增长变革和公共财政的宏观经济因素。

参考文献

［1］ 马奈木俊介，林良造. 改变日本未来的绿色创新［M］. 中央经济社，2012: 32-39.

［2］ ADEREE. Stratégie territoriale en matière de développement énergétique durable. Proposition Cadre 2012—2014［R］. Agence Nationale pour le Développement des Energies Renouvelables et de l'Efficacité Energétique, 2012.

［3］ Executive Office of the President of the United States. A Retrospective Assessment of

Clean Energy Investments in the Recovery Act［R］［S. L.：s. n］, 2016.

［4］ Federal Democratic Republic of Ethiopia（FDRE）. The Path to Sustainable Development: Ethiopia's Climate-Resilient Green Economy Strategy［R］［S. L.：s. n］2011.

［5］ Global Green Growth Institute. Korea's Green Growth Experience: Process, Outcomes and Lessons Learned［R］［S. L.：s. n］, 2015.

［6］ Government of Japan. Rebirth of Japan: A Comprehensive Strategy［R/OL］.（2012-07-31）［2020-03-14］. https：//www. cas. go. jp/jp/seisaku/npu/pdf/20120821/20120821-en. pdf.

［7］ GREENE J, BRAATHEN, N A. Tax Preferences for Environmental Goals: Use, Limitations and Preferred Practices［J］. General Information, 2014.

［8］ JODIE KEANE, Zhenbo Hou. Trade in Environmental Goods and Services: Issues and Interests for Small States［EB/OL］.（2015-02-27）［2020-04-02］. https：//www. tralgc. org/news/article/7082-trade-in-environmental-goods-and-services-issues-and-interests-for-small-states. html.

［9］ Kingdom of Cambodia. The National Green Growth Roadmap,［R/OL］.［2020-03-20］. https：//www. extwprlegs/. fao. org/docs/pdf/cam/182339. pdf.

［10］ Ministry of Foreign Affairs PRC. Report on China's Implementation of the Millennium Development Goals（2000—2015）［R］［S. L.：s. n］2015.

［11］ OECD. Putting Green Growth at the Heart of Development［R］. OECD Green Growth Studies. Paris: OECD Publishing, 2013.

［12］ OECD. Towards green growth: A summary for policy makers［2020-03-29］. https：//www. greengrowthknowledge. org/research/towards-green-growth-summary-policy-makers.

［13］ OECD. What have we learned from attempts to introduce green-growth policies?［J］Oecd Green Growth Papers, 2013, 3.

［14］ OECD: Towards Green Growth?Tracking Progress［M］. OECD Green Growth Studies. Paris: OECD Publishing, 2015.

［15］ Office of the President, Republic of Guyana. A Low-Carbon Development Strategy: Transforming Guyana's Economy While Combating Climate Change［R/OL］.［2020-03-10］. https：//www. eldis. org/document/A60431.

［16］ The World Bank. Inclusive Green Growth-The Pathway to Sustainable Development,［R/OL］.［2020-04-07］. https：//www. sustainable development. un. org/index. php?page=view&type=400&nr=A690&menu=35.

［17］ UNESCAP. Low Carbon Growgh Country Studies Program. Planning for a Low Carbon Future: Lessons learned from seven country studies,［R/OL］.（2012-11-01）

［2020-04-15］. https: //www. globalccsinstitue. com/resources/publications-reports-research/planning-for-a-low-carbon-future-low-carbon-growth-country-studies-program-lessons-learned-form-seven-country-studies.

［18］ UNESCAP. Republic of Korea's Presidential Committee on Green Growth［R/OL］.［2020-04-15］. https: //www. unescap. org/sites/default/files/36. %20cs-Republic-of-Korea-Presidential-Committee-on-Green-Grouth. pdf.

［19］ World Bank. The Karnataka Watershed（Sujala）Project.［R/OL］.（2012-02-28）［2020-03-28］. http: //ieg. worldbankgroup. org/webpage/karnataka-watershed-sujala-project.

［20］ YOUNG S, LEE D, KWAK J, et al. Korea's Green Growth 1. 0-A Critical Assessment and Recommendations for Green Growth 2. 0.［J］Kyobomungo, 2013.

［21］ 北京师范大学经济与资源管理研究院, 西南财经大学发展研究院, 国家统计局中国经济景气监测中心. 2014中国绿色发展指数报告——区域比较［M］. 北京: 科学出版社, 2014: 173.

［22］ 车巍. 丹麦绿色发展经验对我国生态文明建设的借鉴意义［J］. 世界环境, 2015（5）: 28-31.

［23］ 谷树忠, 谢美娥, 张新华. 绿色转型发展［M］. 杭州: 浙江大学出版社, 2016: 273-281.

［24］ 郝栋. 绿色发展的思想轨迹——从浅绿色到深绿色［M］. 北京: 科学技术出版社, 2013: 12-13.

［25］ 李佐军. "十三五" 我国绿色发展的途径与制度保障［J］. 环境保护, 2016, 44（11）: 20-23.

［26］ 论坛二: 公众参与和绿色发展——国合会2013年年会 "公众参与和绿色发展" 主题论坛发言摘登［J］. 环境与可持续发展, 2014, 39（04）: 104-106.

［27］ 马涛. 中国对外贸易绿色发展的挑战和应对［J］. 生态经济, 2015（07）: 172-174.

［28］ 秦书生, 杨硕. 习近平的绿色发展思想探析［J］. 理论学刊, 2015（06）: 4-11.

［29］ 严兵. 日本发展绿色经济经验及其对我国的启示［J］. 企业经济, 2010（06）: 57-59.

［30］ 银监会. 绿色信贷指引［J］. 墙材革新与建筑节能, 2012（03）: 7.

［31］ 张君. 圭亚那运用GIS制定首个国家级低碳发展战略［J］. 山西能源与节能, 2010（02）: 41.

［32］ 中国21世纪议程管理中心可持续发展战略研究组. 全球格局变化中的中国绿色经济发展［M］. 北京: 社会科学文献出版社, 2013: 15.

［33］ 中华人民共和国国务院. 国家中长期科学和技术发展规划纲要（2006—2020年）［R/OL］.［2020-02-18］. http://www. gov. cn/gong bao/content/2006/content-240244. htm.

［34］ 周亦奇, 王文涛. 跨太平洋伙伴协议（TPP）中的环境与贸易关系分析及建议［J］. 经济与管理, 2016, 30（04）: 49-53.

第十四章

中国推动绿色"一带一路"建设的政策、行动及展望

第一节　引言

"一带一路"沿线国家除少数发达国家（如新加坡、阿联酋、以色列等），大多数为发展中国家，这些国家和地区既有巨大的发展需求，但同时也普遍面临生态脆弱、生物多样性保护和环境污染防治等严峻挑战。

中国作为全世界最大的发展中国家，其自身绿色发展经验可以为沿线国家发展提供借鉴。改革开放以来，中国在经济发展领域创造了"中国奇迹"的同时，也面临着严重的资源枯竭、环境污染和生态破坏问题。自2012年党的十八大以来，我国大力推进生态文明建设，并将其纳入国家五位一体总体布局，制定了《生态文明体制改革总体方案》，建立了一系列责任考核制度，不断完善国家生态环境治理体系和提升生态环境治理能力，开展了大量政策探索和实践，也取得了阶段性成效。可以说，我国的发展历程和取得的经验已成为"一带一路"沿线地区生态环境治理体系中的一个不可或缺的鲜明事例，势必会为沿线国家尤其是其中的发展中国家提供宝贵经验。因此，中国作为"一带一路"倡议的发起者和重要建设者，必须肩负起沿线国家生态环境治理的重要责任，为沿线国家实现可持续发展提供有效助力。

当前，"一带一路"建设处在全新的国际形势和舆论环境中，"一带一路"建设过程中必须融入绿色、可持续发展理念，妥善处理沿线地区在经济发展与生态环境保护中的矛盾。2017年5月，环境保护部（现生态环境部）、外交部、发改委、商务部联合发布了《关于推进绿色"一带一路"建设的指导意见》（环国际〔2017〕58号）。该意见提出了推进绿色丝绸之路建设的主要任务，具体包括：通过加强生态环保政策沟通、优化产能布局、加强对外投资

的环境管理、推进绿色基础设施建设和绿色贸易发展等保障带路沿线国家和地区的生态环境安全;通过加强环保合作机制和平台建设、加强生态环保标准与科技创新合作、推进环保信息共享和公开等加强绿色合作平台建设;通过制定完善的政策措施,加大南南合作等对外援助力度、强化企业行为绿色指引,加强政企统筹等;通过发挥地方区位优势,加强能力建设等。

自习近平总书记提出绿色"一带一路"建设倡议以来,中国围绕生态环境保护合作、绿色基础设施建设、绿色产能合作、绿色金融、绿色投资贸易等重点领域,积极组织构建多边合作机制,制定出台配套政策指导文件,采取了一系列措施和行动,各项工作取得了良好的进展。

本章分别从总体宏观层面和具体领域层面,对中国推动绿色"一带一路"建设的主要政策措施和行动进行了梳理,对现阶段取得的进展进行了总结和分析。在此基础上,结合未来绿色"一带一路"建设将面临的新形势和挑战,提出了我国继续深入推动绿色"一带一路"建设的方向和战略建议。

第二节 推动绿色"一带一路"建设的主要政策措施、行动及进展

(一)积极组织构建多边合作机制,为绿色"一带一路"建设提供组织保障

我国积极地与世界各国和重要国际组织展开双边或多边合作,分别同世界银行、亚洲开发银行、联合国环境署、联合国工业发展组织等国际组织展开广泛的生态环境治理合作,并与意大利、欧盟、德国、瑞典和美国等十几个国家和地区开展合作,涉及了生态调查和自然资源保护、能源效率和可再生能源、环境监测、城市可持续发展和生态节能建筑、废物处置和回收、可持续交通、可持续农业、气候变化和清洁发展机制、防止沙漠化、水资源管理、饮用水保护、培训及论坛等多方面领域。

一是成立"一带一路"生态环境保护领导小组。环保部及下属机构自2013年底开始参与国家"一带一路"国家战略规划的制定并提供有力技术支持。2015年10月,专门成立了"一带一路"生态环境保护领导小组,确定中国—东盟(上海合作组织)环境保护合作中心为牵头提供技术支持的机构,为"一带一路"生态环保工作提供了组织机制保障。

二是建立"一带一路"绿色发展国际联盟。2019年4月,在第二届"一

带一路"国际合作高峰论坛上，"一带一路"绿色发展国际联盟正式成立。该联盟旨在为"一带一路"绿色发展合作打造政策对话和沟通平台、环境知识和信息平台、绿色技术交流与转让平台。该联盟的具体任务包括：（1）通过对话交流活动，分享生态文明和绿色发展的理念与实践；搭建利益相关方的沟通桥梁；推动建设联合研究网络，为"一带一路"绿色发展提供理论支撑和政策建议；（2）推动建立参与国家生态环保信息共享机制，为绿色"一带一路"建设提供数据及分析支撑，推动区域环境管理能力建设，提高参与国家环境建设意识；（3）推动开展生态环保产业与技术合作，提高区域生态保护和污染防治能力，促进绿色低碳技术交流与转让，提高区域基础设施建设及相关投资贸易活动的绿色化水平。

三是建立对话交流平台和机制。环保部与深圳市政府联合举办"一带一路"生态环保国际高层对话会，柬埔寨、伊朗、老挝、蒙古国、俄罗斯等 16个沿线国家及联合国环境规划署等4个国际组织的高级别代表与会，有效促进了绿色"一带一路"理念对外宣传及与沿线各国绿色发展战略的进一步对接。同时，依托现有多双边环境合作机制，围绕绿色"一带一路"主题开展了东盟、上合组织、澜沧江—湄公河等框架下形式多样的对话交流活动，促进了各方在绿色"一带一路"领域的共识。

（二）制定多个政策指导文件，推动政策沟通

1. 顶层设计引领

2016年12月，在中国环境与发展国际合作委员会（简称"国和会"）年会期间，时任环境保护部部长的陈吉宁与联合国副秘书长、联合国环境规划署执行主任索尔海姆共同签署了《中华人民共和国环境保护部与联合国环境规划署关于建设绿色"一带一路"的谅解备忘录》，倡议"一带一路"沿线各国政府、联合国成员、社会团体等共同参与推动绿色丝绸之路建设。

为进一步加强与"一带一路"沿线国家的环保合作，推广我国生态文明与绿色发展理念和实践经验，进而推动我国更深入地参与全球生态环境治理，2017年5月，在"一带一路"国际合作高峰论坛召开前夕，环境保护部（现为生态环境部）联合外交部、发改委和商务部发布了《关于推进绿色"一带一路"建设的指导意见》（以下简称《指导意见》）。该《指导意见》被定位为今后一段时期中国推进绿色丝绸之路建设的纲领性文件，也是深入落实《推

动共建丝绸之路经济带和21世纪海上丝绸之路的愿景与行动》的重要文件。

总的来说，《指导意见》全文包括建设绿色"一带一路"的重要意义、总体要求、主要任务和组织保障四大部分，明确了未来"一带一路"生态环境保护工作的总体方向和战略布局，对于在"一带一路"建设过程中全面融入生态文明和绿色发展理念，引领沿线国家和地区共同参与建设绿色"一带一路"具有重要意义。具体而言，《指导意见》具有以下几个亮点：

一是全面系统。《指导意见》强调将生态环境保护融入政策沟通、设施联通、贸易畅通、资金融通、民心相通（简称"五通"）全过程，并从组织保障、资金保障和人才等方面提供全方位的政策保障支撑，同时，充分发动涵盖"政、产、学、研"等各个利益相关主体参与其中，包括国际组织、政府部门、企业、科研机构、NGO等。

二是方向和具体任务明确。《指导意见》确立了两个分阶段目标，即"用3—5年时间，建成务实高效的生态环保合作交流体系、支撑与服务平台和产业技术合作基地，制定落实一系列生态环境风险防范政策和措施；用5—10年时间，建成较为完善的生态环保服务、支撑、保障体系，实施一批重要生态环保项目，并取得良好效果"，为未来绿色"一带一路"建设提供了具体思路和方向指引。

三是突出国际国内统筹和融合。《指导意见》提出绿色"一带一路"建设要统筹且积极发挥当前已有的双边、多边环境保护国际合作机制，构建多元合作网络和合作平台，在各国政府层面形成较好的合作意愿，在多边层面达成建设绿色"一带一路"的共识，在双边层面，将绿色丝绸之路建设行动与重要沿线国家的生态环境保护、绿色可持续发展战略及规划（如哈萨克斯坦的"绿色桥梁"倡议）等充分衔接，不断深入推进中国与重要节点国家的机制性合作。同时，借助绿色丝绸之路建设，将促进沿线国家和地区共同实现《全球2030年可持续发展议程》确定的目标，推动国际绿色产能、绿色制造、绿色技术、绿色投资贸易、绿色金融体系的全面发展，通过沿线国家开展务实合作，将有效促进实现全球经济发展和环境保护的双赢，打造全球绿色发展利益共同体、责任共同体和命运共同体。

2.发布支撑文件，推动政策落实

为深入贯彻落实《关于推进绿色"一带一路"建设的指导意见》，环境保护部（现为生态环境部）起草并于2017年5月发布了《"一带一路"生态环境保护合作规划》(以下简称《合作规划》)。该《合作规划》指出生态环保合作是绿色"一带一路"建设的根本要求,是实现区域经济绿色转型的重要途径,也是落实2030年可持续发展议程的重要举措。

《合作规划》提出,到 2025 年,要夯实生态环保合作基础,进一步完善生态环保合作平台建设;制定落实一系列生态环保合作支持政策;在铁路、电力等重点领域树立一批优质产能绿色品牌;一批绿色金融工具应用于投资贸易项目;建成一批环保产业合作示范基地、环境技术交流与转移基地、技术示范推广基地和科技园区,形成生态环保合作良好格局。到 2030 年,全面提升生态环保合作水平,深入拓展在环境污染治理、生态保护、核与辐射安全、生态环保科技创新等重点领域合作,使绿色"一带一路"建设惠及沿线国家,生态环保服务、支撑、保障能力全面提升,将"一带一路"建设成为绿色、繁荣与友谊之路。

《合作规划》确定了以下六方面的重点工作:一是突出生态文明理念,加强生态环保政策沟通;二是遵守法律法规,促进国际产能合作与基础设施建设的绿色化;三是推动可持续生产与消费,发展绿色贸易;四是加大支撑力度,推动绿色资金融通;五是开展生态环保项目和活动,促进民心相通;六是加强能力建设,发挥地方优势。规划还就各领域重点项目和保障措施作了详细部署。

《合作规划》明确了生态环境保护的重点合作领域。充分考虑"一带一路"沿线环境治理的需求,结合我国生态环保工作的优势,重点推进生态环保合作,包括深化环境污染治理、推进生态保护、加强核与辐射安全、加强生态环保科技创新、推进环境公约履约等,鼓励分享重点领域的成功经验及良好实践,积极开展示范合作项目,为开展重点领域的生态环保合作提供了明晰的路径。

《合作规划》还提出了支撑绿色"一带一路"生态环境保护合作的25个重点项目(表14.1),涵盖政策沟通、设施联通、贸易畅通、资金融通、民心相通、能力建设六大领域。

表14.1 "一带一路"生态环境保护合作的重点项目

类目	序号	项目名称
政策沟通	1	"一带一路"生态环保合作国际高层对话

（续表）

类目	序号	项目名称
政策沟通	2	"一带一路"绿色发展国际联盟
	3	"一带一路"沿线国家环境政策、标准沟通与衔接
	4	"一带一路"沿线国家核与辐射安全管理交流
	5	中国—东盟生态友好城市伙伴关系
	6	"一带一路"环境公约履约交流合作
设施联通	7	"一带一路"互联互通绿色化研究
	8	"一带一路"沿线工业园污水处理示范
	9	"一带一路"重点区域战略与项目环境影响评估
	10	"一带一路"生物多样性保护廊道建设示范
贸易畅通	11	"一带一路"危险废物管理和进出口监管合作
	12	"一带一路"沿线环境标志互认
	13	"一带一路"绿色供应链管理试点示范
资金融通	14	"一带一路"绿色投融资研究
	15	绿色"一带一路"基金研究
民心相通	16	绿色丝绸之路使者计划
	17	澜沧江—湄公河环境合作平台
	18	中国—柬埔寨环保合作基地
	19	"一带一路"环保社会组织交流合作
能力建设	20	"一带一路"生态环保大数据服务平台建设
	21	"一带一路"生态环境监测预警体系建设
	22	地方"一带一路"生态环保合作
	23	"一带一路"环保产业与技术合作平台
	24	"一带一路"环保技术交流与转移中心（深圳）
	25	中国—东盟环保技术和产业合作示范基地

（三）积极推进落实生态环境保护合作

生态环保工作是"一带一路"建设的有机组成和重要支撑。自"一带一路"倡议提出后，中国积极与沿线国家分享其环保经验，开展了一系列务实的生态环保合作，主要包括与东盟地区、上海合作组织区域、澜沧江—湄公河区域、亚太经合组织区域、非洲区域、东北亚次区域等地区的生态环保合作。总结中国推动落实"一带一路"生态环保合作的主要政策措施，主要包括三个方面：

1.落实领导人合作倡议

以中国与东盟的生态环保合作为例，早在2007年，中国—东盟领导人会议机制就已建立，并成立中国—东盟环保合作中心，其组织架构如图14-1所示。该中心先后组织制定了一系列相关合作战略。2009年，中国与东盟通过第一期环保合作战略。"一带一路"倡议提出后，2016年双方通过《中国—东盟环境保护合作战略（2016—2020）》（简称"合作战略"），并联合制定《中国—东盟环境保护合作行动计划（2016—2020）》（简称"行动计划"），开始第二期环保合作战略。当前中国与东盟在生态环境领域合作主要围绕落实领导人合作倡议，实施该"合作战略"和"行动计划"展开。此外，为进一步落实领导人合作倡议，启动中国—东盟生态友好城市发展伙伴关系，实施"绿色丝路使者计划""海上丝绸之路绿色使者计划"，面向"一带一路"沿线国家开展交流培训活动，推进区域环境信息共享，提高区域环保意识和环境管理水平，为区域环保能力建设及绿色经济发展提供支撑。

图14-1　中国—东盟环保合作中心组织架构

2.加强南南环境合作，推动区域生态环境管理能力建设

南南环境合作有助于发展中国家之间分享在生态环保、绿色发展方面的经验，提升发展中国家的生态环境管理能力，推动更多的国家积极参与到国际环境治理中来。为推动南南环境合作，中国已建立了中国—东盟环境保护合作中心、澜沧江—湄公河环境合作中心等专门机构，专业性地推动生态环保合作。依托这些专门机构，组织实施一系列环保相关培训与交流项目等，以提升"一带一路"沿线欠发达地区的生态环境管理能力。例如，2016年5月，中国—东盟环境保护合作中心与云南省西双版纳州环保局合作举办了"中国—老挝环境管理研讨班"。研讨班以大气污染防治为主题，旨在推动澜沧江—湄公河区域环保技术交流与转移。来自老挝自然资源与环境部、工业与商务部，以及地方环保部门代表参加了培训。2017年3月，中国—东盟环境保护合作中心在北京召开了"澜沧江—湄公河国家水质监测能力建设研讨会"，来自环保部门的政府官员、国际组织、研究机构及企业代表等就澜沧江—湄公河区域水质监测管理体系、技术方法等交流经验。通过组织类似培训或交流研讨会等能力建设项目，中国将自身积累的环保经验等分享给欠发达地区，也可针对当地环境治理中面临的问题提供解决思路和技术指导，有效促进了带路沿线欠发达地区生态环境保护能力的提升。

3.构建合作共享平台，提供信息支撑

一是共建"一带一路"绿色发展国际联盟，推动线下实体平台建设。2019年4月，在第二届"一带一路"国际合作高峰论坛绿色之路分论坛上，"一带一路"绿色发展国际联盟成立，为"一带一路"绿色发展合作打造了政策对话和沟通平台、环境知识和信息平台、绿色技术交流与转让平台。目前，联盟合作伙伴包括26个"一带一路"沿线国家环境主管部门、8个政府间组织、68个非政府组织和智库及30个企业。

二是共建生态环保大数据、信息和知识共享平台。开通了上海合作组织环保信息共享平台门户网站（中、英、俄三个版本），启动建设中国—东盟环保信息共享平台、"一带一路"生态环保大数据服务平台网站等，基于大数据、"互联网+"、卫星遥感等信息技术，收集整理中国和"一带一路"沿线国家的生态环境状况以及环境保护政策、法规、标准、技术和产业发展等相关信息，推动区域环保信息的互联、互通、互用，推进实现"互联网+环保合作"的新局面。

（四）推动绿色基础设施建设、绿色产能合作

基础设施互联互通是"一带一路"建设的优先领域和重要突破口。未来公路、铁路、港口、机场等建设将保持旺盛的需求，同时能源、电力、高耗能行业也是各国优先发展的领域。中国在有关行业领域的优势将在支持有关区域基础设施建设和相关行业发展中发挥重要作用。基础设施建设项目具有投资规模大、建设和运营周期长、外部性强等特点，对生态环境的影响较大，有时甚至是不可逆的影响。研究表明，未来全球大部分基础设施投资将发生在"一带一路"国家，而70%的二氧化碳排放来源于基础设施的建设和运营，因此未来"一带一路"项目可能对全球气候和这些地区的生态环境产生重大影响。因此，基础设施的建设和运营需要充分考虑与生态环境的协调发展，减少或避免对生态环境的影响和破坏。中国在为"一带一路"沿线国家甚至发达国家建造和资助基础设施时，应充分发挥基建等各行业领先和节能环保等方面的优势，推动绿色基础设施、绿色产能合作和发展，帮助其他国家规避环境风险的问题。

1. 政策引领

从政策措施来看，我国先后出台了多个政策文件以推动"一带一路"绿色基础设施建设和绿色产能合作，引导和规范企业开展科技含量高、资源消耗低、环境污染少的示范性产能合作项目，强化企业在交通设施和经贸产业园区建设中的生态环境治理，从规划、设计、施工、验收等流程进行全生命周期的绿色管理。这些政策主要包括：

（1）2013年2月18日，商务部、环境保护部发布《对外投资合作环境保护指南》，提出企业对外投资和经营应遵循的环境保护的基本原则，比如：企业应当秉承环境友好、资源节约的理念，发展低碳、绿色经济，实施可持续发展战略，实现自身盈利和环境保护"双赢"；企业应当按照东道国环境保护法律法规和标准的要求，建设和运行污染防治设施，开展污染防治工作，废气、废水、固体废物或其他污染物的排放应当符合东道国污染物排放标准规定；鼓励企业开展清洁生产，推进循环利用，从源头削减污染，提高资源利用效率，减少生产、服务和产品使用过程中污染物的产生和排放；鼓励企业研究和借鉴国际组织、多边金融机构采用的有关环境保护的原则、标准和惯例。

（2）2017年5月8日，环境保护部、外交部、发改委、商务部联合发布《关于推进绿色带路建设的指导意见》，提出促进绿色带路建设的具体的保障

措施，包括具体工作：了解项目所在地的生态环境状况和相关环保要求，识别生态环境敏感区和脆弱区，开展综合生态环境影响评估，合理布局产能合作发展项目；加强环境应急预警领域的合作交流，提升生态环境风险防范能力；制定基础设施建设的环保标准和规范，加大对带路沿线重大基础设施建设项目的生态环保服务与支持，推广绿色交通、绿色建筑、清洁能源等行业的节能环保标准和实践，推动水、大气、土壤、生物多样性等领域环境保护，促进环境基础设施建设，提升绿色化、低碳化建设和运营水平；推动制定和落实防范投融资项目生态环保风险的政策和措施，加强对外投资的环境管理，促进企业主动承担环境社会责任，严格保护生物多样性和生态环境；推动中国金融机构、中国参与发起的多边开发机构以及相关企业采用环境风险管理的自愿原则，支持绿色带路建设；积极推动绿色产业发展和生态环保合作项目落地。

（3）2017年5月15日，环境保护部发布《带路生态环境保护合作规划》，提出要促进国际产能合作发展与基础设施建设的绿色化，推动可持续生产与消费、发展绿色贸易，开展生态环保项目和活动等。对企业和行业也提出了一些具体的倡议和要求，比如：推动企业自觉遵守当地环保法规和标准规范，履行企业环境责任，推动有关行业协会和商会建立企业海外投资生态环境行为准则；引导企业开发使用低碳、节能、环保的材料与技术工艺，推进循环利用，减少在生产、服务和产品使用过程中污染物的产生和排放；强化产业园区的环境管理。

（4）2017年5月16日，国家发改委、国家能源局联合发布《推动丝绸之路经济带和21世纪海上丝绸之路能源合作愿景与行动》，提出带路能源合作的原则和重点，其中包括绿色发展的内容：坚持绿色发展，高度重视能源发展中的环境保护问题，积极推进清洁能源开发利用，严格控制污染物及温室气体排放，提高能源利用效率，推动各国能源绿色高效发展；推动人人享有可持续能源倡议，落实《2030年可持续发展议程》和气候变化《巴黎协定》，推动实现各国人人能够享有负担得起、可靠和可持续的现代能源服务，促进各国清洁能源投资和开发利用，积极开展能效领域的国际合作。

2. 政策落实及行动实践

从政策落实来看：一是推动企业发布《履行企业环境责任共建绿色"一带一路"》倡议。该倡议于2016年12月，在深圳举行的"一带一路"生态环保国际高层对话会期间，由中国—东盟（上海合作组织）环境保护合作中心、中国可持续发展工商理事会、全国工商业联合会环境服务业商会共同发起。参与企业涵盖能源、交通、制造业、环保产业等多个领域，这些"走出去"企业宣誓将在对外投资和国际产能合作中遵守环保法规、加强环境管理，助力绿色"一带一路"建设。二是结合相关地区在"一带一路"建设中的功能定位，以环保技术和产业国际合作为载体，积极探索环保技术产业"走出去"和"引进来"新模式，并开展务实合作。为此，启动了中国—东盟环保技术和产业合作示范基地（宜兴）、"一带一路"环境技术交流与转移中心（深圳）等，以中国环保科技工业园为主体，搭建环保企业与金融机构交流合作平台。面向俄罗斯、中亚、南亚等的环保技术和产业合作交流基地也正在推动建设。

从行动实践来看，目前，中国对各地基础设施项目的绿色创新型改造和建设主要集中在新能源投资领域，且已取得初步成效。近年来，中国企业正加大在非洲绿色能源项目的各类投资。2018年4月，中国电力工程公司正泰电器（CHINT Electric）宣布计划将在津巴布韦关达投资建设太阳能发电项目。2019年7月，中国中凯国际集团（Zhongkai International Company）斥资900万美元在赞比亚兴建一处乙醇处理厂。2019年10月，中国建材集团（China National Building Materials Corporation）启动在安哥拉中标光伏太阳能集成工程的建设。该工程完工后将成为安哥拉首个最大规模的集成光存储工程。

（五）推动绿色金融、绿色投资贸易合作

伴随"一带一路"倡议的逐步落实和推进，未来几十年，全球大多数基础设施投资将集中在带路沿线地区，这将对当地和全球的资源环境、经济发展和社会治理产生重大影响。经济学人（企业网络）的研究表明，当前，我国在"一带一路"产业领域的相关投资仍主要集中在亚洲。但在亚洲以外，中国对非洲、拉丁美洲和中东的投资同样可观：2013—2018年，中国在非洲投资总额高达214亿美元，其中南非、赞比亚及肯尼亚是在此期间获得投资最多的三个国家；中国在中东地区直接投资达106亿美元，其中阿联酋、以色列及土耳其为首要投资目的国。同期，拉丁美洲获得中国对外直接投资93亿美元，巴西、阿根廷及委内瑞拉吸引投资最多。

纵观全球，当前绿色金融、绿色信贷在全球范围内方兴未艾，世界银行、亚洲开发银行等国际金融机构纷纷加强对绿色转型的支持力度，制定绿

色投资指南引导国际投资发展方向，强调建立全球绿色供应链，助推国际投资的绿色化发展。国际绿色金融的蓬勃发展也为"一带一路"建设中绿色金融发展提供了宝贵的经验和启示。以银行业在发展绿色金融过程中积累的经验为例，从国际上来看，英国绿色投资银行（GIB）是最为典型的政策性银行之一，它也是世界上第一家专门致力于解决绿色经济发展领域融资问题的投资银行，主要是解决绿色基础设施项目融资的市场失灵问题。该银行在推动绿色金融发展方面的先进经验（表14.2）包括：在组织架构上明确绿色金融的地位；采用市场化的方式运作；集中资金支持选定的重点领域，例如，GIB将海上风电、商业及工业垃圾能源化、企业节能等作为优先领域，并将80%的资金投入到其中。

表14.2　英国绿色投资银行（GIB）的政策体系

绿色投资原则	项目必须具有：①积极的绿色效益；②明确的投资标准；③持久的绿色影响；④减少全球的温室气体排放；⑤有效的合同、监督、参与；⑥健全的绿色影响评估体系；⑦透明的信息披露
绿色投资政策	在七大投资原则的基础上，制定出有关绿色投资政策，阐述如何实现该项政策
绿色影响报告准则	该准则给出计算绿色影响的综合公式，并详细阐述了量化绿色影响的具体程序
负责任投资原则	将环境、社会和公司治理（ESG）问题纳入投资分析和决策过程
企业环境政策	通过公司内部运营来降低自身对环境的影响，通过员工培训提高环境意识，保证业务合法合规
内部组织结构	董事会专门设立绿色委员会。该委员会身兼多种职责，包括审查GIB制定的政策和其所开展投资活动是否符合GIB的绿色使命，以及建立有效的评估机制，完善评价指标体系，并采用量化的方式衡量GIB的投资表现。此外GIB还建立了一支具有金融与环保专业知识的团队

　　要实现习近平总书记提出的坚持以开放、绿色、廉洁理念建设"一带一路",不仅要从环境治理角度,也需要从财政和投资角度,关注"一带一路"倡议的绿色可持续性问题。绿色金融是指为支持环境改善、应对气候变化和资源节约高效利用的经济活动,即对环保、节能、清洁能源、绿色交通、绿色建筑等领域的项目投融资、项目运营、风险管理等所提供的金融服务。绿色金融作为经济资源配置的核心,是推动绿色"一带一路"国际合作的重要领域之一。

　　2016年9月,在二十国集团(G20)杭州峰会上,中国首次把绿色金融议题引入G20议程,并成立绿色金融研究小组。为进一步推动落实"一带一路"绿色金融、绿色投资贸易合作,2017年9月5日,中国金融学会绿色金融专业委员会、中国投资协会、中国银行业协会、中国证券投资基金业协会、中国保险资产管理业协会、中国信托业协会、环境保护部环境保护对外合作中心联合发布《中国对外投资环境风险管理倡议》,该倡议涉及风险识别、管理体制、信息披露、专业支持等方面内容,提出要重点关注高耗能行业的环境影响,提倡较高的环保标准,尽可能管理有关风险,要求金融机构在投资决策和项目管理中充分考虑有关因素并建立环境风险管理的内部流程和机制,主要包括:

　　(1)鼓励对外投资的金融机构和企业根据项目的行业特点,充分了解中国、项目所在国以及国际通行的环境标准并尽可能采用其中的最高标准,深入开展项目环境尽职调查;高度重视采矿、火电、基建、钢铁、水泥、建材、化工、纺织印染等项目可能带来的环境影响;利用环境风险分析工具,充分识别和评估所投资项目对大气、水、土壤和森林等环境要素的潜在影响,有效管理这些风险。

　　(2)参与对外投资的银行应借鉴国际可持续原则,参与对外投资的机构投资者应借鉴联合国责任投资原则,在投资决策和项目实施过程中充分考虑环境、社会、治理(ESG)因素,建立健全管理环境风险的内部流程和机制。

　　2019年4月,在第二届"一带一路"国际合作高峰论坛上,27家国际大型金融机构签署了《"一带一路"绿色投资原则》(GIP),提出在现有责任投资倡议的基础上,力求将低碳和可持续发展议题融入"一带一路"建设,以提升项目投资的环境和社会风险管理水平,推动"一带一路"投资的绿色化。GIP主要包括七大原则:一是将可持续性纳入公司治理;二是充分了解环境、社会和治理（ESG）风险；三是充分披露环境信息；四是加强与利益相关方沟通；五是充分运用绿色金融工具；六是采用绿色供应链管理；七是通过多方合作进行能力建设。GIP的目标是通过金融手段支持绿色"一带一路"建设，将环境因素融入项目规划和建设中，通过环境风险分析、强化披露和产品创新，扩大绿色投资，减少高碳和污染性投资。作为中英两国政府和全球金融界大力支持的自愿准则，GIP有望成为推动绿色发展的重要平台。

第三节　未来绿色"一带一路"的发展方向及战略建议

"一带一路"倡议源自中国、属于世界，是中国向世界提供的公共产品。习近平总书记强调要把绿色作为底色，推动生态环境保护合作、绿色基础设施建设、绿色产能合作、绿色金融、绿色投资贸易，保护好我们赖以生存的共同家园。截至2019年10月底，中国已与137个国家和30个国际组织签署了197份"一带一路"合作文件，绿色"一带一路"建设也取得了积极的成果。未来仍要继续秉持绿色发展理念，深入推动落实各项政策举措，高质量共建"一带一路"。对此，提出如下几点建议：

（一）统筹国内国际，加强顶层设计，构建"一带一路"沿线国家绿色发展政策协调机制

"一带一路"沿线国家和地区的环境法律体系、政策体系和标准体系有很大差别，这直接影响相关合作项目的绿色化进程，迫切需要在平等互惠、互相尊重的原则下，加强顶层设计，建立起多层次、全方位的政策协调机制。在操作层面上，沿线国家间的生态环境政策对接应充分依托现有的多双边环境合作机制，以多双边环境合作协议或备忘录为依据，在遵守相关国际环境公约和国际生态环境保护标准的基础上，拟定合作中的环境政策和制度安排，并最终在协商一致的情况下，逐步建立一套符合"一带一路"沿线国家利益、切实可行的生态环境法律、政策和标准体系。

（二）深化合作交流机制，继续推动生态环保数据信息共建共享平台建设，为绿色"一带一路"建设提供基础支撑服务

自"一带一路"倡议提出以来，沿线各国通过领导人互访、高峰论坛、

国际研讨等方式促进了交流与合作，为共建绿色"一带一路"提供了重要平台。特别是"一带一路"绿色发展国际联盟的成立，为促进沿线国家实现绿色发展提供了良好的沟通合作平台，促进"一带一路"沿线国家和地区形成绿色发展共识，并从社会、经济、环境三个维度探讨和解决共同发展问题。在后续工作中，还需要进一步深化细化合作内容，明确合作优先领域及重点内容，通过搭建信息沟通与技术交流平台，推进相关合作深入展开，逐步增强联盟的国际影响力。

"一带一路"生态环保大数据服务平台也已经启动，以支持"一带一路"沿线国家和地区的绿色转型，促进贸易、投资和基础设施建设的绿色化。生态环保大数据服务平台应整合沿线国家的生态环境信息，为"一带一路"建设提供信息支持和决策支撑，实现信息共享服务、支持科学利用。此外，还应建立投资项目风险预警与防范等环境管理支持平台，逐步构建起完善的绿色化"一带一路"信息网络。具体建议如下：

一是按机制、分步骤，规划好基础软硬件建设。以现有合作机制和经济走廊为依托，分步骤搭建信息共享平台，逐步建成"一带一路"环境信息共享平台；引入大数据、云服务等先进信息技术，对共享平台进行整体构架，实现多源、异构数据信息的实时采集，实现海量异构数据的融合转换、数据云存储、数据实时分析及环保数据挖掘等；建立适用于该平台建设的基础环境及基本设施保障，包括网络环境、安全环境、软硬件设备、保障基地等，从而保障该平台建设的安全性、稳定性、畅通性。

二是围绕业务需求，搭建"一带一路"环保决策支持系统。调查和识别沿线生态环境基本情况，加强与国际司组织和沿线国家合作，整理沿线国家的基础信息、经贸与投资信息、生态环保信息，建立综合数据库，并基于GIS建设"一带一路"生态环保"一张图"，为政府管理企业对外投资等提供依据，为国际合作提供服务支撑；建立环保产业与技术信息系统，推动相关国家提高市场准入透明度，为环保企业创造良好的商业环境。

三是坚持"共商、共建、共享和自愿"原则，务实推动平台建设。平台建设将优先启动门户网站建设，并与有强烈意愿的国家建设分平台，成熟一个，建设一个；平台建设过程中要加大宣传和培训力度，要让相关国家从我国信息技术发展、空间技术发展、环境管理效率提高等方面切实获得收益，并愿意学习、借鉴并在自己国家推广；平台建设要边建边用，要在建设过程中总结经验，逐步建立合作模式，逐步形成以我为主的建设标准。

（三）建全生态环境风险评估、预警机制，建立争端解决机制

1. 建立"一带一路"沿线国生态环境状况图谱

评估中国甘肃、新疆等"一带一路"沿线省份的生态环境状况，以及"一带一路"倡议对中国中西部地区的乌鲁木齐、兰州、西安等大气环境容量超载区及西北内陆河的污染防治带来的区域性环境风险。与沿线国家合作开展"一带一路"沿线生态环境遥感监测与调查，对"一带一路"沿线的南亚、中亚、俄罗斯、欧洲各国的绿色发展状况及特征等分别进行系统评估。具体包括可持续发展水平、生态环境、环境政策法规、环境基础设施建设以及生态环境有关的宗教文化状况等，识别"一带一路"沿线国家的生态环境特征问题，摸清各国（特别是沿线大国和重点投资国家）资源与环境的底数，对中亚、东盟、南亚等地区性以及各国的生态环境及其管理政策状况进行科学合理的研判，分析可能面临的主要生态环境问题。

根据中国"一带一路"倡议对沿线国家的定位，评估"一带一路"倡议实施后沿线国家和地区的生态环境风险，包括评估基础设施建设、资源能源开发、油气管网及设备投运、电网设备类投运、港口建设、经济廊道建设、商业贸易、金融业以及突发事件等给区域带来的生态环境风险。生态风险评估内容包括生态廊道破碎、生物多样性保护、环境承载力超载、水土流失、气候变化风险等。提出"一带一路"沿线国家和地区生态环境风险清单，建立"一带一路"的生态环境风险评估机制，识别不同时空尺度上的环境敏感区、生态环境高风险区，推进"一带一路"沿线国家和地区合作中的环境风险防控能力建设等，为"一带一路"国别战略实施提供参考。

2. 健全"一带一路"倡议实施环评机制

针对"一带一路"同类规划和项目环境影响评价建立联动机制，确保"一带一路"倡议推进过程中有关规划和重大项目的绿色化。环境影响评价的重点应集中在针对"一带一路"规划和重大项目方案上。

一是积极推进建立完善的"一带一路"倡议决策以及重大项目投资的环境影响评价机制，结合投资东道国当地的生态环境特征及环境治理能力等进行综合评估分析，预警和规避战略决策以及重大投资项目实施可能引发的环境风险及投资风险。特别是重视对生态敏感脆弱地区的生态环境风险进行综

合全面、深入细致的评估，建立风险清单和管控措施清单，并要求投资项目落实有关清单任务和要求。在评价范围上，结合国际关注热点，基于自愿原则，鼓励将生态健康和气候变化等因素纳入环评范围中。

二是根据投资项目的不同环境影响，实施投资项目和技援项目等的分级分类环评机制，研究制定和实施"快速环评"技术方法体系与有关导则、指南，为一些环境影响级别低的项目尽快实施提供便利。

三是建立投资项目的环境影响评价和管理数据库，并在有关媒体渠道对环评信息实施全面公开，在环评过程中，鼓励东道国和地区利益相关方全面、有效地参与，规避项目实施中可能来自民间的压力，及早预防因项目的环境因素可能导致的潜在的社会矛盾冲突，有效防范和规避在东道国和地区的生态环境风险。

3.建立争端解决机制

"一带一路"的共建过程，加强了中国与沿线国家的经贸和商事往来，然而，因生态环境问题发生争端的情况也时有发生。近年来，中国多个投资建设项目就因环保法律问题或其他政治方面的因素被延误和搁置，造成巨大的经济损失。"一带一路"沿线国家的国情复杂，法制完善程度和法制标准的差异性较大，应在充分考虑当地国情的基础上，运用政治协商、外交手段、法律仲裁相结合的方式，建立一套多元化的争端解决机制，以保证在争端发生时，能够快速、高效、低成本地解决纠纷，推动相关合作的良性开展。

（四）深化绿色基础设施建设、绿色产能合作

一是在全球大力推进基础设施建设、加大国际经贸合作、深化能源资源等领域合作的背景下，"一带一路"基础设施建设和产能合作应更重视协调经贸合作拓展与环境标准之间的关系，适应国际贸易中绿色环保标准的要求，加快推进制定绿色产能合作政策与规则，完善绿色标准体系。加快重点领域配套先进绿色技术的研发投产，并联合相关基金投行和政府部门，共同为区域内基础设施以及其他经贸合作项目的绿色化进程提供更大程度的保障和支持。

二是结合区域和沿线国家实际发展需求，契合发展中国家工业化与发达国家再工业化的要求，推广环境标准理念，推进环境标准制度和环境认证；

推进境外环保产业技术转移交流合作示范基地、环保产业园区建设，共同培育发展"一带一路"建设项目工程实施的绿色低碳技术。宣传并鼓励在整体产业内首先形成绿色发展、生态优先的意识和风尚，进而便于为部门内其他多数企业对可持续生产模式的接受和效仿提供现实路径；同时，应尽快完善绿色产业评估体系及其细化标准的设定，以多方面举措推动各产业层面的绿色规范化建设。

三是以建立 APEC 绿色供应链合作网络为契机，加强绿色化产业链和价值链合作，建设绿色供应链体系，加强与区域沿线国家和其他经济体的联络，总结绿色供应链的最佳实践与政策工具，促进"一带一路"产业链条与服务产品的绿色化。

（五）创新绿色金融机制，助力绿色"一带一路"投融资及项目建设

1. 强化"一带一路"绿色投融资和环境风险管理指引

一方面，在已签订的《"一带一路"绿色投资原则》（GIP）基础上，引导更多参与丝绸之路建设投融资的金融机构和企业，在其运营过程中坚持 GIP 中的原则；同时，在 G20 框架下，充分依托"G20 可持续金融研究小组"，进一步推进全球绿色金融合作，并引导各国绿色金融实践，促进"一带一路"绿色金融服务体系、政策保障体系和市场体系的不断完善。另一方面，研究细化"一带一路"投融资环境风险管理指引，并研究建立一套中国对外投资的强制性环境影响评估要求，由我国相关部委制定基于强制性环境影响评估的项目审批标准。

2. 制定统一的绿色金融标准

统一的绿色金融标准是推动"一带一路"沿线各国发展绿色金融的前提，这就需要在充分考虑沿线各国的实际情况、借鉴部分国家已有的绿色金融标准的基础上，由带路国家合作制定出共同适用的、科学的、可操作的绿色金融标准，并推动形成绿色债券、绿色信贷等绿色金融产品的国际统一定义，以确保"一带一路"绿色金融国际合作能在共同的标准和语境下，这将有助于减少绿色资本跨国流动的交易成本、加速绿色金融国际合作的进程。

3. 鼓励金融机构开展环境信息披露及环境气候风险分析

一方面，通过银行业等金融机构开展环境信息披露，能够倒逼企业关注环境影响，并提高环境意识，也可运用各种金融工具减少对高环境影响、高

环境风险产业的投资，提高对绿色产业的投资，激励企业推动产业绿色发展。另一方面，倡导金融机构开展环境和气候风险分析，了解如果在高碳和污染领域中做投资贷款和担保的话，将会发生什么样的环境气候风险和金融风险，包括不良贷款、资产减值等风险。

4. 建立区域性绿色金融市场，推动发展中国家绿色金融能力建设

当前，很多带路沿线国家仍属于发展中国家，受经济社会发展限制，建立本国的绿色金融体系及配套基础设施的能力不足。可尝试通过构建区域性绿色金融市场，比如在撒哈拉以南的非洲、中东、北非及东南亚等带路沿线国家，成立区域性的绿色金融组织，以此来组织开展区域内绿色金融理念的宣传和推广、绿色标准的研究与制定以及与其他区域的绿色金融交流合作等。

5. 将"一带一路"绿色投融资的落脚点放在绿色产业"走出去"和绿色基础设施建设上

金融本身属于虚拟经济，其落脚点要放在为实体经济服务上，绿色金融亦是如此。在"一带一路"的建设中，供给方主要以国内的绿色产业为主，需求方则主要在国外，因此，环保产业"走出去"，与他国开展产能合作，不仅可以化解国内过剩产能，而且可以满足"一带一路"国家对基础设施建设和经济发展的需求。

中国与"一带一路"沿线国家的合作包括很多方面，如贸易合作、技术合作和基础设施建设等，但是与环境联系最为密切、对环境造成的可能影响最大的主要是基础设施建设。从金融为实体服务这个角度来看，绿色投融资的落脚点要放在环保产业"走出去"和绿色基础设施建设上。

参考文献

［1］　5 200万美元用于Gwanda Solar［EB/OL］.（2018-04-23）［2020-03-14］. https: // www. herald. co. zw /52m-for-gwanda-solar/.

［2］　BRI Beyond 2020, Embracibg new routes and opportunities along the Belt and Road［J］.

The Economist（Corporate Network）, 2019.

[3] 国冬梅, 王玉娟. 绿色“一带一路”建设研究及建议［J］. 中国环境管理, 2017, 9
（03）: 15-19.

[4] 国家发展和改革委员会, 国家能源局. 推动丝绸之路经济带和21世纪海上丝绸之路
能源合作愿景与行动［N］. 中国电力报, 2017-05-12.

[5] 环保部.“一带一路”生态环境保护合作规划［J］. 资源再生, 2017（05）: 46-50.

[6] 环境保护部, 外交部, 发展改革委, 商务部. 关于推进绿色“一带一路”建设的指导
意见［N］. 中国环境报, 2017-05-9.

[7] 环境保护部.“一带一路”生态环境保护合作规划［N］. 中国环境报, 2017-05-16.

[8] 马俊, 周月秋, 殷红. 国际绿色金融发展与案例研究［M］. 北京: 中国金融出版社,
2017: 204-210.

[9] 商务部, 环境保护部. 对外投资合作环境保护指南［N］. 中国纺织报, 2013-3-11.

[10] 魏博彦. 加强生态环保合作平台建设, 共促绿色“一带一路”［N］. 光明网, 2019-
05-31.

[11] 中国—东盟环境保护合作中心, 中国—上海合作组织环境保护合作中心.“一带一
路”生态环境蓝皮书——沿线区域环保合作和国家生态环境状况报告［R］. 北京:
中国环境出版社, 2017: 15.

[12] 中企中标安哥拉光伏电站EPC项目［EB/OL］.（2019-10-30）［2020-04-06］. http:
//www. ne21. com/news/show-117502. html.

[13] 周国梅, 周军, 解然. 将“一带一路”建设成为生态环保高速路［N］. 中国环境报,
2017-05-11.

[14] 周军, 张洁清. 为什么要特别强调绿色？——《关于推进绿色“一带一路”建设的指
导意见》解读［J］. 中国生态文明, 2017（03）: 23-25.

[15] 朱育漩.“一带一路”绿色投资原则第一次全体会议在京举行 绿色发展引领“一带
一路”绿色投资［J］. 环境经济, 2019（15）: 62-65.

[16] 中国工商银行与清华大学"绿色带路"项目联合课题组. 推动绿色“一带一路”发
展的绿色金融政策研究［J］. 金融论坛, 2019, 24（06）: 3-17、53.

[17] 中国对外投资环境风险管理倡议全文发布［EB/OL］.（2017-09-05）［2020-04-20］.
http://www. tanjiaoyi. com/article-22520-1. html.

[18] 朱育漩.“一带一路”绿色投资原则第一次全体会议在京举行 绿色发展引领“一带
一路”绿色投资［J］. 环境经济, 2019（15）: 62-65.

[19] 赵世萍. 强化合作机制 共促“一带一路”绿色发展［N］. 中国环境报, 2019-05-16.

[20] 中国—东盟环境保护合作中心, 中国—上海合作组织环境保护合作中心.“一带一
路”生态环境蓝皮书——沿线区域环保合作和国家生态环境状况报告［R］. 北京:
中国环境出版社, 2017: 483-489.